高邮市水利志

《高邮市水利志》编纂委员会 编

广陵书社

图书在版编目（CIP）数据

高邮市水利志 /《高邮市水利志》编纂委员会编 . —扬州：广陵书社，
2009.8
ISBN 978-7-80694-433-2

Ⅰ. 高…　Ⅱ. 高…　Ⅲ. 水利史—高邮市　Ⅳ.TV-092

中国版本图书馆 CIP 数据核字（2009）第 132279 号

书　　名	高邮市水利志	
编　　者	《高邮市水利志》编纂委员会	
责任编辑	刘　栋	
出版发行	广陵书社	
	扬州市文昌西路双博馆　　邮编　225012	
	http://www.yzglpub.com　E-mail: yzglss@163.com	
印　　刷	扬州市机关彩印中心	
	扬州市市府西巷 8 号　225009	
开　　本	889×1194 毫米　1/16	
印　　张	14	
字　　数	400 千字	
版　　次	2009 年 8 月第 1 版第 1 次印刷	
标准书号	ISBN 978-7-80694-433-2	
定　　价	180.00 元	

（广陵书社版图书凡印装错误均可与承印厂联系调换）

《高邮市水利志》编纂机构及编写人员名单

1984 年成立的《高邮县水利志》编纂委员会

主　任：钱增时

副主任：杨春淋　杨士熙　韦博友　耿　越　姚鸣九　王承炜　仇雨亭

（以下按姓氏笔画为序）

顾　问：孙维德　陆忍谦　杨桂林　张　忠　张志钧　姚步朝　姜启栋
　　　　徐　进　盛有才

编　委：王庭桂　王海青　王彤章　邱宝玖　冯国宜　孙庆山　孙宜来
　　　　陈　进　陈耀光　陈天朝　李兰逊　吴万煜　宋宝田　肖维琪
　　　　沈如萱　汪　渡　吕绍基　周庆禄　张大发　茆发元　顾文楼
　　　　胡汝林　赵　明　赵顺源　秦　力　郭维宝　郭桂华　詹福宏
　　　　管正邦　廖高明　魏德林

编纂办公室成员：王承炜　王海青　仇雨亭　汪　渡　郭正亚　廖高明
　　　　　　　　　魏德林

1990~1998 年期间《高邮市水利志》编纂人员

　　　　廖高明　杨士熙　王承炜　王海青　仇雨亭　郭正亚

1998 年《高邮市水利志》评审人员

主　审：周海军　徐炳顺　戴树义

审　稿：徐泺初　张经文　汪家伦　赵苇航　朱兴华
　　　　陈恒荣　王　鹤　孙　铎　杨春淋　陈福坤
　　　　赵云鹤　王祖勋　郭亚同　朱荣光　廖高明

2006 年成立的《高邮市水利志》编纂委员会编修人员

主　任：耿　越

副主任：王祖勋　王之义　张　青

顾　问：卢金贵　赵方庆　王寿金　顾　宏　钱士奎　陈金龙　刘春富
　　　　赵云鹤　王万贵　郭亚同　朱荣光

编　委：万天昌　尤　华　王　程　王元林　王立开　王加银　王永标
　　　　王庆松　王金涛　王荣祥　王海生　王祖民　朱桢亚　华　春
　　　　刘广游　师仁余　阮宗彬　孙龙祥　孙成文　孙荣枝　李才平
　　　　李正安　李江安　时　斌　杨卫峰　杨春淋　杨爱华　杨鹤松
　　　　陈久越　陆兴海　吴华芬　吴增宏　苏明华　张有松　张栋清
　　　　沙善金　周小民　周海龙　居加林　宝珍元　茆德华　赵顺元
　　　　姜学勤　郭俊宏　高　军　聂庆斌　钱宗甫　钱明海　曹　祥
　　　　黄　穗　黄长权　盛富云　葛宏生　颜来安　潘松泉　戴桂忠

主　编：张　青　杨春淋

主要修改人员：杨春淋　杨鹤松　赵顺元　朱桢亚

办公室主任：杨鹤松

工作人员：徐一斌　黎　静

2007 年《高邮市水利志》评审人员

　　　　周海军　徐炳顺　姚　震　刘扣林　刘春龙　孙　铎　卢金贵
　　　　王之义　耿　越　王祖勋　张　青　杨春淋　杨鹤松　赵顺元
　　　　杨玉衡

《高邮市水利志》审定单位

　　　　扬州市水利史志编纂委员会办公室
　　　　高邮市地方志办公室
　　　　高邮市水务局

以史为鉴

继往开来

翟浩辉

二〇〇〇年六月

原中华人民共和国水利部副部长翟浩辉题词

以史為鑑除害興利振興高郵

賀高邮市水利志刊成

二〇〇八年十月

凌启鸿题

原江苏省人民政府副省长凌启鸿题词

除水患，兴水利，
充分发挥水资源效益，
为民造福。

沈晋
2006.10.8

原陕西省人大常委会副主任沈晋题词

深忆苦难淮洪史

实写光辉治水志

贺 高邮水利志 出版

徐善焜

二〇〇六·十一

原扬州市水利局局长徐善焜题词

人水和谐 以人为本

丙戌秋月 朱延庆

原高邮市政协副主席朱延庆题词

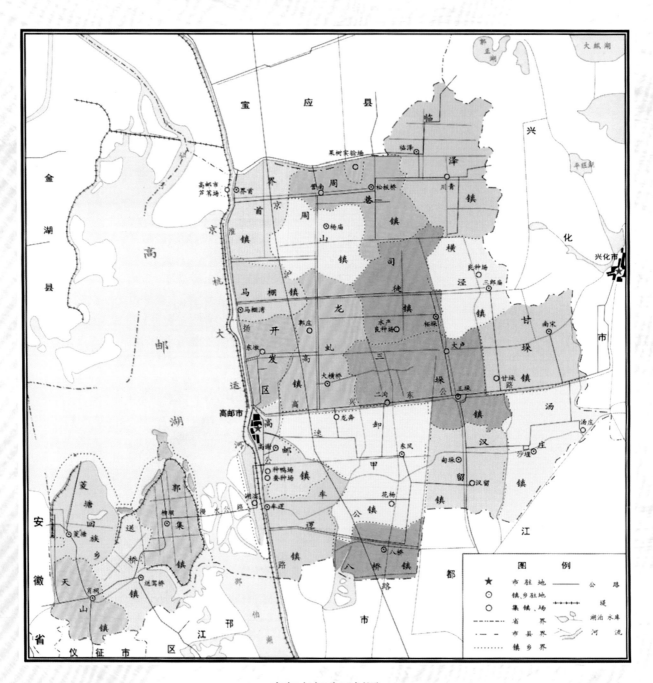

高邮市行政区划图

高 邮 市 水 系 图

高邮市水利图

领导视察

2000 年,国务院总理朱镕基来邮视察

1990 年 11 月,水利部副部长侯捷来邮视察田间装配式建筑物

1986 年全国政协副主席钱正英来邮视察田间装配式建筑物

1987 年 3 月,交通部副部长林祖乙视察高邮大运河临城段改造工程

国际友人参观龙奔西楼田间建筑物配套工程

河 湖 风 光

运河风光

高邮湖芦苇场

清水潭

郭集大圩

湖滨控制线王港闸

新民滩以垦代清

乡村河道

农田配套

丰产田

岗塝田

田间一套沟　　　　　　　　　　　土地复垦

量水设施

灌溉农渠

农田林网

水利部农村水利技术推广示范县奖杯

省农田水利建设一等奖奖杯

河 道 施 工

1991年,水利部淮河委员会主任赵武京、江苏省委副书记曹克明、
扬州市委书记李炳才等参加新民滩施工

1991年,扬州市委副书记吉宜才参加新民滩施工

工程技术人员参加湖滨乡安全圩建设

安全圩建设工地

文 物 古 迹

古平津堰

纤夫石

水部楼

开竣工留念

1985 年 12 月,京杭大运河高邮临城段拓浚工程通过省京杭运河指挥部验收

1991 年 11 月,水利部淮河委员会主任赵武京、江苏省委副书记曹克明、
扬州市委书记李炳才参加湖滨新民滩保安圩工程开工仪式

水利志编纂人员留念

高邮县水利文志编纂委员会全体成员合影 24.8.22

《高邮县水利志》（送审稿）评审会议合影　98.11.4

2007 年 2 月 13 日，《高邮县水利志》通过评审

围绕防洪保安 履行神圣职责

高邮市京杭运河管理处位于古运河东畔,毗邻运河风光带,承担着合理开发和利用水利资源、绿化造林等综合经营任务。管理国家I级堤防,总长87.5千米,湖河调度闸1座、通湖排水洞4座。

该处肩负着防洪保安的神圣使命,运河堤防的安全关系到里下河1200万人口的生命财产和1400万亩耕地的生产安危。每年针对水工程现状,组织开展汛前、汛中、汛后大检查,对历史上的险工患段重点排查,做到汛前早准备,编制患段的防洪抢险调度预案;汛中抓落实,对患段实施临时加固处理;汛后再检查,针对查出的问题,及时申报实施方案。科学安排施工进度,严格控制施工质量,保证岁修工程及时、高质完成,充分发挥工程效益及社会效益。在堤防管理中,严格按照水利工程管理标准,加大管理力度,落实岗位责任制,进一步深化内部管理体制、运行机制、工资分配激励机制的改革,实现堤防管理工作规范化、制度化;在综合经营方面,创新思路,集思广益,成立碧水园林公司,承接多项绿化工程,经营效益逐年提高,单位风貌和职工精神面貌焕然一新。连续四年被评为"全省水利系统文明单位",多次获省、市级表彰,2006年被江苏省林业局授予"绿色江苏建设先进单位"。

高邮市京杭运河管理处

1. 运河风光
2. 河湖调度闸引水惠泽农田
3. 管理处办公楼
4. 迎湖面块石护坡维修
5. 汛期封堵邵家沟排水洞

6. 林木病虫害防治
7. 铁树开花
8. 实生银杏林
9. 青桐
10. 速生丰产林
11. 丰花月季苗圃

风雨无阻在行洪道上

高邮市淮河入江水道控制线共有 7 座漫水闸 155 孔,孔净宽 593 米,设计流量 2000 立方米/秒,采用行走式桁车起吊,闸顶高程 6.0 米。2000 年漫水公路建成通车,老王港以西以漫水公路为控制线,以东仍以老土堤及 7 座土石滚水坝控制。1984 年成立高邮市入江水道管理所,承担着漫水闸及控制线的管理职能。

1991 年淮河发生特大洪水,由于新民滩柴草丛生,严重阻碍淮洪下泄,上级下达了炸坝行洪的命令。1996 年,在原高邮市湖滨开发公司的基础上成立高邮市新民滩管理所,对新民滩实施以垦代清。2006 年,高邮市入江水道管理所与高邮市新民滩管理所合并成立高邮市入江水道管理处。

该处常年对控制线及漫水闸定期管理、维修养护,对 4467 公顷新民滩以垦代清,对高邮市境内高邵湖进行湖泊管理和湖西堤防的维修养护,保障行洪安全。除此,还做好高邮湖水位在 5.5 米以上,保证高邮湖周边用水安全以及扬州城市用水。

该处在条件艰苦、任务繁重的情况下,通过自身努力,管理水平不断提高,连续多年被上级水利部门评为先进集体。

8

6　7

9

10

高邮市
淮河入江水道管理处

1~3. 获得的荣誉

4. 入江水道湖面

5. 入江水道防洪大堤

6. 杨庄闸

7. 毛港闸

8. 入江水道防汛检查

9. 入江水道新民滩垦种丰收

10~11. 以垦代清

11

治理水环境　修复水生态　打造碧水之乡

高邮市河道管理处成立于 2005 年,承担着全市大中小沟级以上河道的管理。过去河道两侧都不同程度地存在水生植物和漂浮物,绝大多数河道圩堤都存在扒翻种植现象,河床河道淤塞严重,围网围堰养殖普遍,河岸侵占搭建问题突出,水质严重污染,戏称"河底生拽子,河面有盖子,河岸长癞子"。

该处先后编制了《高邮市 2007~2010 年县乡河道疏浚整治规划》和《高邮市 2007~2010 年村庄河塘疏浚整治规划》,提出"全面清、强势推、重点疏、长效管"的治河理念,围绕"两清一建"的标准要求,最终实现"五个无"的总体目标的工作思路。

四年来,该处利用广播、电视、会议、标语、流动宣传车等舆论工具,大力宣传实施碧水工程建设的意义,提高干群水环境保护意识。每年的 4 月和 12 月,组织碧水工程清障突击活动,营造声势,掀起水环境整治的热潮。四年来,共完成县乡河道疏浚土方 1185 万立方米,村庄河塘疏浚 713 万立方米;拆除圈厕 19633 座,清除水生植物及漂浮物 359.3 万平方米,拆除鱼罾、鱼簖 1775 座。2006 年,高邮水务人创新摸索,在全国首推"以河养河"举措,即通过圩堤林权的拍卖、水面捕捞权的发包、浚河的土方置换等形式,坚持一水多用、一土多用,积极引导相关单位和社会个人投资"以河养河"。在连续两年的省市级验收中,碧水工程建设得到了专家领导的一致肯定,被评为优良工程,初步实现了"水清、岸绿、流畅、景美"的目标。

1. 赫旺河疏浚前

2. 赫旺河疏浚后

3. 临泽五号河

4. 临泽川中河

5. 高邮城河

高邮市河道管理处

采取信息化管理 打造节水型灌区

高邮市高邮灌区管理处于 2002 年被水利部列为首批 26 家"全国大型灌区信息化试点建设单位"之一,先后编制了《高邮灌区信息化建设总体规划》和年度实施方案,坚持"总体规划、分期实施"的建设思路,从 2004 年至 2008 年,共投入 480 多万元,分四期工程开发建设高邮灌区信息化系统。

高邮灌区信息化系统由野外水情工情遥测站、闸群遥控及水量决策专家调度、远程视频监控、灌区信息 GIS 查询和灌区信息 Web 服务等 5 个子系统组成。通过超短波无线遥测网、光纤城域网和 GSM 网实现信息数据和目标指令的传输。建成调度中心站 1 座、分中心站 3 座,各站之间实现数据共享和实时在线查询;建成 26 座野外水情工情遥测站,站点分布到每一个骨干水系,遍及灌区每一个乡镇,实现控制点水位和雨量的数据自动采集;建成了 3 座远程监控站,实现南关干渠渠首和控制闸远程控制和视频监视,开发的专家调度决策系统,对 3 座控制闸按灌区用水制度进行闸群联调和智能控制;开发的 GIS 查询系统实现了基于网络技术的实时数据、历史数据、灌区信息数据库管理和系统参数设置功能,并支持 GSM 手机短信查询、订制发布和告警服务功能。实现水情自动采集、水闸远程控制、水量决策调度、信息便捷查询等目标功能。实践运行证明,系统的建成对减轻灌区管理劳动强度、科学调配水源、促进灌区现代管理发挥了积极作用。

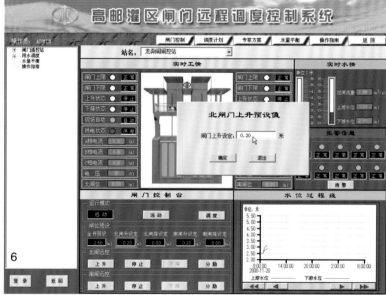

高邮市高邮灌区管理处

1. 高邮灌区信息调度中心

2. 凤凰西支遥测站　　　　5. 灌区信息查询—渠系速查

3. 中心服务器集群　　　　6. 运控设定

4. 龙奔节制闸遥控站　　　7. 信息化分中心周山灌区

8. 灌渠新貌

水务经济建设的排头兵

高邮市水利建筑安装工程总公司成立于 1970 年,目前拥有水利水电、市政公用施工总承包贰级、工业与民用建筑总承包叁级、桥梁、地基与基础工程专业承包贰级、堤防专业承包叁级资质,现有注册资本 2107.1 万元,具备从事大中型水利水电、工民建、地基与基础、交通、市政等工程的施工能力。

近年来,该公司主要承建了南水北调东线(高邮段)系列配套工程、高邮灌区节水改造、淮河入江水道灾后重建、高邮湖洼地治理等大中型水利项目;参与了扬州黄金苑、文昌苑、翠岗小区商住楼和扬州二电厂、扬州钢铁厂、扬州洁源排水公司等单位的厂房及住宅楼、高邮府前街、高公花苑商住楼、广润招商城、供电局住宅楼、高邮市中学等工业民用建筑的实施;完成了邮兴东公路桥梁、安大公路沿线桥梁、邮天公路状元沟桥、北澄子河珠光桥工程等项目的施工,其中珠光大桥为目前高邮境内体量最大、技术难度最高的系杆拱结构桥梁。同时,还积极参与北澄子河整治、国土整治、标准良田、区域供水、饮水安全等项目建设,不断拓展单位经营空间。

长期以来,该公司严格管理,恪守信誉,被有关部门授予"AAA"资信企业、"重合同守信用企业",连续四年被高邮市委、市政府授予"建筑业优秀企业",多次获"江苏省多种经营先进单位",两度获江苏省水利厅"精神文明建设先进单位",2008 年被水利部评为"全国优秀水利企业"。

高邮市水利建筑安装工程总公司

1. 高邮中学 2# 教学楼（琼花杯优质工程）

2. 葛洲坝水电学院体育馆（宜昌市优）

3. 扬州河道整治及城市泵站

4. 邮天公路状元沟桥

5. 北澄子河珠光桥效果图

6. 普渡桥工程

7. 宿迁柴沂河挡洪闸

8. 省水利系统文明示范窗口单位

9. 全国优秀水利企业奖状

10. 琼花杯

高邮市海潮污水处理厂

提升城市品位　改善区域水环境

高邮市海潮污水处理厂项目是国家1998年至2006年度"三河三湖"中淮河流域水污染防治和国家"南水北调"江苏省东线治污工程的项目之一。厂区面积5.64公顷。收集服务范围为23平方千米,受益人口为12万人。设计总规模为5万吨/日处理能力,分两期建设,一期工程2.5万吨/日,概算投资额为9975万元,污水处理采用德国百乐克(BIOLAK)生化处理工艺,出水达到国家《城镇污水处理厂污染物排放标准》(GB18918-2002)一级B标准。

该厂自2001年立项,2005年3月高邮市政府将该项目从市建设局划交到市水务局建设,2005年4月全面开工,2006年11月28日通水试运营,成为江苏省首家由水务部门自主投资建设、自主经营管理的污水处理厂。至2008年底,完成了厂区工程及厂外污水收集干、支管道41.1千米,兴建污水提升泵站4座,已基本形成城区"三纵二横"的污水管网骨架,污水收集率逐步提高。目前运行质态良好,管理科学规范,厂区布局合理,环境优美整洁,日收集处理污水1.9万吨左右,尾水达标排放,累计处理污水1000万吨,削减COD1100吨,成为高邮市重点减排企业。2008年9月27日通过江苏省发改委综合竣工验收,是扬州县(市、区)中首家通过验收的污水处理厂。项目的建成投运,对于改善区域水环境质量,完善城市功能,提升城市品位,为高邮市"全面达小康,建设新高邮"的实现具有重要的作用。

1. 通水典礼　　　2. 通过验收

3. 东门大沟泵站　　　4. 生化池及其他生产设施

高邮市海潮污水处理厂

5. 综合办公楼　　　6. 中控室

7. 化验室

发展经济　快速崛起

　　高邮市水务局司徒水务站最早评定为三星级水务站,长期以来重视水利基础设施建设,以防洪排涝为突破口,全镇108.5千米圩堤全部达标,水环境的提升确保了地方经济建设的安全运行。该站还以发展经济为抓手,办起了2个水制品生产厂、1个三阳河码头,添置了2条挖泥机船、1台6吨的装载机和1台挖掘机,现有固定资产290多万元。近几年每年经营产值在200万元以上,实现年利润约30万元。2002年被江苏省水利厅表彰为"文明服务水务站",多次获水利系统"先进单位"称号。

1. 站容站貌

2. 农桥建设

3~4. 三阳河司徒码头

5. 水泥制品厂

高邮市水务局司徒水务站

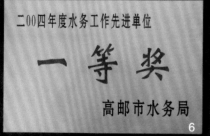

二00四年度水务工作先进单位

一等奖

高邮市水务局

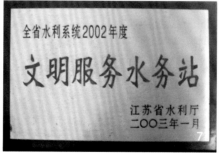

全省水利系统2002年度

文明服务水务站

江苏省水利厅
二00三年一月

6~10.

获得的荣誉

全省水利系统2002年度

文明服务水务站

江苏省水利厅
二00三年一月

2004年度基层水利工作

先进单位

扬州市水利局
二00五年四月

2005－2006

文明单位

中共高邮市委
高邮市人民政府

高邮市水务局汉留水务站

探索"以河养河"的典范

高邮市水务局汉留水务站现有水泥制品厂、小型水利工程施工队、园林苗木基地等综合经营项目。单位绿化苗木 4 万余株,意杨树 2 万余株,年综合经营产值 250 多万元,利润 50 多万元。2005 年投入近 135 万元新建了一幢园林化别墅式办公楼,按照"规范、美观、实用"的要求完善了水费收缴服务大厅,为人民群众营造出"优美、优良、优质"的服务环境。

该站为农村水利建设提供技术支持和管理服务,负责水利设施的建设和管理,参与制定该镇农村水利设施规划,协助搞好水土保持、防汛抗旱、水环境保护和水资源管理,承担水利新技术示范推广、专业技术人员培训等工作,积极做好政府的水利参谋,全体职工在工作岗位上认真履行职责,积极开展工作,努力发挥职能作用。近几年,围绕创新机制,积极探索农村水利建设新途径,实施"以河养河",吸纳民资 120 多万元,疏浚河道 26 千米,植树 11 万余株,这一模式在江苏省普遍推广。连续 8 年被汉留镇党委、政府评为"先进服务单位"和"十佳群众满意基层站所",2006 年～2008 年被市水务局评为"先进单位"一等奖,2000 年、2004 年被扬州市水利局表彰为"先进水利工程水费先进单位",2001 年、2003 年、2008 年被扬州市水利局评为水利系统"先进站所",2003 年被高邮市政府评为抗洪救灾工作"先进集体",2007 年 7 月被市廉政办、文明办评为 2006 年度"全市十佳群众满意基层站所",2008 年 7 月被高邮市政府评为全市机关事业单位"先进党组织",2009 年被评定为三星级水务站。

1. 田间配套设施
2. 田间配套设施
3. 农桥建设
4. "以河养河"
   五号河示范点
5. 李蒲河道原貌
6. 整治后的李蒲河

7. 联谊河堤林绿化
8. 联谊河原貌

回汉共建树农村水务站形象

　　菱塘是江苏省唯一的回族乡,多年来,高邮市水务局菱塘水务站规范服务行为,提升服务质量,打造勤政廉洁的水利人新形象,被评定为三星水务站。先后被扬州市水利局评为"先进基层站所",高邮市委组织部授予"先进基层党组织",高邮市廉政办授予"群众满意基层站所",多次被市水务局评为水利工作"一等奖",连续四年获得该乡"群众最满意单位"和"先进党支部"称号。

　　该站创新思维,大胆探索"以林养水"的路子,深度挖掘百里环湖大堤的资源优势,实施"绿色银行"大行动,栽意杨3万多株,每年都能实现纯利润50多万元。近几年,组织实施高邮湖洼地治理、灾后重建、水毁工程复修等30多项重点工程,都达到优质工程、安全工程、效益工程、满意工程的标准。

　　近年,碧水工程先后疏浚村庄河塘48个,疏浚乡级河道8条。对该

乡110条大小河道、740个山塘水库保洁,采取定人、定岗、定责任、定报酬的办法落实每条河、每个塘的长效保洁措施,打造了水清、岸绿、景美的农村水环境。

高邮市水务局菱塘水务站

1. 菱塘大圩小埝段块石护坡工程
2. 菱塘大圩薛尖段块石护坡工程
3. 菱塘大圩小埝段堤防加固土方工程施工
4. 向阳河圩堤林木
5. 疏浚整治杨家涧
6. 双庆河整治工程施工现场
7. 组织防汛排涝

8. 菱塘大圩张墩段堤防加固块石护坡施工
9. 乡级河道疏浚
10. 为地方经济建设提供人员、技术保障
11. 菱塘大圩圩堤林木

以征收水费为抓手，促进全面发展

　　高邮市水务局临泽水务站，是三星级水务站。2000年高邮市撤乡并镇时，由原临泽水利站、川青水利站合并而成。

　　该站以征收水费为抓手，热情为基础服务，确立先缴费后用水的理念，把水费收缴任务分解到每个职工，并与工资挂钩，奖罚分明，有效地了调动大家的积极性，近几年水费收缴工作都及时足额完成。在收好水费的同时，坚持以"发展水利事业、搞好水务建设、营造良好水环境、造福地方人民"为宗旨，扎实工作，克难求进，积极完成各项任务，为农村水利建设提供技术支持和管理保障；负责水利工程设施的建设与管理；参与制订农村水利设施发展规划；协助搞好水土保持；防汛防旱水环境保护和水资源管理。多次被评为市水务系统"先进单位"。

1. U 型渠道建设

2. 临泽镇蒋颜村南荡圩进行圩堤加固

3. 朱堆村河塘整治

4. 圩口闸建设

5. 河道保洁队伍

6~7. 获得的荣誉

高邮市水务局临泽水务站

高邮市水务局周巷水务站

开拓创新　服务"三农"

　　高邮市水务局周巷水务站是二星级水务站。周巷地处高邮里下河北部,地势低洼,水利建设任务较重。多年来,该站工作作风务实,坚持为"三农"服务,把农业结构调整、农村基础设施条件改善和农村经济发展后劲作为农村项目服务的主攻方向,为地方经济增添活力;建设1.2千米的硬质化渠道和道路,为双兔米业落户该镇提供水环境保障;新建一座提水泵站,解决地势较高灌溉水源不足的问题,惠及百姓。该站多次被省、市表彰为"水费征收先进单位"、"高邮市群众满意基层站所"、"先进基层党组织"、"引国资先进单位"和"先进服务单位"。

1~2. 河道保洁

3~4. 圩口闸建设

5. 道路建设

6. 水系配套

7~8. 电站建设

高邮市水务局周巷水务站

9~12.

获得的荣誉

服务基层　群众满意

　　高邮市水务局送桥水务站,长年服务于该镇防汛抗旱、水利工程管理、农村环境综合整治、饮水安全工程、新农村建设、高效农业建设等工作。近年来,兴建水工建筑物 30 多座,圩堤加固 6.2 千米,20 多万立方米,抢险道路 5 千米,危桥改造 10 座,扬州鹅示范基地 1 处。按照"全面清、重点疏、强势推、长效管"的工作思路,对河塘进行了全面疏浚。现有水泥制品、灯具加工、水利建设工程队等综合经营项目,年产值 200 多万元,利润近 30 万元,职工收入逐年递增,服务水平不断提升。2003 年被中共高邮市委表彰为"先进基层党组织",2005 年被中共高邮市委组织部命名为"共产党员先锋岗",2005~2006 年度获高邮市廉政建设领导小组、高邮市精神文明建设指导委员会创建"群众满意基层站所"活动进步奖,2007 年被评为扬州市水利"先进单位",2007~2008 年度被评为高邮市水务系统"先进单位",2008 年被评定为二星级水务站。

1. 圩堤防汛道路工程

2. 河塘整治

3. 危桥改造
   （西陈坝桥）

4. 李桥防洪圩

5. 建设扬州鹅基地

6~7. 综合经营

高邮市水务局送桥水务站

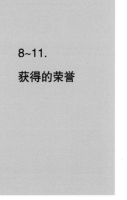

8~11.

获得的荣誉

高邮市水务局三垛水务站

坚持"爱岗、敬业、奉献"的水利行业精神

高邮市水务局三垛水务站由原三垛、二沟、武宁合并而成,是一星级水务站。

近年来,该站以"爱岗、敬业、奉献"的水利行业精神,充分依托水利行业优势,积极参与市场竞争,形成以河道疏浚、桥梁、水工建筑物等施工为主体的水利经营项目,2008年实现经营产值500万元,利税80万元。先后被高邮市委廉政建设领导小组、高邮市精神文明建设指导委员会评为创建"群众满意基层站所"活动进步奖,被市水务局连续六年评为"先进集体",2003年被高邮市政府评为"抗洪抢险先进集体",连续四年被三垛镇政府评为"群众满意基层站所",连续六年被三垛镇党委评为"先进基层党组织"。

高邮市水务局三垛水务站

1. 三阳河新景

2. 永中三、四组田间大道

3. 三垛一号河整治工程

4. 三垛二号河整治工程

5. 柳南村路渠工程

6. 陆家圩口闸

7. 顾家排灌站

以优质服务摘取创优之星

高邮市横泾水务站是一星级水务站,始建于 1983 年,目前在职职工 8 人,办公场所占地 5000 平方米左右,建筑面积 500 多平方米,绿化面积 1500 平方米,占总面积的 30%。

该站充分依托行业优势,挖掘水利经营潜力,稳步发展水利经营工作,形成了以土方、桥梁、水工建筑物等施工为主体的水利经营格局。2008 年年创产值 235 万元,实现利润 55 万元。坚持以服务群众满意为根本,不断加强自身队伍建设,坚持开展"清风惠农",创建群众基层满意站所活动。2006 年分别获高邮市"十佳"满意基层站所、高邮市"文明单位"和"先进基层党组织"称号,在 2007 年度满意基层站所考评中,排名全镇第一,2008 年张栋清站长荣获高邮市"十佳创优之星"称号。

高邮市水务局
横泾水务站

1. 河道疏浚

2. 综合经营

3~4. 获得的荣誉

5. 农村危桥改造

6. 第三沟河道清障保洁

7. 抗洪排涝

8. 镇中河景

目　录

序

郦道元在《水经注序》中说："天下之多者水也。"但在地球这个巨大水体之中，咸水占了98%，淡水只占2%。全世界按人口平均的淡水占有量是8800立方米，而中国按人口平均的淡水占有量只有2200立方米。水是当代中国人和我们的子孙后代最缺乏和最需要关注的自然资源。水利作为国民经济的基础产业和基础设施，正面临着新的任务和更高的要求。

高邮处于里下河区域，地势低洼，素有高邮湖畔、大运河边"水做的城市"之称。高邮当代著名作家汪曾祺在回答法国文学翻译家安妮·居里安女士的提问时，说："我的家乡是一个水乡，我是在水边长大的，耳目之所接，无非是水。水影响了我的性格，也影响了我的作品的风格。"水乡的美为汪老的作品增添了水的魅力，水乡的水患也给他留下了深刻的印象。他在《我的家乡》中写道："水退了，很多人家的墙壁上留下了水印，高及屋檐。很奇怪，水印怎么擦洗也擦洗不掉。"高邮湖是全国第六大淡水湖，也是一个悬湖，湖底真高比高邮的地面高。每年高邮都要投入很大的人力、物力、精力开展防洪排涝斗争，水利建设对于高邮的经济社会发展起着至关重要的作用。

新中国成立后，高邮人民在党和政府的领导下，发扬自力更生、艰苦奋斗的治水精神，坚持不懈地推动水利建设。通过实施开河浚河、平整土地、建闸建涵、加固堤防、兴建装配式农田建筑物、治理丘陵冲岗、中低产田改造、合理调整水系布局、搞好植被、防止水土流失等一系列治水工程，目前已基本形成了一个挡得住、引得进、排得出、灌得上、降得下的水系格局。由于水利设施的不断完善，抵御各种自然灾害的能力也大大增强，先后战胜1954年和1991年特大洪水、1978年的特大干旱，保证了高邮经济社会事业的健康发展和人民群众安居乐业。

尽管这么多年高邮水利工作取得了很大成绩，但洪涝水患的威胁依然存在，现有防洪排涝设施的标准不适应经济发展的要求，抗灾能力有待进一步提高；工程设施老化，运行效益衰减；治污工程任务艰巨，水体环境恶化，水土流失严重。深化水利改革，加快水利事业发展，仍然是迫在眉睫的艰巨任务。广大水利工作者要自强不息，居安思危，不断研究和探索新时期的治水新思路、新举措，使我市水利事业再上一个新台阶。

开展水利志的修编工作，是一项功在当代、惠及后世的大事。新中国第一轮江河水利志的修编工作始于1982年。到2006年年底，全国各大流域第一轮江河志修编工作全部结束。据统计，全国各地共修编各类江河水利志书1940部。其中流域级、省级、地级和县级江河水利志书1589部；水利工程志、水文志等专志以及年鉴、水利大事记等，共351部。第一轮江河水利志比历史上任何时期的水利志，类别更齐全，结构更合理，体例更完善，条目更丰富，是中国修志优良传统和时代进步的完美结合和统一。值得称道的是，第一轮江河水利志对历史资料和现状资料进行了更深刻的发掘、整理，对比核实，补充完善，去伪存真，为社会和后人留下了一笔宝贵的精神财富。从2007年起，全国开展了第二轮江河水利志修编工作，修编重点在于翔实记载和充分反映新时期的江河变化和水利发展实践。

现在，《高邮市水利志》问世了。此书内容丰富，以史实为依据，全面、系统、客观地记述高邮水利事业的历史和现状，如实地总结了水利工作的经验和教训。这不仅是一部很有价值的地方文献，更是全国第二轮江河水利志修编工作中具有十分重要意义的区域性水利文献。它的修编出版对高邮今后的水利建设具有重要的指导意义。《高邮市水利志》的重要价值就在于以史为鉴、激励后昆。

中共高邮市委书记

2008 年 10 月 27 日

凡 例

一、本志为高邮市首部水利专业志,以马列主义、毛泽东思想和邓小平理论为指导思想,运用辩证唯物主义和历史唯物主义的观点,坚持实事求是的原则,记述高邮水利事业的历史和现状,力求思想性、科学性和资料性的统一。

二、本志记事通合古今,上限尽可能追溯到高邮水利之始,下限到 1990 年,《大事记》延伸至 1995 年。本着"详今略古"和"古为今用"的原则,着重记述 1949 年 10 月中华人民共和国成立后境内的水事活动。

三、本志横排竖写,纵横结合。设《概述》于全志之首,为全志之纲;设《大事记》于概述之后,为全志之经;正文设章、节、目三个层次,辅以图、表、录、序与凡例。《大事记》采用编年体与纪事本末体相结合,以时序编排。

四、本志历史纪年,1949 年中华人民共和国成立前,依当时朝代年号或民国纪年,并括号注公元纪年。中华人民共和国成立后,采用公元纪年。

五、高邮于 1991 年 4 月 1 日撤县设市,此前称"高邮县",此后称"高邮市"。

六、本志所记"真高"、"高程"、"水位"均采用废黄河零点。

七、本志中数字记载,按《出版物上数字用法的规定》执行,计量单位除历史记载仍沿用原文(加引号)外,一般采用国家法定计量单位。

八、本志中 1949 年以来有关水利数字,原则上依据统计部门资料,统计部门缺项的采用水利部门数字。耕地、面积采用 1987 年土地资源调查数字。

九、本志行文按高邮市地方志年鉴编纂委员会于 2006 年 11 月 20 日印发的《高邮市地方志行文通则(试行)》执行。

十、本志资料,历史部分多录自历代史志、文献,当代部分主要录自档案资料以及少量口碑材料。为节省篇幅,一般不注明出处。

概　述

（一）

高邮依水而存，因水而兴。

高邮地处江苏省中部淮河下游、里下河地区西缘，北界宝应，东邻兴化，南连江都、邗江、仪征，西接天长（安徽）、金湖。境域位于北纬 32°38′~33°05′，东经 119°13′~119°50′。境东至西 57.65 千米，南北长 50.04 千米。地势西南略高，东北偏低，属里下河平原。境内河网密布，水资源丰富。京杭运河纵贯南北，将地域自然地划分成东西两大部分，境西的高邮湖为江苏第三大淡水湖。全县辖 33 个乡（镇）、5 个场、8 个所，总人口 82.96 万人。土地总面积 1962.58 平方千米，陆地面积（包括陆地内的水域）1487.05 平方千米，占总面积的 75.77%，其中耕地 9.38 万公顷，占总面积的 47.8%；高邮湖（包括邵伯湖）面积 475.53 平方千米，占总面积的 24.23%。年均气温 14.9℃，常年降水量 1000 毫米左右，无霜期 221 天，四季分明，气候温和，阳光充足，雨水充沛，土地肥沃，盛产水稻、鱼、虾、蟹和闻名遐迩的高邮麻鸭、双黄鸭蛋，是一个物产富饶的鱼米之乡。

古代，高邮原是长江三角洲北翼的一个浅海湾，高邮城是孤立于海洋中一座被称做"高沙"的小沙墩。文天祥有《发高沙》诗云："晓发高沙卧一舠，平沙漠漠水茫茫。舟人为指荒烟岸，南北今经几战场。"随着长江、淮河两个三角洲的不断向前推进，江淮间陆地在江都、高邮、宝应、淮安之间互相连接，大约在距今 7000 年前后江淮之间基本形成为古泻湖浅洼平原。局部浅洼地段有湖泊，今见之于记载的有樊良湖和津湖。位于一沟镇（今属龙虬镇）的龙虬庄新石器时代遗址表明，大约在距今 7000~5000 年境内有人类活动。

公元前 486 年，吴王夫差为北上伐齐，与晋国争霸，在邗城城下开挖邗沟向北到末口（在今淮安城北）入淮。邗沟开凿以后，带动沿岸交通事业的发展。公元前 223 年，秦并楚，在境内"始筑台，置邮亭"，称为"秦邮"。公元前 175 年，吴王刘濞重开邗沟，并向东延伸，今南澄子河始有雏形。至此，境内初步形成一纵一横"丁"字形水上交通格局，为行政区划和地方政权的设置提供条件。汉武帝元狩五年（公元前 118 年），始设高邮县。经过汉、魏、隋多年的改道、裁直、拓宽、浚深，境内邗沟段成为高邮官河、高邮漕河；隋文帝又新开山阳渎（后称三阳河）。至 587 年，境内开始出现两纵一横水上交通的新格局。特别是山阳渎的开凿，使境内今运河以东的实心地带，即里下河的经济发展有了活力，为境内政治地位的提升与城、镇的出现、发展奠定基础。宋开宝四年（971 年），升高邮县为高邮军，始筑高邮城。1086 年，为更加便捷东部盐场的盐运和交通，境内又一道东西向的河道——今北澄子河开挖。此时，境内呈现"开"字形两纵两横水上交通的崭新格局。高邮政治、经济地位继续攀升。建炎四年（1130 年），升高邮军为承州，领高邮、兴化二县。元至元十四年（1277 年），升承州为高邮路，二十年（1283 年）又升高邮路为高邮府，领高邮、兴化、宝应三县。明洪武元年（1368 年），改高邮府为高邮州，仍领兴化、宝应两县，直至清末。民国以后，恢复县制，仍称高邮县。1991 年，撤县建市，高邮市建立。

（二）

高邮历史，从狭义上讲，是一部水史，同时是一部高邮人民与水灾抗争的历史。

高邮从新石器时代起，就有比较发达的稻作农业。发展农业需要良好的水利条件。但西有"悬湖"——高邮湖，加之地处北温带多雨水，每遇大水，必成水灾。据《说文·州部》载：高邮"尧昔遭洪水，民居水中之地"。据《高邮州志》载，大禹曾率高邮人民投入治淮斗争，引淮水经高邮注江入海。此后，由于统治者重视中原一带，加之战事频发，致使江淮一带治水很少有人问津，三国时期的高邮境内竟荒无人烟。直到唐宋时期，统治者才把发展经济的注意力逐渐转移到长江以南和江淮一带，使这些地区的水利事业得以发展。自宋仁宗到宋孝宗的160多年中，在江淮地区整理运道，兴修水利，使这一地区成为支持封建王朝的重要经济地区。天禧三年（1019年），漕运粮食达到40万吨（原文载"八百万石"），为江淮漕运史上的最高记录。从南宋绍熙五年（金明昌五年，1194年）发生黄河夺淮后，加大了高邮暴发大水灾的程度与频率，明清时期成为高邮水灾的高发期。为抗御水灾，上至朝廷，下到州衙，较为重视高邮水患的治理。但由于封建统治者的腐败和缺乏科学的治理手段，治水效果往往不佳。明万历二十四年（1596年），总河杨一魁分疏黄淮，建武安墩、高良涧、周家桥三闸，浚茅塘港，开金湾河，建金湾闸，泄淮水由芒稻河入江，使高宝诸湖成为淮河下游入江水道。由于这条入江水道比较狭小，每遇暴涨，洪水不及宣泄，停蓄于高邮诸湖内，遂成高邮湖，并常引发洪灾。清康熙十九年（1680年）至四十七年（1708年），总河靳辅等奉旨在大运河高邮段东堤先后兴建南关坝、车逻坝、柏家墩坝、新坝、中坝等五座归海坝以后，每当洪水暴发，便开坝泄洪，淮河洪水犹如脱缰野马，来急去缓，任意肆虐高邮、邵伯两湖及周边地区。由于里运河堤防矮小，难以阻挡高邮湖巨浪的袭击，经常决堤成灾。民国时期，高邮更是经常发生大水灾。据资料记载，明万历十九年（1591年）至民国37年（1948年）的358年间，发生较大水灾127次，轻则农田受淹，百姓流离失所，重则一片汪洋，浮尸遍野。民国20年（1931年）大水，里运河东堤决口26处，高邮城北就有决口4处（挡军楼、庙巷口、御码头、七公殿）。数百户人家在睡梦中被吞没，停泊于决口南北数里的船只被巨大的吸力卷入洪流，仅泰山庙附近就捞起尸体2000多具。这一惨重悲剧造成的阴影，在高邮人民的心中永远无法抹去。

洪水肆虐无情，必有治水先贤。清《高邮州志》载有33名州以上到高邮的各级官员和56名高邮历代州官的人物列传，其中在治水方面有突出业绩的就有59人。如唐代淮南节度使李吉甫在境西"筑平津堰置闸以蓄泄"；宋代发运使吴遵路"于高邮军置斗门十九座，以蓄泄，水利广"，江淮发运副使张纶"筑漕河堤二百里。于高邮北旁锢以巨石为十矼，以泄横流，曰滚水坝"；发运使柳庭俊"修高邮楚泗运河斗门、水闸七十九座，以时宣泄，水患乃平"；明代平江伯陈瑄"于（高邮）湖内凿渠四十里"，"筑诸湖长堤"；户部侍郎白昂"开凿成康济河，以避湖患，以利舟行"，其河堤被称为"白公堤"；工部主事金克原"督河高邮，以治河劳瘁于官，自奉甚俭，贫不能备棺殓"。清代扬河通判金依孔因"黄淮灌高邮湖，大水围城，筑南北水关，履污淖中，凡三昼夜不休，城得以保全"；兴化县知州魏源到任四日，亲赴高邮督工修运河堤，"屡为巨涛所漂，眼睛赤肿如桃"，指挥百姓挑土护堤，闻讯河臣要开坝宣泄，伏堤上痛哭，愿以身殉职，百姓深受感动，奋力抢险，保住堤坝，秋后里下河七州县皆获丰收，民称"魏公稻"；等等。这些先贤和他们在高邮历史上治水的业绩，将永远被铭刻在高邮的史册上。

（三）

新中国成立后，揭开了高邮人民大兴水利建设的新篇章。20世纪50年代，高邮人民响应毛主席

"一定要把淮河修好"的号召,集中力量治理洪水。首先把确保里运河堤防这一维系里下河地区土地、生命财产屏障的安全,作为全县水利工程的重点来抓。1950年,全县组织3万人对里运河堤防除险加固,整修闸坝,拆埽改石,加固归海四坝,堵闭六道通湖港口,使湖河隔绝,减轻洪水对运堤的威胁,并取得抗御1954年特大洪水的胜利。1956~1957年,高邮参加扬州地区7个县12.33万人的治水大军,拓宽整治高邮城至界首的26.5千米运河新东堤,形成两河三堤,使新东堤堤顶高程达到10.5~11.5米,顶宽10~14米,河底宽由原来10~15米扩宽到45~70米,河底高程3米。同时,还在运河堤上兴建闸洞6座,加固闸洞5座。1958~1959年,又对大运河进行第二期大规模的综合整治,把高邮城南至江高交界14.5千米西堤西移,新西堤顶高12.5米,顶宽6米,河底真高3米,河底宽70米,彻底实现河湖分立。

同时,在高邮运西和运东低洼圩区,组织三次较大的复堤工程,对各个圩口加固培修;在沿运地区利用运河发展自流灌溉,兴建4条大干渠、8座老河交叉建筑物、6座干渠节制闸、5座干渠大渡槽,1959年建设5大灌区,全县有15个公社、2.41万公顷农田,改车水灌溉为自流灌溉。由于受"大跃进"、"浮夸风"的影响,高邮水利建设也出现过失误。曾提出"千年洪水不出险,日雨500毫米不受涝,终年无雨保灌溉,1.5米水位降得下",以及"等距离、划方格"高标准的河网化,不切合实际的高工效等,造成一些半拉子水利工程,原有水系被打乱,影响工程效益的发挥。

20世纪60年代初,高邮人民认真总结经验教训,在整治淮河入江水道、大运河工程的同时,相继开展内部农田水利基本建设。从1962年起,每年都出动近10万人大搞圩堤修复工程,实行联圩并圩,并口建闸,腹部开刀,改造洼地,发展机电灌排,实行大站排涝、小站灌溉,改造塘心田,实行沤改旱,把2063个圩口合并为216个圩口,圩长2035千米,保护耕地6.15万公顷,使5.13万公顷一年只收一季水稻的老沤田,改造成稻麦两熟田,使广大农民从成年累月泥里来、水里去,沤烂脚、泡破手,春天反复拉犁,腿上冒血,手上裂破口的艰辛劳动中彻底解放出来。沿运自流灌区围绕提高工程效益,调整灌区渠系布局,拆除老河坝头,增建交叉建筑物,新建渠首进水洞,基本消灭利用老河灌溉,以灌夺排的现象。运西丘陵地区坚持以蓄为主,蓄、引、提并举,按照高水高蓄、低水高用、层层拦蓄、梯级开发的原则兴修水利。先后兴建许巷、红星、夏庄、向阳、佟桥5座水库;治理黄楝冲、杨家涧等11条冲涧;扩浚当家塘3704个;开等高沟58条,使山圩分开;在丘陵岗区发展电力翻水上山工程,共兴建机电提水站96座,筑渠144条,实行机电灌溉及提水补塘补库,使每公顷蓄水量从建国初的1920立方米提高到3645立方米。1969年,还与友邻省、县团结治水,组织2.5万人,拓浚天菱河,解决两省三县边界地区7000多公顷农田引湖水灌溉的水源,并扩大100平方千米的排洪去路。

20世纪70年代初,在国务院北方地区农业会议的推动下,掀起"愚公移山,改造山河"的治水热潮,并涌现一批治水改土的先进典型。运东圩区推广川青乡、司徒乡合兴北圩、横泾乡姜陆圩治水模式;沿运自流灌区推广龙奔乡西楼片、东墩乡腰圩片治水模式;运西丘陵区推广天山乡黄楝冲治水模式。1975年,按照江苏省委"建设旱涝保收、高产稳产农田"六条标准,制定农田基本建设"五五"规划和分年实施计划,并绘制三张图(原状图、现状图、规划和分年实施图),实行山、水、田、林、路统一规划,洪、涝、旱、渍、碱综合治理,沟、渠、涵、闸、站全面配套。运东里下河地区制定"七横八竖"县级骨干排引河网规划,开挖骨干河道9条、长191千米,各乡镇结合条田方整,开挖圩内骨干河、生产河和农田一套沟,形成引、排、降一条龙的引排水系。沿运自流灌区,改造老灌区,健全渠系,配齐建筑物,共建成干、支、斗农渠9936条,3808.6千米,配套建设物20213座,做到灌有渠、排有沟,灌排分开,互不干扰,并配套专管和群管队伍3368人,自流灌溉面积达3.29万公顷。运西地区,开挖向阳河,拓浚支河,引湖水直达一级站。内部农田普遍开挖三沟,建设水平梯田3400公顷,改造冷浸田150公顷,沟渠路旁全面植树绿化,增加林木覆盖率,保持水土,从而使丘陵山区水利面貌得到很大改变。1977年,全县总结多年来夏熟减产原因,抓紧大忙间隙,结合秋播,大搞平田整地,开挖农田一套沟,做到"一方麦田,两头排水,三沟配套,四面脱空",把田抬起来种,结合秋播搞水利成为农民的自觉行动,许多乡镇还成立常年和季节性治水专业队伍,在一个乡或村范围内实行"推磨转圈,先后受益"搞水利,建成北澄子河和三阳河两个综合治理万亩连片大样板。

20世纪80年代,以经济效益为中心,对现有水利工程调整、配套、改造和提高。1980年夏天,动员8000多人,冒着高温酷暑,完成高邮城到界首二里铺运河中堤西坡26.5千米的块石护坡,完成石方7.4万立方米;用两年时间,把西堤后老运河填至真高8.0米,并植树造林,作为防浪林台,从而为该段运堤长治久安提供有力保障。1983~1984年,兴建高邮运东船闸、珠湖船闸(运西船闸),运东、运西结束不通水运的历史。1985年,动员1.2万人,将运河临城段4千米的浅狭段按照二级航道标准拓宽浚深,结合运河拓宽,对淮扬公路高邮临城段9.7千米按照一级公路标准全面改造,路面宽23米,其中城区段4.3千米,路面宽30米。经过多年整治的大运河堤防面貌焕然一新,运河两岸坚固的运河大堤俨然两条巨龙,护卫着运河两岸的千顷佳禾。人们漫步在运河大堤上心旷神怡,昔日桀骜不驯的大运河水被锁在河槽中蜿蜒而去。80年代,还在南关灌区全面推行计量灌溉、按方收费试点,在南关闸利用微机对涵闸过闸流量实行自动监测和控制,在干、支、斗渠上装置不同的量水设备,编写"量水概论"教材一套,为水利部、江苏省水利厅培训量水技术人员285人次,西楼量水基地引进国内外各种量水设备30多种,并可对相应的量水设备率定、革新和完善。高邮在自流灌溉中取得的成绩,引起国内外有关方面的关注,先后有世界银行、亚洲开发银行等国际机构和前苏联、智利、泰国等国家与国内26个省、市、自治区的水利专家到南关灌区考察,总人数达4000多人次。1989年,高邮县被水利部授予"全国水利建设先进县"荣誉称号。

20世纪90年代,全县水利建设以加圩、浚河、中低产田改造和自流灌区改造为重点,充分发挥现有工程效益,连续四年获省、市一、二等奖。但是,由于水利工程面广量大,建筑物资金不足,以土方代替建筑物的现象普遍存在,使得水土流失,生产力得不到提高,特别是自流灌溉地区因茬口布局高度集中,每年灌溉用水期间矛盾十分突出,出现严重浪费水源现象。根据县内水利建筑物需求量大,而施工技术落后,工期长、造价高,配套速度缓慢的问题,开展水利科学技术的研究和试验。在田间建筑物装配上,研制出一套适合农田灌、排、交、降的建筑物预制装配技术和设备,达到规格统一、成批生产的要求,造价低廉、安装方便、便于管理的优点。该项成果先后获得江苏省水利科技进步一等奖和水利部四等奖,被列入科技星火重点推广计划项目,田间建筑物钢模具被推广到全国20多个省市。在圩口闸工程中,推广悬搁门、沉箱式、启闭式圩口闸;在桥梁工程设计上,推广上承式桁架桥、轻型双铰折线钢架桥、肋液板桥,这些闸桥型结构轻巧、造型美观、造价低、材料省,深受群众好评。在桥梁工程施工方面,推广湿接头无支架施工技术,该工艺在300多座20~60米跨度桥梁上得到应用,共节约木材750立方米,节省资金45万元。

1991年,高邮市被水利部确定为"全国县级首批科技兴水市",1994年,被命名为全国水利技术推广服务体系建设先进示范县。

至90年代,全市初步建设了一套能引、能排、能挡、能蓄、能控制的水利工程新体系。对照水利建设的"六条标准",全市共建成旱涝保收、高产稳产农田5万公顷,水利建设累计完成土方54175.15万立方米、石方137.35万立方米、混凝土方19.38万立方米,完成建筑物27103座,投资13132.89万元。主要工程项目有:修建流域性堤防113千米,开挖和疏浚骨干河道11条,工长201.9千米,开挖大、中、小沟2632条,工长2161.6千米,兴建干、支渠796条,工长948.8千米,加固里下河圩堤1684.48千米,兴建圩口闸547座,兴建机电排灌站813座81213千瓦,其中机电排灌面积6万公顷,占耕地82.5%,水利结合修筑机耕路1473千米,植树764万株,结合发展航运1204千米。先后战胜1954年和1991年的特大洪水、1978年的特大干旱,保证了高邮市经济和各项社会事业的健康发展与人民的安居乐业。

（四）

回顾历史,艰难曲折;展望未来,任重道远。

高邮人民在数千年的治水斗争中,尤其是在新中国建立以后,在中共高邮市(县)委和高邮市(县)人民政府的正确领导下,在上级水利部门的有力指导和大力支持下,取得水利建设的辉煌业绩。但是,全市治水任务远未结束。一方面,随着社会经济的发展和人民生活水平的提高,治水的要求也愈来愈高;另一方面,在水利建设中还存在诸多不容忽视的问题,存在的主要问题有:淮河洪水出路不足,淮河入江水道现有堤防抗洪标准较低;运东里下河地区有40%的圩堤不能防御兴化3.5米的水位,加之荡滩不断围垦,滞涝面积越来越少;过去是下一涨三,现在是下一涨五、涨六,加之沿运自流灌区高地排涝动力不足,机电设备老化,加重圩区的排涝压力;现有农田渠系、沟系不健全,渍涝的危害仍很严重,有3.31万公顷农田地下水位不能降至1米以下;沿运自流灌区由于农村产业结构的调整和灌溉用水高峰期集中,加之现有干支渠工程输水线路长、输水损失多,不适应新的供水要求,影响灌溉质量;在管理方面,法制意识淡薄,工程管理仍然是个薄弱环节,圩堤耕翻种植较为普遍;有189座圩口闸设计标准偏低、开启不灵活、止水不断漏;水土流失造成河道淤积情况日趋严重;随着工业和城镇人口的增加,排污量逐年加大,水质变坏,水污染治理工作艰巨。这些存在问题在今后治水中必需引起高度重视,并须采取有力措施逐步加以解决。

高邮的特殊地理位置决定洪涝灾害具有多发性、突发性、不可预测性。人无远虑,必有近忧。我们应立足于治水的长期性、艰巨性,继续发扬自力更生、艰苦奋斗的精神,坚持不懈长期治水,为高邮国民经济的持续、健康发展作出新的、更大的贡献。

大事记

旧石器时代

距今约 1 万年前

高邮境内为长江三角洲和淮河三角洲所夹浅海湾,并逐步冲积成陆。

新石器时代

距今 7000 年前

今高邮湖以东地区因遭受大海侵,成为南黄海浅海湾。境西则"以天长、六合七十二涧之水"流入,相互连通,"未尝一片汪洋"。

距今 7000~5000 年

龙虬庄遗址(今龙虬镇龙虬庄村)有先民生息。遗址总面积约 4 万多平方米,呈圆角长方形,四周环水,并有河道与西、南西边大河相通。先民们在遗址设有生活区、墓葬区、生产活动区,内有防潮、储水设施。

距今 4700~4000 年

因海平面上升,加之大洪水暴发,今高邮湖以东浅洼之地再次被海水浸没。

夏 商 西周

约公元前 22 世纪

"大禹排淮注江道出于邮(高邮)"。

约公元前 21~11 世纪

龙奔周邶墩遗址(今卸甲镇周邶墩村)有先民聚居。先民们使用大量印刻有以水波纹为主的多种纹饰陶器。

东周

周敬王三十四年(鲁哀公九年,公元前 486 年)

吴王夫差始筑邗沟。"自广陵城东南筑邗城,城下掘深沟"。"自广陵北出武广湖(又称武安湖,今邵伯湖与高邮市南湖,统称高邮湖)东、陆阳湖(又称渌阳湖)西,二湖东西相直五里,水出其间,下注樊良湖(今京杭运河马棚镇段之西,统称高邮湖)","东北出博芝(博芝湖,又称博支湖、郭真湖,今高邮市境内）、射阳（射阳湖，今宝应县境内）二湖"，"西北至末口（今淮安市境内）入淮，通粮道"。

秦

秦王政二十四年（公元前 223 年）

秦并楚，境内"始筑台，置邮亭"。由此，境域称"秦邮"。

西汉

文帝五年左右（公元前 175 年左右）

吴王刘濞重开邗沟，以利盐运。高邮运盐河（亦称东河、闸河，今称南澄子河）始有雏形。

武帝元狩五年（公元前 118 年）

置高邮县，属广陵国。

元狩年间

子婴沟开凿。

东汉

献帝建安二年（197 年）

广陵太守陈登因"淮湖纡远，水陆异路，山阳不通"，为避博芝、射阳两湖多风浪之险，从樊良湖北口开凿沟渠，经津湖（亦称精湖，后称界首湖，今高邮芦苇场）、马濑（今宝应县境内白马湖），直达末口。

魏

齐王正始二年至四年（241~243 年）

尚书郎邓艾倡议和实施"屯田两淮（淮南、淮北，时高邮地属淮南），广开漕渠"，并开挖广漕渠。境内邗沟段（亦名官河）被疏浚为高邮漕河，南至露筋（今江都市邵伯镇属地），北至界首镇。

齐

武帝永明十一年（493 年）

秋七月，诏曰："水旱为灾，实伤农稼。江淮之间，仓廪既虚，遂草窃充斥，互相侵夺，依阻山湖，成此逋逃。赦南兖等五州（时高邮地属南兖州）。"

隋

文帝开皇七年(587 年)

文帝杨坚始开山阳渎(后称山阳河,今称三阳河)。自广陵茱萸湾(今扬州市广陵区湾头镇),循运盐河(今通扬河)向东,至宜陵(今江都市宜陵镇)、樊汊(今江都市樊川镇)折而向北,经三垛桥子口(今高邮市三垛镇),入射阳湖后再转向西北,过山阳(今淮安市楚州区南)而达末口进入淮河,以通漕运。

炀帝大业元年(605 年)

三月,炀帝杨广征募高邮等地共 10 万余名淮南民夫,重开、扩开邗沟,"自山阳历高邮至扬子入江(长江),以沟通淮水,运道取直","渠广四十步,旁植以柳"。

唐

太宗贞观八年(634 年)

七月,境内大水。

宪宗元和三年(808 年)

淮南节度使李吉甫(在高邮县西)"筑富人、固本二塘,溉田且万顷。漕渠庳下,不能居水,乃筑堤阀,以防不足,泄有余,名曰平津堰"。在高邮县西还筑有白马塘、茅塘、裴公塘、盘塘、柘塘、万家塘、卞塘。

宋

太祖开宝四年(971 年)

升高邮县为高邮军,仍置高邮县。知军高凝祐始筑城。

真宗景德元年至四年(1004~1007 年)

制置兼江淮发运使李溥"漕舟东下,令载石输高邮新开湖(清水潭西、甓社湖东),积为长堤"。此为高邮新开湖东有长堤之始。

大中祥符元年(1008 年)

发运使吴遵路"于高邮军置斗门十九(座),以蓄泄,水利广"。

天禧四年(1020 年)

江淮发运副使张纶"筑漕河堤二百里。于高邮北旁固以巨石为十磁,以泄横流,曰滚水坝,民便之"。

仁宗天圣三年(1025 年)

西溪盐官范仲淹筑捍海堰时,在运河古道置闸,纳潮水通漕运。

神宗熙宁九年(1076 年)

淮南转运副使刘瑾言,"高邮县陈公塘可新置济运"。陈公塘"以收三十六水(即三十六湖,今统称高邮湖)之利,是又以环汊三十六水毕汇于陈公塘"。即重修该塘。

哲宗元祐元年(1086 年)

兴化县令黄万项"筑南、北塘(今北澄子河),南塘通高邮,北塘通盐城,自高邮入兴化,东到盐城而极于海,长二百四十里"。

元祐元年至九年(1086~1094年)

"高邮西北隅距城十里有耿七公庙(后称康泽侯庙),肇建于宋哲宗,屹然于湖(高邮湖)之中州。生而神异,设而显灵"。是为高邮湖有灯标导航之始。

"高邮(盐河)八十里间,为涵管三十三,……为斗门二:其一曰东河口,其一曰三垛"。

徽宗重和元年(1118年)

高邮古运河堤岸斗门水闸实施维修。

宣和元年(1119年)

发运使柳廷俊"尝修高邮楚泗运河斗门、水闸七十九座,以时渲泄,水患乃平"。

高宗绍兴四年(1134年)

"运河(筑有)二十一堰,高邮有新河(即新开湖,亦名新开河)、樊良二堰"。

孝宗淳熙元年(1174年)

楚州太守徐子贞"修筑高邮、宝应、兴化石砇、斗门、涵管、堤岸,固护民田三千七百余顷"。

淳熙十二年(1185年)

郡守范嗣蠡于(高邮城)"南北开二水门通市河"。

光宗绍熙五年(1194年)

因黄河泛滥,夺淮入海,使高邮西部地区原有湖泊增多、变大。其中,高邮境内较大的湖泊有新开湖、甓社湖、塘下湖、武安湖、平阿湖、七里湖、张良湖、珠湖、姜里湖、石臼湖、鹅儿白湖等11个湖(今统称高邮湖);宝应境内有7个湖(今统称宝应湖),江都境内有6个湖(今统称邵伯湖)。

水利使、淮东提举陈损之"筑江都至淮阴三百六十里堤堰(即运河堤)。又自高邮、兴化至盐城三百四十里(筑堤堰,即盐河堤)",并"于高邮等处置石埭十三(座)、斗门八座,荡水河三十有五,涵管四十有五"。高邮人立祠以纪,其堤堰被称为"绍熙堰"。

嘉泰三年(1203年)

清水潭堤因大雨复决。郡守吴侯铸筑偃月堤,"以杀其势,其径为丈三十,围三径之一,环潭之堤,加径之大三倍。堤址厚广以丈计者六,其颠视三杀一焉。筑工致严,屹案而坚,水波顺静"。

宁宗开禧三年(1207年)

高邮城"增重濠(即护城河)"。

元

仁宗延祐五年(1318年)

改高邮府为高邮州,领兴化、宝应两县。都水监淮东宣慰司"开修古运河、运盐河,计二千三百五十里"。

明

太祖洪武元年(1368年)

高邮州设管河判官1人。

洪武九年(1376年)

采用宝应老人柏丛桂建议,"重筑高邮、宝应湖堤六十余里,两侧砌石护岸。又于界首到槐角楼

（今宝应县境内）之间,开筑直渠四十里",运道不复由湖。

洪武十三年（1380 年）

老军毛佛儿在高邮城北门外济民桥西开设河泊所,设大使 1 人。至嘉靖三十八年（1559 年）裁革。

洪武二十年（1387 年）

春,工部主事杨德礼受命往高邮督司修筑湖堤。

成祖永乐十二年（1414 年）

平江伯陈瑄建南关坝、车逻坝。停罢元代伯颜施行的海运。高邮段为湖河间运。

永乐十九年（1421 年）

九月,应高邮州民众请求,高邮新开湖塘岸实施维修。

宣宗宣德七年（1432 年）

平江伯陈瑄董漕运事,"筑（高邮）湖堤,于堤内凿渠四十里,避风涛之险"。"筑诸湖长堤,每十里置一浅铺,植柳造梁,以便行人"。

宪宗成化十四年（1478 年）

三月,太监汪直言,"邵伯、高邮、宝应、白马四湖每遇西北风作,则粮运官民等船多被堤石、桩木冲破漂没。宜筑重堤（即原筑之堤东再筑一堤,谓之重堤,以实现河湖分开）于堤之东,积水行船,以避风浪"。于是,"遣官筑重堤于高邮、邵伯、宝应、白马四湖老堤之东",未果。

孝宗弘治二至三年（1489~1490 年）

由户部侍郎白昂、监察御史孙君衍、工部郎中吴君瑞、巡抚右副都御史李公鼎、漕帅署都督金事都公胜、署都督指挥同知郭君鈜于弘治二年在扬州合议议决,于弘治三年三月动工,至七月竣工,"以七十余万金",从高邮城北杭家嘴（今高邮城北门外运河西侧）至张家沟（今马棚镇）,开凿成康济河,以避湖患,以利舟行。高邮人称其河堤为"白公堤"。

武宗正德元年（1506 年）

南河廊署从徐州萧县迁驻高邮城中市桥西（约在今市府街西段、高邮市水务局之地）,主管淮河及周边地区水利之事。

世宗嘉靖三年（1524 年）

兴建一沟闸、二沟闸。建成高邮城南河堤减水闸 3 座。

穆宗隆庆三年（1569 年）

黄、淮、沂、沭四河河水并涨,里运河黄浦（今宝应县境内）决口,高邮等地溺死人畜不可胜计。

隆庆五年（1571 年）

黄淮并涨,水注高邮西部各湖,里下河一片汪洋,漂溺人畜无数。

神宗万历三年（1575 年）

黄淮并涨,泗水南下,水注高邮西部诸湖,清水潭、丁志口（今马棚镇与界首镇临运河交界处）堤被冲决,里下河悉为巨浸。

万历四年（1576 年）

五月,"漕抚（漕运总督兼凤阳巡抚）吴桂芳题请,委郎中陈诏、殷建中,兵备陈学博,知州吴显,修复高邮西湖老堤。繇圈田改挑康济越河,并筑中堤,粮运赖之"。还建成康济河南、北二闸。

万历七年（1579 年）

建成高宝中堤,减水闸 4 座,加高闸石 9 座。自此高宝诸河堤岸相接。

万历十一年（1583 年）

高邮州知州邵梦弼"重修运盐河堤工,起高邮、接兴化,长一百二十里"。

万历十四年（1586 年）

"修筑护城堤、西北杭家嘴小湖口堤各数百丈"。

万历十九年（1591 年）

"黄淮决溢，水溢泗州，江都淳家湾石堤、邵伯南坝、高邮中堤、朱家墩、清水潭堤皆决"。

万历二十一年（1593 年）

淮水大涨，湖水泛滥，"高邮南北中堤冲决，魏家舍等处大小二十八口，其长五百余丈。又西老石堤洪水漫过，冲决东堤"。因"高堰及高邮堤数决，应龙（总河尚书舒应龙）罢去，杨一槐迁总河尚书"。

万历二十四年（1596 年）

总河尚书杨一槐浚茅塘港通邵伯湖、开金湾河下芒稻河入江，始形成淮河入江水道。高邮州西诸湖、荡汇聚成一湖，即称高邮湖。

总河潘季驯浚子婴沟，在运河堤上建成子婴沟大闸。

万历二十八年（1600 年）

正月，总督河漕尚书刘东星，橄郎中顾云风、署道事扬州府知府杨洵，"督夫开挑邵伯越河，长一十八里，阔一十余丈。十一月，又挑界首镇越河，长一千八百八十九丈七尺。各建南北金门石闸二座。其邵伯越河又建成水闸一座。迄今官民船只永避湖险"。

天启元年（1621 年）

界首镇"南淤三百二十二丈，郎中徐待聘严督挑浚"。

思宗崇祯四年（1631 年）

六月，黄淮泛决，"堤决南北共三百余丈，（高邮城）南门市桥闸崩，人多溺死"。

清

世祖顺治元年（1644 年）

驻高邮州城的南河廊署改为工部南河分司。

顺治七年（1650 年）

总河杨芳兴奉旨主办挑浚运河，并督工兴筑高邮州姚巷口石堤。

顺治十年（1653 年）

建界首小闸，水下马霓河（今界首镇南）。

顺治十六年（1659 年）

淮河决堤，入洪泽湖，灌高宝诸湖，大水。

圣祖康熙元年（1662 年）

黄淮并涨，高邮堤决。禾无收。

康熙四年（1665 年）

黄、淮、沂、沭四河并涨。

七月初三，"飓风大作，（高邮）漕堤决，城里水涌丈余"。

康熙七年（1668 年）

黄淮泛决，清水潭堤决，"环城水高二丈，水通城"。

康熙八年（1669 年）

黄淮泛决，"周桥（即周桥坝，位于洪泽湖大堤上）未闭，清水潭决，民田仍被淹没"。

康熙九年（1670 年）

五月，淮水大涨，"由翟坝（位于洪泽湖大堤上）入高邮湖"。十三日，"冲决清水潭、头闸、茶庵"，"民田淹没殆尽"。至次年秋，水退。

康熙十年(1671 年)

淮涨十余日,清水潭堤决。

康熙十一年(1672 年)

四月,黄淮泛决,清水潭复决。

康熙十二年(1673 年)

大水,清水潭西堤将竣复决。

康熙十三年(1674 年)

清水潭决口塞。

康熙十五年(1676 年)

夏五月,"水发。清水潭西堤再决,及(高邮)城南东堤,上下河俱淹"。因漕堤残缺不堪,致使高邮清水潭、陆漫沟(今清水潭、界首镇之间)和江都大泽湾等多处决口,总河王光裕被罢免,调安徽巡抚靳辅任总河都御史。

康熙十六年(1677 年)

总河都御史靳辅奉旨修筑漕堤,先后"修筑清水潭堤(偃月形,深五六十丈)、西堤(长九百二十一丈五尺)、东堤(长六百五丈),挑挖绕西越河(长八百四十丈)"。"凡一百八十五日而工竣。改清水潭曰永安新河。原估银五十七万两,止费九万两有奇"。后因"车逻十字河之议",靳辅被康熙暂时革职,日后再启用。

康熙十八年(1679 年)

工部南河分司奉裁为河营守备署,设址于高邮州州治东南长安桥北东营巷内(今高邮市蝶园路西)。设有"防河守备一员,驻旧工部分司公署千总一员、把总二员,陆漫闸添设闸官一员"。

康熙二十年(1681 年)

黄淮并涨,泗州城陷没,清水潭、南水关亦决。河臣靳辅创建宝应子婴沟,高邮永平港、南关、八里铺、柏家墩,江都鳅鱼口等六座减水坝;改建高邮五里铺、车逻港等两座减水坝。

于里运河西堤开挖 22 座通湖港口。

康熙二十三年(1684 年)

十一月初,康熙帝爱新觉罗·玄烨第一次南巡乘船路过高邮湖时,见两岸居民田亩被水淹没,十分震惊。他"登岸亲行堤畔十余里,察其形势,召集生员耆老,细问致灾之故,细与讲求"。生员葛天祥、孙晋等人献民本及海口图。康熙于"高邮湖见居民田庐多在水中,因询其故,恻然念之",作诗一首。

康熙二十四年(1685 年)

黄、淮、沂、沭四水并涨,加之高邮于"七月十八日至二十一日风雨大作,二十七日复大风雨,二十里铺、三十里铺河堤决,大水浸城,溺死人无数"。

康熙二十八年(1689 年)

正月二十八日至三月初五日,康熙帝爱新觉罗·玄烨第二次南巡时驻跸高邮清水潭,视察河工。

康熙三十一年(1692 年)

二月,侍郎博济等"疏称高邮州等处减水坝九座,内有八里铺、车逻镇二坝底石被水冲损;……高邮以南五坝应仍照原定限期开放"。

康熙三十五年(1696 年)

七月,黄淮大涨,清水潭两堤决。二十四日,又决南水关,里下河田禾尽没。

总河董安国将永安河西堤改建为石工堤,将通湖桥闸改为通湖桥涵洞,水入运盐河。

康熙三十八年(1699 年)

三月初,康熙帝爱新觉罗·玄烨第三次南巡路经高邮,宿南门大坝,驻跸界首驿。"在界首用水平测得河水高于湖水四尺八寸,在清水潭、九里等处测得河水高于湖水二尺三寸九分"。旨曰:"朕自淮安一路详阅河道,高邮东岸之滚水坝、涵洞俱不必留用。将湖水、河水俱由芒稻河、人字河引出归江。入江之河口如有浅涩处,责令挑深"。又曰:"此运河东岸著再加宽,不必开减水坝。减水坝著河官堵筑坚固,用心防守"。

总河于成龙、副总河徐廷玺修治高邮运河东西堤,并封闭所建六座减水坝。

康熙三十九年(1700 年)

大水。"高邮自挡军楼起,至(江都)东、西湾止,因高堰洪泽之水滔滔东下,西堤淹没漫入运河,东堤一望汪洋,水由(高邮)城南大坝而出,汹涌泛溢"。"浮尸触舟,比比皆是,秋季无收"。

康熙四十年(1701 年)

河道总督张鹏翮改建南关坝、八里铺坝、车逻坝为石滚坝,堵闭运河西堤全部通湖港口。并于黄淮水患地区铸造"九牛二虎一只鸡",用以制镇水患。置于马棚湾的铁牛,被称为"马棚湾铁犀"。

康熙四十一年(1702 年)

建南关大坝,即旧五里滚水坝,"长六十六丈"。又建车逻大坝,"长六十四丈"。均系石坝。

康熙四十二年(1703 年)

二月初六日,康熙帝爱新觉罗·玄烨第四次南巡路过高邮时,宿嵇家闸,视察河工。

康熙四十四年(1705 年)

三月十一日,康熙帝爱新觉罗·玄烨第五次南巡时,驻跸南关外。

康熙四十五年(1706 年)

康熙帝爱新觉罗·玄烨"发帑数十万,特遣吏部尚书徐潮、工部尚书孙渣齐统满汉官数百名,募夫挑浚下河(五里坝至时堡河段)"。

康熙四十六年(1707 年)

二月二十七日,康熙帝爱新觉罗·玄烨第六次南巡路过高邮,视察河工,兴建南水关涵洞,"口门宽高各一尺八寸",水下运盐河。

康熙四十七年(1708 年)

改建八里铺滚水坝为五里中坝,"增高石脊长一丈二尺",水入南关大坝引河。

康熙五十年(1711 年)

建琵琶闸涵洞,水下运盐河。

康熙五十九年(1720 年)

修筑运河高邮段西堤。

康熙六十年(1721 年)

高邮里运河大水,开各坝。高邮州知州张德盛力保中坝,民得有收,高邮人王尊德立碑记。

康熙六十一年(1722 年)

总河陈鹏年于高邮城外督建护城堤。"知州张德盛挑浚子婴沟至临泽出荡口"。

世宗雍正元年(1723 年)

知州张德盛督工挑浚南、北澄子河。

雍正二年(1724 年)

知州张德盛督工挑浚运盐河、茅塘港河。

高宗乾隆元年(1736 年)

沿运河增设十汛,每汛设烟墩、瞭望台各一所。

乾隆二年(1737 年)

乾隆帝爱新觉罗·弘历"特发帑金五十余万",总河高斌挑扬淮运河,农漕两便。

乾隆四年(1739 年)

大理寺卿汪漋等奏,"拟于子婴、五里中坝、车逻三处坝下原有河渠之路,各建泄水闸一座"。事下大学士、九卿议奏,"至子婴等坝三处,坝下各添建泄水闸一座,应准其添建"。

乾隆五年(1740年)

在车逻坝旁首建耳闸一座。

乾隆八年(1743年)

大学士等陈奏,"臣等酌议,除高邮三坝仍照旧永闭外,另于三坝之上下添建石闸四座,并于昭关坝之上添建石闸三座,金门止一丈二尺"。河道总督白钟山奏:"高邮三坝,请复旧制"。"廷议请建石闸七座","今拟请尽改为滚水石坝,再将坝脊加高五尺"。"经廷议,准行"。

乾隆九年(1744年)

尚书讷亲到高邮,量验南关、车逻二坝坝脊和运河河底,并与漕督、河督二臣详酌,认为坝脊加高五尺实用。

乾隆十一年(1746年)

七月,"运河汛水盛涨,总河、大学士高斌驰驿察看,寻奏'南关、车逻二滚水坝今年开放宣泄通畅,唯坝下西岸束水,堤堰尚应展宽加高'"。

乾隆十五年(1750年)

总河、大学士高斌进呈《河工图说》二十条,称:"其五里等坝,俱用柴草堵筑。"

乾隆十八年(1753年)

黄淮并涨,里运河大水,"高宝运河临湖石工塌陷一千四百余丈,六漫闸、界首西堤居民被冲二百余户"。

乾隆十九年(1754年)

清政府颁布施行运堤归海坝开启制度。

乾隆二十二年(1757年)

建成"南关新坝,长六十六丈,系石坝"。

十一月,侍郎嵇璜奏:"高邮运河东堤添建石坝已经完竣,并请酌定水则。"旋奉旨:"著嵇璜所奏过水尺寸立志坝旁,以垂久远。"于高邮城北御码头处置"水则"一座,系淮河流域最早设置的水文站。

乾隆二十三年(1758年)

高邮州知州李浡德督工挑浚南、北澄子河。

乾隆二十六年(1761年)

巡抚陈宏谋督工挑浚运盐河。

乾隆三十年(1765年)

高邮州知州秦廷堃督工挑浚通湖桥涵洞引河。

乾隆三十一年(1766年)

高邮州知州何廷模督工挑浚通湖桥涵洞引河、运盐河和南、北澄子河。

乾隆四十三年(1778年)

高邮州知州杨宜崈督工挑浚通湖桥涵洞引河,并捐俸重修獭猫洞。

乾隆四十七年(1782年)

高邮州知州杨宜崈督工挑浚运盐河,"自庙桥至菱丝沟,长三千三百五十丈";挑浚南澄子河,"自河头至张家沟,长三千五百六十七丈"。

乾隆五十三年(1788年)

高邮州知州吴瑛督工挑运盐河、南澄子河。

仁宗嘉庆五年(1800年)

高邮州知州孙源潮督工挑浚运盐河、南澄子河。

嘉庆十年(1805年)

高邮州知州孙源潮督工挑浚茅塘港河,"长一千一百余丈"。

始筑坝下护城堤。

嘉庆十四年(1809年)

淮扬道叶观潮饬(高邮州)知州冯馨,会同扬河通判缪元淳,"加培运河东堤,自界首起到车逻镇。护城堤砖工加砌一律相平,加高三尺五寸"。

子婴南闸与子婴北闸归宝应县主簿专辖。知州冯馨会同宝应县主簿商定共同启闭。

嘉庆十八年(1813年)

民众集资挑浚关帝庙引河、泰兴港(今赫旺河)、南澄子河。高邮人党步先"荡产资助,领款兴筑东圩,北起拐子街(今北澄子河龙虬镇段与二沟集镇段交界处),南至阁子口(原龙奔、卸甲与伯勤三地界河交界处),终成坚堤,保障农田四十余万亩。家乡念其功绩,在堤上立祠纪念"。

嘉庆十九年(1814年)

民众集资挑浚通湖桥市河、新河(今盐河)、北澄子河、运盐河、子婴沟、斜丰港。

嘉庆二十一年(1816年)

置高宝运河高邮汛。

宣宗道光四年(1824年)

置扬州营高邮汛于樊汊镇(今江都市樊川镇)。

道光八年(1828年)

总河张井、潘锡恩改订运河堤归海坝开启制度。

道光十三年(1833年)

高邮万家塘等五处通湖石港塞闭。

道光二十四年(1844年)

"运河东岸七棵柳堤工塌损过水。总河潘锡恩驻工,于十月初十挂缆合龙"。

道光二十八年(1848年)

"江淮湖河并涨,高邮于六月起开坝。里下河农民聚众千人怒登大堤保坝"。清政府下令开枪射击,大批农民惨遭杀害。

道光二十九年(1849年)

"大暑,高邮湖河水位猛涨,运堤将决,十万军民奋力抢险"。兴化县知县魏源赴高邮督工修建运河堤,"屡为巨涛所漂,眼睛赤肿如桃"。立秋后,获毕坝启,收成十丰,民众称为"魏公稻"。

文宗咸丰元年(1851年)

汛期淮河河水由入海为主,改道为经高邮湖泄洪入长江为主。

咸丰三年(1853年)

高邮中坝(即五里坝)停闭。四月,漕督杨定邦派兵驻防高邮。

咸丰五年(1855年)

黄河北徙。沿运除界首、子婴闸下有少量黄水外,余皆为淮水。

咸丰六年(1856年)

挑浚运河琵琶闸至界首段。

咸丰十一年(1861年)

"运堤岁修。各工段归地方,河库无款可拨,工程均藉资民力修办,运河东岸每亩捐钱八十文"。

穆宗同治元年(1862年)

"漕河总督吴棠饬修堤工。各村每田一顷出夫十二名;或己身无暇出钱雇夫,每夫一名作钱一百五十文"。

同治四年(1865年)

岁修运河馐石工程。

同治五年（1866 年）

湖水盛涨。"六月二十七日，开车逻坝。二十八日，开南关坝。二十九日，清水潭决口一百八十六丈，东西岸皆漫塌，二闸决口二百七十九丈，西堤漫塌四百五十七丈，东堤漫塌二百七十九丈，里下河平地水深丈余，田庐被淹殆尽，人畜漂溺无算"。

同治六年（1867 年）

江督曾国藩改订运堤归海坝开启制度。

德宗光绪二年（1876 年）

江督张人骏改订运堤归海坝开启制度。

光绪十二年（1886 年）

高邮人管既吾等修复永平堂水龙局，计有水龙九座。

光绪十四年（1888 年）

兴建谢家圩、太平圩、聚谷圩、王琴大圩、恒丰圩、庆丰圩、张四娘圩、广生圩、大老圩、和尚圩、匡家庄台圩等。

光绪十六年（1890 年）

合子婴、北闸为一闸，由宝应县管理。

光绪二十年（1894 年）

十一月，高邮运河浅涸。知州钱锡宾堵王家、新河两港，蓄水济运。

光绪二十六年（1900）

运河水落，船只难行。"堤工局总办道员范德培禀请两江总督将高邮王家、新河、新茅塘三港堵闭"。

光绪二十八年（1902 年）

堤工局总办署淮扬道丁葆元挑浚界首至马棚湾运河，"长三十里，支钱十二万千文"。

挑浚高邮城内市河、南北濯衣河。

光绪三十三年（1907 年）

高邮人杨茆负责挑浚高邮城北旧市河，引城河水流入，名曰承志河。

宣统元年（1909 年）

江督张人骏委道员周家驹查勘运河西堤，"修补费共需银二十一万二千四百两"。

中华民国

民国 2 年（1913 年）

2 月，北洋军阀政府成立导淮局，设运河下游堤工事务所于高邮，万立仲为坐办。江淮水利测量局在高邮御码头设立高邮水位站。

民国 4 年（1915 年）

2 月，江苏筹浚江北运河工程局在高邮县开办江北水利工程讲习所。

民国 5 年（1916 年）

8 月，淮河大水。高邮湖堤被冲决，开车逻坝。

民国 6 年（1917 年）

大旱，"高邮湖搁浅船数百，电省请开启三河坝"。

民国 9 年（1920 年）

改江苏筹浚江北运河工程局为督办江苏运河工程局,高邮仍设运河下游堤工事务所。

民国 10 年(1921 年)

8 月 16~18 日,西风大作,运河东堤漫水十多处,民众上堤抢筑子堰,堤乃获全。

8 月 22 日,高邮湖和运河水位上涨,开车逻坝、新坝。9 月,高邮湖水位达 9.39 米。

是年,成立高邮县水利研究会,研究境内水利事宜。并设高邮县水利工程局,筹办水利。

民国 18 年(1929 年)

雨泽稀少。3 月,王家港截水入运河。5 月,运河干涸。

民国 20 年(1931 年)

江、淮、沂、沭四河水齐涨。8 月 25~26 日,里运河东堤决口 26 处,仅挡军楼一处就死伤失踪一万余人,泰山庙附近捞尸两千余具。

9 月,国民政府救济水灾委员会、江苏省江北运河工程善后修复委员会、华洋义赈会和江苏省建设厅水利局等机构联合对里运河东西堤先后进行抢堵和修复,西堤堵口 4 处,东堤堵口 6 处。运河堤防修复工程至次年 10 月 21 日竣工。共投资 332.03 万银元,其中用于抢堵工程 36.28 万银元。

民国 22 年(1933 年)

冬,运河东堤挡军楼段改建石工工程启动,于次年 5 月竣工。总投资 13.26 万元。

民国 23 年(1934 年)

2 月,设高邮县建设科,贾凤人任科长。

是年,整治运河西堤,堵塞全部共 9 处港口。

民国 24 年(1935 年)

4 月,里运河东西两堤座湾迎溜或紧对港口处筑埽工防护,改土坡为块石护坡工程启动,于次年 4 月竣工。总投资 25.2 万元。

4 月 24~26 日,为获得口粮、工资,反对县国民政府强迫实行"国民劳动服务",疏浚三阳河的 2200 多名民工进行罢工。

6 月,导淮委员会动用从英国退还的庚子赔款中的部分资金,兴建高邮小型船闸,于次年 5 月竣工,投资 10.7 万元。

是年,高邮田赋主任王信之,加征导淮费每亩 3 角,加征银元 5000 元,在熙和巷建造"串楼"。

民国 25 年(1936 年)

12 月,张雪樵任高邮县建设科科长。

民国 27 年(1938 年)

6 月初,国民党军队炸开黄河花园口大堤,造成境内大水,致使墙倒屋破。

是月,日军决苏北运堤,里下河遂成泽国。

8 月 25 日,大水,启放车逻坝。

9 月 5 日,启新坝。

民国 33 年(1944 年)

新坝坝底大漏,致使运堤塌裂成缝。

民国 34 年(1945 年)

12 月 26 日,高邮县结束日军统治,获得解放。成立高邮县政府建设科,李兆森任科长。

民国 35 年(1946 年)

2 月,联合国善后救济总署代表严裴德由高邮县县长杨天华陪同视察运河堤。

2 月,工商界人士上书国民党主席蒋介石,要求治理运河苏北大堤。

3 月,国民政府江北运河工程局局长沈秉璜到高邮县商谈运河修防办法。由苏皖边区抗日民主政府建设厅水利局工务科科长钱正英和县长杨天华接待,双方未达成协议。

3月20日,苏皖边区政府拨款,高邮、宝应、江都三县动员民工整修邵伯至泾河段运河堤,并在高邮县新坝外坡筑一新堤。于4月25日竣工。

4月,导淮委员会恢复办公,成立运河复堤工程局。中共代表周恩来致美国驻中国特使马歇尔备忘录,指出苏北地区,因连日阴雨,水位骤涨,附近水灾惨重,嘱其查照。国民党政府行政院救济总署代表联合国救济总署到苏北视察运堤。

5月1日,延安广播电台播发苏北南段运堤竣工消息。

7月,中共代表团周恩来致函国民政府,要求开放归海各坝。

8月,高邮湖水位达8.78米,汛期从8月2日到10月6日。

9月17日,高宝湖大浪,运河西堤危急,沿运群众数千人抢修西堤。

11月,江北运河工程局第六工务所设高邮城,筹办南关闸到宝应氾水东西堤土石工程。

民国36年(1947年)

导淮委员会运河复堤工程局第四工务所迁到高邮,兼理船闸管理事务及水文、水位观测工作。里运河东西堤全长280千米,堤身培厚10米,复堤工程至8月竣工。归海三坝于4月1日开工,加高培厚,8月初竣工。

民国37年(1948年)

1月,船闸机械设施和管理所房屋由运河工程局第四段工务所修复,投资3.2万元。

民国38年(1949年)

1月19日,高邮县结束国民党统治,获得解放,成立军事管制委员会,接收运河工程处。

3月,成立高邮县运河事务所。

4月,动员2025人,平碉堡,填战壕,加高培厚运河堤险段,共完成土方5.57万立方米,投资2.33万元。

5月,成立高邮县人民政府生产建设科,兼管全县水利建设工作。赵咸琳任科长。

6月,免去郑鹏飞运河工程事务所副主任职务。

7月,建设通湖桥南帮外戗土方工程和修复运河西堤越河港北至挡军楼石堰工程。

8月底,中共高邮县委、高邮县人民政府(以下简称"县委、县政府")动员4.69万人修圩,受益田亩1.65万公顷。

8~9月,南京国立水利工程学校迁至高邮,成立苏北建设学校水利科。

是年,雨天过久,受淹农田5.07万公顷,颗粒无收1.67万公顷。

中华人民共和国

1949年

11月,县政府任命郑鹏飞为县生产建设科科长。

1950年

3月,苏北运河春修,动员1.95万人,挑土方75.26万立方米,工长45千米。

6月下旬~7月下旬,淮河流域连续降雨。县委、县政府发出《告全县同胞书》,紧急动员防汛抢险工作。

8月3日,沿运河4个区举行万人防汛大演习。

8月5日~9日,里运河中坝出险,使用块石600立方米、砖头1180万块、草包11万只、柳条5.5万公斤,完成加固工作。

8月7日,苏北行署召开里下河地区8个县县长紧急会议,做好启放归海坝的准备。

8月10日深夜1时,中坝外越堤脚渗漏,内戗塌陷20余处,长约400米。苏北行署主任惠浴宇、泰州专区专员黄云祥和高邮县委书记冯坚、高邮县县长吴越赴现场指挥,抢修16小时,转危为安。

10月24日,八里松洞拆建工程开工,至次年5月15日竣工。

12月11日,永平洞拆建工程开工,至次年5月13日竣工。

12月15日,运河岁修工程开工,高邮工段东堤由子婴闸至江高交界,长43.0千米,西堤由越河港至江高交界,长10.55千米,于次年5月15日竣工,完成土方204.5万立方米,投资102.66万元。

12月27日,毛塘港切滩工程开工,长14.89千米。苏北行署动员3.1万人,清除新民滩障碍,次年3月21日竣工,移民791户3266人,实做工日31.1万个,完成土方41.72万立方米,支工粮1380吨。

1951 年

7月25日,水利部部长傅作义、副部长李葆华到苏北视察入江水道。

9月27日,治淮劳动模范丁广富启程赴北京参加国庆观礼。

1952 年

4月22日,里运河东堤看花洞拆除。

4月,发展自流灌溉,灌溉700公顷。

8月10日,动员3800人堵闭7道通湖港口,10月底竣工。

1953 年

6月25日,子婴闸由宝应县划交高邮县管理。沿湖建成控制线,从运河西堤至郭集码头庄,长10.3千米。

是年,干旱,高邮湖水位降到4.12米,里运河水位降到3.29米,农田受灾面积达4.35万公顷,其中成灾面积3000公顷。

1954 年

7月,淮河上中游连降暴雨。高邮湖水位高达9.0~9.38米,持续29天。受灾农田4万公顷。

10月,成立高邮县农林水利科。徐进任科长,高广林任副科长。

1955 年

2月,成立周山、菱塘两个水利工程大队部。

3月,动员8900人,实施凤凰河整治第一期拓宽工程,完成土方45万立方米,投资46万元。

5月,高邮县治淮事务所更名为高邮县治淮工程管理所。

7月,成立高邮县灌溉管理所。

8月,县政府任命郑鹏飞为县农林水利科科长。

9月,成立高邮县水利科。郑鹏飞任科长。

1956 年

11月12日,首期运河整治工程开工,高邮工段由镇国寺塔至新头闸,长4.30千米,当年动员1.64万人,次年动员1.98万人,次年9月23日竣工,实做工日208万个,完成土方268万立方米,投资473万元。

11月24日,湖西复堤工程开工,动员2.18万人,次年5月20日竣工,完成土方315万立方米,建闸洞46座,投资206万元。

是年,在运河整治工程中,发现邵家沟东汉村落遗址。

是年,兴建头闸工程,设计流量51.2立方米/秒。开头闸干渠29.5千米。兴建周山洞工程,设计流量18.8立方米/秒,新开周山干渠9千米。火姚闸、车逻闸、南关闸、界首小闸、子婴闸在上游闸顶加高条石3层,增高1米。

1957 年

3 月,南水关洞、琵琶洞加固接长工程开工,南水关洞接长 20 米,琵琶洞接长 24 米,并填平闸槽,取消街心木桥。

4 月 29 日,在通湖路头运河堤涵闸下游兴建江苏省第一座新型水力发电站。装 48 千瓦水轮发电机 3 台,总容量 144 千瓦。次年 5 月 1 日发电。

6 月,成立高邮县水利局。郑鹏飞任局长。

7 月,成立高邮县抽水机站和高邮县船闸管理所。于 1960 年 8 月撤销高邮县抽水机站。

12 月,新开南关干渠。

1958 年

3 月,高邮动员 7900 人,参加淮沭新河工程。完成土方 170.60 万立方米,投资 113.85 万元。

5 月,县政府任命孙维德为高邮县水利局局长,免去郑鹏飞县水利局局长职务。

7 月,成立高邮县水泥厂、高邮县机械修配厂。县水泥厂于 1962 年 10 月停办,1969 年 10 月复办。

9~10 月,在东墩公社举办水利红专大学,培训学员 730 人。

10 月 20 日,第二期运河整治工程开工。高邮工段由高邮船闸至江高交界,长 14.5 千米。是年动员 3.8 万人,次年动员 4.5 万人,次年 10 月竣工,完成土方 922.49 万立方米、石方 2.41 万立方米,投资 562.54 万元。

12 月,新开车逻干渠。形成子婴、周山、头闸、南关、车逻五大自流灌溉区,灌溉范围 15 个公社,面积 2.45 万公顷。

是年,成立各公社水利团部。

是年,兴建车逻灌区袁庄节制闸,设计流量 23 立方米/秒。

是年,江苏省水利厅与高邮县水利局在界首小闸闸室内,建临时性简易小水电站一座,装机容量 40 千瓦。

1959 年

1 月 18 日夜 12 时,周巷公社新马大队彭万生产队社员陈家宽家发生火灾,烧死住该户水利民工 14 人,烧毁房屋 8 间。

5 月 5 日,动员 1.6 万人,参加小六堡运河西堤拓宽工程。完成土方 67.71 万立方米,投资 59.42 万元。

7 月 3 日,扬州专区动员 6.3 万人抢做运河西堤块石护坡工程。

7 月,受旱农田 1.13 万公顷,枯萎 2000 公顷。

9 月 1~2 日,全县遭遇十级台风袭击,受灾农田面积 2.3 万公顷。

10 月,动员 2.10 万人,参加大运河氾水段拓宽工程。完成土方 335.83 万立方米,投资 219.46 万元。

11 月,成立三垛、界首、东墩、卸甲、二沟、一沟、汉留公社灌排管理站。

12 月,成立周山、周巷、临泽、马棚、龙奔、八桥、车逻、城镇公社灌排管理站。

是年,建南关灌区龙奔节制闸,设计流量 12 立方米/秒。

是年,二里大沟工程开工,至范家大沟。

1960 年

1 月,动员 1.60 万人,参加新通扬运河工程,完成土方 70.15 万立方米,投资 44 万元。

3 月 29 日,扬州专区成立常备水利民兵师,高邮县为第三师,盖桐芳任政委兼师长。

3 月,中坝改造工程开工,动员民力 1000 人。9 月竣工,完成土方 15.58 万立方米,投资 7.18 万元。

4 月,动员 1000 人参加南珠铭港工程。完成土方 23.16 万立方米,投资 8.14 万元。

8月,县政府任命郑来甫为高邮县水利局局长。

是年,动员 4000 人,参加大运河邵伯段东堤改道工程。完成土方 9.22 万立方米,投资 21.85 万元。

是年,高邮船闸划归县交通局管理,县机械修配厂并入县通用机械厂。

是年,发展机电排灌。第一批兴建电力排灌站 18 座,购置流动电船 12 条,装机 63 台、2028 千瓦,配套建筑物 226 座,投资 185.2 万元。

1961 年

2月,县政府任命盖桐芳为高邮县水利局局长,免去郑来甫县水利局局长职务。

12月 28 日,兴建南关灌区张叶沟地下洞,设计流量 9 立方米 / 秒。

是年,设立高邮水文站。

1962 年

9月 1~7 日,降雨 977.9 毫米,中晚稻受涝面积近 4 万公顷,近 9000 公顷基本无收。

9月 17 日,江苏省和扬州地区救灾工作组到司徒、临泽等公社视察灾情。

10月,高邮水文站被扬州地区水利局上收和管理。

11月,建成高邮湖控制工程第一座漫水闸——王港漫水闸,总长 64.5 米,最大流量为 240 立方米 / 秒,投资 30 万元。

1963 年

6月,成立王港闸管理所。

是年,兴建头闸灌区牛缺嘴地下洞,设计流量 20 立方米 / 秒;兴建人字河地下洞,设计流量 9 立方米 / 秒。

1964 年

3月,县政府任命孙维德为高邮县水利局局长,免去盖桐芳县水利局局长职务。

7月,成立灌排管理所。

12月 8 日,江苏省人民委员会发出《关于高邮、宝应部分社队严重损坏里运河堤防的通报》。

1965 年

1月,成立高邮县天山采石场。该场于 1968 年 4 月停办,1970 年复办。

2月,里运河扬州段护坡工程开工。高邮县境内工程有三十里铺、头闸对岸、六安闸南、周山洞北工段的块石护坡工程,至 1973 年冬竣工。

5月,成立子婴、周山、头闸、南关、车逻灌区灌排管理站和 22 个公社灌排管理分站。

7月 1 日 ~8 月 21 日,降雨 449 毫米。受涝面积 3.33 万公顷,1380 公顷基本无收。

10月 14 日,动员 7400 人参加整治斗龙港工程,完成土方 85.20 万立方米。

是年,兴建车逻洞工程,设计流量为 22.57 立方米 / 秒,改造车逻闸、南关闸闸门,拆除火姚闸。

1966 年

10月 24 日,县委发出《关于收回运河大堤东堤青坎营造护堤林的通知》。

11月,动员 1 万人,参加整治斗龙港工程,完成土方 120 万立方米。

12月 5 日,县委发出《关于兴修水利工作中几项政策的意见》。

是年,兴建南关灌区十里尖地下洞,设计流量 17.25 立方米 / 秒。

1967 年

9月 28 日,县政府发布《关于加强大运河堤防管理的布告》。

10月,兴建新港漫水闸,总长 137.6 米,最大流量为 385 立方米 / 秒,投资 35 万元。

是年,县军事管制委员会生产指挥组成立高邮县机电工程办事处。至 1969 年共建成机电排灌站 136 座。

1968 年

9 月,成立高邮县堤防、灌排管理所革命领导小组。该领导小组于次年 7 月撤销。

10 月,动员 1.79 万人参加通扬运河续建工程,完成土方 129.56 万立方米,投资 78.79 万元。

是年,开挖新六安河上段工程。从六安镇北的石闸起向东到练沟河,长 9.75 千米,完成土方 55 万立方米,投资 8.60 万元。

1969 年

4 月,高邮县水利局与县农业局、县多种经营管理局合并,成立高邮县农林水系统革命领导小组。该领导小组于 12 月撤销,成立高邮县农机水电局。

7 月 1~18 日,降雨 551 毫米,受涝面积 5.33 万公顷,成灾面积 3333 公顷。

10 月 22 日,动员 6500 人参加淮南圩工程。

11 月,动员 1 万人,联合拓浚天菱河,长 12.6 千米,完成土方 170 万立方米。

12 月,县政府任命陆忍谦、印春景为高邮县农机水电局负责人。

是年,治理天山夏庄水库,总库容为 36 万立方米。1979 年又扩大到 40 万立方米,1982 年经省、市核定为小(二)型水库。

1970 年

4 月下旬,加固运河西堤,从高邮船闸石工头起,北至界首二里铺,长 26.5 千米。动员 4400 人,至 7 月下旬竣工,完成石方 11.83 万立方米,土方 0.98 万立方米,投资 161 万元。

5 月,兴建杨庄河漫水闸、毛港漫水闸。杨庄河漫水闸总长 177.5 米,设计流量 500 立方米 / 秒,投资 50 万元;毛港漫水闸总长 61.2 米,设计流量 150 立方米 / 秒,投资 15 万元。

9 月,动员 2.45 万人,在小汕子河以东距运河西堤 1.3 千米顺水流方向新筑庄台,将原分散居住在高邮湖滩面上的居民迁移到新庄台集中居住,完成土方 240 万立方米,投资 220 万元。

是年,开挖新横泾河中段工程,从张轩新沟口至三阳河,长 11 千米。

是年,改造界首水电站,安装 120 厘米木制悬浆式和金华一号水轮机各一台,装机容量为 90 千瓦,至次年 8 月建成,投资 3.23 万元。

1971 年

6 月 1 日,高邮、兴化组织 2000 人、130 条农船,抢堵运河西堤梁家港缺口。

6 月,建成车逻闸水力发电站,装机容量为 26 千瓦。

11 月,治理天山红星水库,总库容为 10.6 万立方米。1979 年又扩大到 12.6 万立方米。1982 年经江苏省和扬州地区核定,红星水库为小(二)型水库。

12 月,组织 2.21 万人,将尹庄圩、斗坛圩、毛港圩、陆桥圩联并成郭集大圩。

是年,开挖新六安河下段工程,从练沟河起至第三沟,长 15 千米,完成土方 164 万立方米,投资 26.9 万元。

是年,兴建高邮湖控制线庄台漫水闸。至 1972 年 6 月竣工,总长 122.9 米,设计流量为 350 立方米 / 秒,投资 45 万元。

1972 年

4 月,也门青年农业代表团到车逻公社考察自流灌溉工程及水能利用工程。

5 月,丹麦水利专家、教授约翰斯·胡麦隆夫妇应水利电力部部长钱正英邀请,到车逻公社考察自流灌溉工程和水能利用工程。

9 月,动员 7500 人参加滁河工程,完成土方 27.79 万立方米。

11 月,兴建新王港漫水闸,至次年 5 月竣工,总长 83.9 米,设计流量 250 立方米 / 秒,投资 25 万元。

是年,南水关洞改建洞门,下游接长并兴建小水电站一座,堵闭普济洞。

1973 年

1 月,兴建子婴闸水电站,装机容量为 132.5 千瓦,投资 3.6 万元。

11 月 14 日,三阳河工程宜陵至乔河段开工,动员 1.59 万人。该工程至次年 1 月 18 日竣工,完成土方 156 万立方米,投资 91 万元。

是年,加固车逻坝除险工程。动员 1500 人,完成土方 9.03 万立方米、石方 0.11 万立方米,投资 10.02 万元。

是年,大运河西堤的救生港闸改洞。

1974 年

春,开挖新横泾河上段。完成土方 218.5 万立方米,投资 57 万元。

3 月,恢复高邮县灌排管理所、高邮县大运河堤防管理所,成立高邮湖闸坝管理所。

5 月,兴建南关洞,设计流量 17 立方米 / 秒。

10 月,三阳河第二期拓浚工程开工。动员 6300 人,完成土方 17.24 万立方米,投资 86.55 万元。

1975 年

4 月,县政府任命钱增时为高邮县农机水电局局长。

7 月,高邮县农机水电局更名为高邮县水电局。

11 月,三阳河第三期拓浚工程开工。动员 1.27 万人,完成土方 101.09 万立方米,投资 144.99 万元。

11 月 23 日,新坝除险加固工程开工。完成土方 10.90 万立方米,石方 0.15 万立方米,投资 13.88 万元。

是年,新开子婴干渠,长 17 千米,完成土方 44.9 万立方米,投资 19.7 万元。

是年,兴建车逻灌区八桥地下洞,设计流量为 7.55 立方米 / 秒。

1976 年

6 月,成立高邮县农业机械化研究所、高邮县农业机械培训学校。

11 月,南关坝除险加固工程开工,至次年 3 月竣工。完成土方 13.21 万立方米、石方 0.34 万立方米,投资 19.64 万元。

11 月 10 日,三阳河第四期拓浚工程开工。南起江都县的樊川镇,北至三垛镇,长 15.6 千米,至次年 1 月 22 日竣工。完成土方 576 万立方米,投资 972 万元。

12 月上旬,新开南关大沟,至次年 2 月中旬竣工。完成土方 125.5 万立方米,投资 28.3 万元。

是年,新开子婴河下段。从冯家湾起向东过临泽镇南,经邵家舍至草堰荡,名为临川河,长 10 千米,完成土方 69.5 万立方米,投资 16.5 万元。

是年,二里大沟全河开挖竣工,全长 17.2 千米,完成土方 125 万立方米,投资 48.3 万元。

1977 年

5 月,建成八桥李家、东风邵庄、一沟光华、周山永红、周巷新河自流灌溉补水站,共安装机组 30 台(套)、装机容量 1838 千瓦,设计流量 28.8 立方米 / 秒。

6 月,成立高邮县水电局器材储运站、高邮县农田水利基本建设工程队。

9 月 15 日,遭受 8 号台风袭击,降雨 110 毫米,农田受涝面积 6667 公顷。

11 月,开挖东平河。西起东墩公社西墩大队,东至平胜公社南宋大河,长 34.5 千米,完成土方 232.51 万立方米,投资 66.16 万元,。

12 月,撤销三垛、三阳、甘垛、平胜、横泾、汉留、沙堰、汤庄电犁站。高邮县水电局与高邮县治淮工程团合署办公,钱增时兼任治淮工程团团长。高邮县多种经营管理局将林蚕站的堤林划交县水电局管理。

1978 年

1月,开挖澄潼河中段。从张轩大桥至老六安河,长7.6千米,动员民力9000人,完成土方87万立方米。

4月25日,县革命委员会发出《关于切实加强大运河堤防和国有林木管理的通告》,并批转县水电局《关于加强大运河堤防和国有林木管理的条例》。

5月31日,国务院组织的南水北调现场检查组110人,到高邮县检查工作。

5月,高邮县水电局更名为高邮县水利局。

5~9月,降雨272毫米,高邮湖最低水位3.6米,早、中稻受旱面积3.53万公顷,占总面积的58%。运西地区先后发动5600多劳力,新开浚河道42条,增设临时翻水站4处,计翻水7000多万立方米。

11月,开挖澄潼河南段工程。从张轩郭庄大桥至北澄子河,长8.15千米,河底高程-1.5米,河底宽10米。完成土方43万立方米。

12月,高邮县大运河堤防管理所更名高邮县堤防管理所。

是年,向阳河第一期工程动工。动员5000人,从丰收闸至操兵坝,长5.9千米,完成土方48万立方米。

1979年

春,天山采石场发现三座古墓葬。经江苏省天山汉墓考古发掘领导小组发掘,一、二号汉墓为大型竖穴岩坑木椁墓,有等级较高的楠木垒成的黄肠题凑,并有金缕玉衣残片,为国内所罕见。

11月,向阳河第二期工程开工。动员1.1万人,从送桥红星南圩至天山红旗桥,长12.8千米,完成土方82万立方米。

11月15日,高邮县革命委员会转发江苏省水利厅《关于保护水利工程设施的八项规定》。

11月21日,动员1.54万人,参加新通扬运河西段拓浚工程,从江都到宜陵长22千米,至次年2月完成,完成土方107.30万立方米。

1980年

1月30日,县革命委员会发出《关于切实加强堤防保护的通知》。

3月8日,国务院治淮委员会负责人、总工程师和江苏省水利厅专家到高邮县调查南水北调、入江水道、大运河西堤块石护坡等工程。

5月26日,水利部农田水利建设学习班学员68人,到龙奔公社西楼大队参观水泥预制构件加工场。

6月20日,县防汛防旱指挥部动员1780人,对1978年种鸭场在清水潭开挖的河道、鱼塘填土加固,至8月5日结束,完成土方2.4万立方米。

6月27日,遭受雨涝袭击,受淹农田8200公顷。

7月15日,里运河中堤险段一期护坡工程开工。从高邮船闸至马棚湾,长20千米,至8月25日竣工,完成石方7.4万立方米。

7月26凌晨,遭受十级狂风袭击,受影响的农田有4.3万公顷,其中失收448公顷,受重灾2.14万公顷,冲毁堤防1处450米,倒塌涵闸4座。

7月,老运河吹填工程开工。将高邮城至界首24.45千米长的老运河填至真高8米,至1982年6月竣工,完成土方400万立方米,投资579.50万元。

1981年

1月,县政府任命姚鸣九为高邮县水利局局长。

6月24日,江苏省副省长周泽等8人到高邮县视察大运河向北送水情况。

1982年

4月,三阳河工程三垛穿镇拆迁工作开工,共拆除房屋1422间,三垛至司徒公路改线,拆除圩口闸8座、35米桁架桥1座、排水洞19座。至次年11月完成拆迁工作,投资89万元。

5月，境内各公社成立公社水利站。

6月1日，县政府转发县水利局《关于南关灌区全面推行计量灌溉、按方收费的工作意见》。

6月18日，遭受狂风暴雨袭击，1.5万公顷农田受灾。

6月30日，县政府颁发《关于加强新民滩管理的布告》和转发《新民滩管理委员会关于新民滩管理工作暂行条例》。

10月，在江苏省水利工作会议上，川青公社、龙奔公社西楼片被授予综合治理先进单位，周山公社被授予平原治理先进单位。

11月5日，成立高邮县运东船闸工程指挥部，钱增时任指挥。

12月上旬，向阳河第三期工程开工。东从菱塘卫东闸，西至三里桥，长6.7千米，动员2.5万人，完成土方85万立方米。

是年，改建高邮湖控制线新、老王港漫水闸。

是年，高邮县水利局的"桁架拱桥湿接头无支架施工"和"装配式田间工程建筑物"两项科研成果获江苏省水利科技二等奖。

1983 年

1月6日，高邮运东船闸工程开工，至次年7月竣工。

4月8日，水利电力部南方十四省农田水利座谈会代表85人，到龙奔公社西楼片参观田间建筑物配套工程。

5月16日，江苏省长顾秀莲等一行11人，在扬州市委书记傅宗华、市长黄书祥陪同下，视察大运河清水潭险段。

5月，在江苏省水利系统安全、文明生产会议上，高邮县堤防管理所、高邮县器材储运站被授予"先进单位"称号。

6月，农田基本建设建卡，全县共有耕地面积7.44万公顷，其中建成旱涝保收、高产稳产农田4.91万公顷。

7月12日，世界银行农业第三处处长威廉·史密斯，世界银行顾问、灌溉专家彼德·夏洛由水利电力部、治淮委员会有关人员陪同，到高邮县视察水利工程。

11月17日，高邮运东船闸引河工程开工。动员1.5万人，工长5.12千米，完成土方133.98万立方米。

1984 年

1月，在江苏省水利工程管理工作会议上，高邮县堤防管理所、县灌排管理所被授予"水利工程管理先进单位"称号。

3月16日，县政府任命杨春淋为高邮县水利局局长。免去姚鸣九高邮县水利局局长职务。

3月，成立高邮县水利勘测设计室。

5月22日，江苏省自流灌溉管理工作会议在高邮县召开。

7月17日，县政府转发《高邮县水利工程城镇、工业水费收交使用和管理实施办法（试行）的通知》。

7月26日，南关灌区水闸智能控制仪通过江苏省水利厅鉴定。

8月21日，水利电力部南水北调规划办公室、天津设计院、江苏省水利设计院，到高邮县查勘里运河以西南水北调输水线路，并征询意见和要求。

9月17日，交通部和江苏省京杭大运河指挥部对高邮运东船闸主体工程进行验收。

10月，南关坝拆除工程开工。动员2000人，至次年5月20日竣工。

11月，高邮县堤防管理所被水利电力部授予"全国水利系统水利工程管理先进单位"称号。

12月，川青乡、龙奔乡农田水利规划获江苏省水利厅水利科技成果三等奖，周山乡、司徒乡合兴北圩获四等奖。

是年,撤销高邮县灌排管理所。

是年,成立高邮县车逻灌区灌排管理所、南关灌区灌排管理所、头闸灌区灌排管理所、周山灌区灌排管理所。

1985 年

1 月 26 日,交通部部长钱永昌视察大运河拓浚工程。

4 月 9 日,江苏省人大常委会委员梁公甫率 7 人代表组,到高邮县征求有关水利立法意见。

5 月,高邮县水泥厂划归高邮县机械化学工业公司管理。

6 月 4 日,撤销高邮县闸坝管理所,成立高邮县入江水道管理所。

9 月 16 日,水利电力部农水司在高邮县召开全国灌区量水技术交流会。与会人员到龙奔乡西楼样板点观看各种量水设施和南关闸微机应用现场。

12 月 20 日,运河高邮县临城段拓浚工程和高邮运西船闸主体工程通过江苏省京杭运河续建工程指挥部验收。

1986 年

1 月,江苏省水利厅召开农田水利建设评比会议,高邮县水利局获二等奖。

3 月 19 日,水利电力部副部长杨振怀等一行 15 人检查组到高邮湖新民滩检查清障工作。

7 月 22 日,普降暴雨,农田围水面积 3.4 万公顷。县委召开紧急电话会议,动员防汛排涝。

10 月 7 日,水利电力部副总工程师崔宋培考察杨庄河翻水站站址。

10 月 26 日,水利电力部农水司委托高邮县举办的全国灌区量水技术研修班开学,全国有关省、市、自治区的 44 名专业人员到高邮县参加学习。至 11 月 30 日结束。

11 月 15 日,三阳河三垛镇段接通工程开工。长 800 米,动员 2000 人。至 12 月 26 日竣工。完成土方 11.5 万立方米,投资 22 万元。

11 月,高邮县土地资源调查获江苏省区划委农业资源调查和农业区划成果一等奖。

12 月,高邮县水利局的双铰折线钢架农桥技术获江苏省水利厅水利科技进步三等奖。

是年,成立高邮县水利科学技术研究所。

1987 年

1 月 21~23 日,在江苏省农田水利检查评比中,高邮县水利局获二等奖。

3 月 9 日,交通部副部长林祖乙、江苏省京杭运河续建工程指挥部副指挥吴连彩等一行 24 人,考察大运河高邮县临城段工程。

5 月 30 日,江苏省农田水利配套建筑物交流研讨会在高邮县召开。

7 月 2~6 日,高邮县降雨 250 毫米,农田围水面积 3.3 万公顷,受涝面积 2 万多公顷。

7 月,成立高邮县水利综合经营管理所。

10 月 12 日,全国灌区量水技术培训班在龙奔乡西楼村开学。内蒙、宁夏、吉林、天津、江苏等 5 省(市、自治区)的 39 名学员参加学习。至 11 月 2 日结束。

10 月 19 日,亚洲开发银行灌溉管理和成本回收考察组在水利电力部王家琦、黄宏陪同下,到高邮县南关灌区考察。

11 月 18 日,县政府发布《高邮县水利工程管理办法》。

11 月 24 日,智利国家水土保持研究所所长冈萨雷斯到高邮县南关灌区,考察灌溉管理量水设施等。

12 月,北澄子河拓浚工程开工。从东头闸到河口,长 33.8 千米,共动员 6 万人,完成土方 240 万立方米,投资 500 万元。

是年,高邮县水利局的"悬搁门圩口闸革新和推广技术"获江苏省水利厅水利科技进步二等奖。

1988 年

1 月 1 日,上海市水利局组织各县、区的分管水利的副县(区)长和水利局局长共 27 人,参观龙奔乡、武安乡的农田水利建设。

1 月 16 日,参加江苏省水利厅组织的流动水利现场会议代表,参观川青乡、平胜乡的农田水利建设和周山乡的加修渠道、河道拓宽等工程。

2 月 8~11 日,江苏省冬季水利总结评比会议在高邮县召开,省水利厅厅长王守强主持会议。

3 月 28 日,交通部、江苏省京杭运河指挥部的领导、专家视察京杭运河高邮县临城段拓宽工程。

4 月 12 日,上海市水利局 38 人到高邮县南关灌区参观农田水利建设。

4 月 13 日,北澄子河拓浚工程通过江苏省交通厅、水利厅验收。

4 月 15 日,江苏省水利厅厅长王守强在扬州市水利局局长翟浩辉的陪同下,到湖滨乡、菱塘乡、郭集乡和入江水道管理所视察汛前工程。

4 月 18 日,北澄子河拓浚工程拆坝放水。

5 月 19~20 日,江苏省水利厅优秀设计评委会委员到高邮县评议运东船闸、运西船闸和京杭运河高邮临城段拓浚工程。

6 月 28~29 日,陡降暴雨,全县围水面积 3.31 万公顷,受涝 2 万公顷。

7 月 20 日下午,扬州市委、市政府在周山灌区召开紧急抗旱会议,要求江都、高邮、宝应三县再压缩 40~60 立方米 / 秒江水,将节约的江水支持徐州、淮阴。

12 月 5 日,一沟乡水利站站长陆大金被水利部授予"全国区乡优秀水利水保员"称号。

12 月 24 日,京杭运河续建工程徐州—扬州段总验收团检查高邮县临城段运河拓浚工程。

12 月,高邮县水利局的"刀板自收式振动鼠道犁机具"获江苏省水利厅水利科技进步奖一等奖,并获批为国家专利局实用新型专利。

1989 年

3 月 10 日,江苏省冬春水利建设评比,高邮县获一等奖。

3 月 24~25 日,应水利部的邀请,世界银行官员泼纳斯(法国人)在水利部水利科学院顾问张泽桢陪同下,视察高邮县南关闸、龙奔水利技术培训中心、微机控制节制闸、虎头村灌溉工程。

3 月 29 日,高邮县水利综合经营管理所更名为高邮县水利综合经营水费管理所。

5 月 20~21 日,亚洲开发银行水利专家阿比迪(巴基斯坦人)在水利部农水司灌溉处处长吴明钟的陪同下,视察高邮县南关灌区的农田灌溉。

5 月,高邮县水利局农水股被水利部授予"全国水利系统先进班组"称号。

7 月 10 日,高邮县委、县政府召开全县防汛紧急电话会议。

8 月 16 日,水利部农水司司长乔玉成等到高邮县视察武安乡水利工程。

9 月 17 日,俄罗斯水利土壤改良科研院院长卡次洛夫斯基率领的水利考察团一行 4 人,在江苏省水利设计院副院长朱湘陪同下到高邮县考察水利工作。

9 月 20 日,高邮县被水利部授予"全国水利建设先进县"称号。

9 月 21 日,参加全国水利工作会议的 140 名代表,由水利部副部长侯捷带队,在扬州市委书记姜永荣、高邮县委书记孙龙山和高邮县代县长戎文凤陪同下,参观高邮县农田水利基本建设现场。

9 月 29 日,在江苏省水利工作会议上,高邮县水利局局长杨春淋被表彰为全省水利系统先进工作者。

1990 年

4 月 30 日,成立高邮县水政处。

5 月 4~5 日,泰国农业合作部监督主任伯拉雅苏特率领皇家灌溉厅代表团到高邮县考察田间装配式建筑物。

5月13日,江苏省副省长凌启鸿在扬州市副市长吴孟镛和高邮县副县长史善成陪同下,视察湖滨乡新民滩灭螺和水利开发。

10月16日,农业部部长刘中一到武安乡视察农田水利、吨粮田建设。

10月29日,京杭大运河续建工程高邮段获交通部部优工程奖。钱增时、杨春淋、詹福宏、郭亚同被表彰为江苏省先进工作者。

11月3~5日,水利部副部长侯捷率领南水北调专家组到高邮县考察南水北调工程线路。

冬,第一期南澄子河拓浚工程开工。从小泾沟至斜丰港,长17.5千米,动员民力2万人,完成土方90万立方米,新建圩口闸20座,改建圩口闸2座,新建跨河大桥4道。

12月,高邮县水利局的"水力冲沉一字型箱式圩口闸技术"获江苏省水利科技进步二等奖。

1991年

4月1日,高邮县撤县建市,高邮县更名为高邮市,高邮县水利局更名为高邮市水利局。

4月24日,高邮市编委同意高邮市堤防管理所更名为高邮市京杭运河管理处。

4月,高邮老船闸改建工程开工。完成土方1.06万立方米、钢筋混凝土方1133立方米、浆砌块石2041立方米,投资44.77万元。

5月21日,高邮市入梅,至7月15日出梅。梅雨量1059.7毫米,高邮湖水位高达9.27米(菱塘)。高邮市遭受特大水灾。

6月19日,扬州市代市长李炳才在郭集乡召开防汛排涝现场办公会。

7月5日,江苏省副省长季允石在扬州市代市长李炳才和高邮市党政负责人陪同下,视察大运河东堤车逻段塌方现场。

7月6日,市委、市政府召开抗灾抢险紧急会议。

7月10日,扬州市委书记姜永荣在郭集召开抗灾会议。

7月11日,江苏省委副书记曹克明率领省委工作组到高邮市指挥抗灾。

7月14日,市委召开常委扩大会议,宣布中共江苏省委、江苏省人民政府《关于在湖滨乡实施破圩分洪的决定》,并成立高邮市湖滨破圩分洪行动指挥部。

7月15日,国务院抗洪救灾工作组到高邮市视察灾情。

是日下午5时,市委、市政府召开实施湖滨乡破圩分洪行动紧急会议,传达中共江苏省委、江苏省人民政府对湖滨乡1.3千米南北大圩进行爆破实施泄洪的决定。

7月16日14时~17日20时,市委、市政府组织撤离湖滨乡和高邮镇太平村人员共3190人。

7月20日,市委召开市委、市人大常委会、市政府、市政协全体负责人会议,市委书记孙龙山再次传达中共江苏省委、江苏省人民政府《关于在湖滨乡实施破圩分洪的决定》。扬州市委、市政府成立湖滨乡破圩分洪爆破指挥部,扬州市委副书记吉宜才任指挥。

7月21日上午,国务院总理李鹏乘坐直升机飞经高邮市上空,视察高邮灾情,指示抗灾斗争。

7月25日,南京军区某部工兵二团180多名官兵奉命到湖滨乡接受破圩分洪爆破任务。

7月26日20时,湖滨乡1.3千米南大圩爆破成功,南大圩被炸开500米长的缺口。

7月28日18时30分,湖滨乡1.3千米北大圩爆破成功,北大圩被炸开400米长的缺口。

7月31日,高邮市水利局技术员吴志平在高邮湖执行测量任务时,英勇献身。

8月22日,江苏省长陈焕友到平胜乡视察补种改种的农田。

9月10日,江苏省人民政府批准吴志平为革命烈士。

9月29日,高邮市编委同意高邮水利科学技术研究所更名为高邮市水利技术推广服务中心站。

11月,市委任命张昆山为高邮市水利局党组书记。

11月13日,淮河入江水道湖滨新民滩保安圩工程开工,至次年1月20日竣工,共动员3.7万人,完成土方265万立方米,新筑大堤9.55千米。

冬,实施第二期南澄子河拓浚工程。工段从阁子口至小泾沟段 9.36 千米,共动员 1.2 万人,完成土方 56 万立方米,配套圩口闸 20 座。

是年,六安河整治工程开工。第一段从运河东堤脚下六安闸至澄潼河 9 千米,第二段从叹气庙至人字河 1.3 千米。共动员 1 万人,完成土方 24 万立方米,配套圩口闸 2 座。

是年,高邮市被水利部确定为"全国县级首批科技兴水市"。

1992 年

1 月 25 日,湖滨新民滩保安圩土方工程通过水利部验收。

5 月 20 日,高邮市水利局冯国宜研制的"防水隔热屋面板"获国家实用新型专利。

5 月,新民滩湖滨保安圩配套建筑物及圩堤块石护坡工程竣工,配套建筑物共 8 座,块石护坡 9.63 千米,完成石方 4.72 万立方米,钢筋混凝土方 3635 立方米。

6 月 5 日,全国人大常委会赴江苏视察实施《中华人民共和国水法》情况,并视察新民滩。

6 月 7 日,江苏省长陈焕友、省人大常委会副主任凌启鸿视察湖滨保安圩。

10 月,由市水利局研制的"HMC—51A 型涵闸微机监控装置"获水利部科技进步四等奖。

11 月 9 日,淮江公路高邮段拓宽改造工程开工,至 12 月 9 日竣工,长 43.48 千米,动员 8.6 万人,完成土方 218 万立方米。

11 月,实施南澄子河第三期拓浚工程。工段从车逻镇至阁子口,长 8.92 千米,共动员 1 万人,完成土方 49 万立方米,新建跨河大桥 1 道、建筑物 7 座。

12 月,由市水利局研制的"HMC—51A 型涵闸微机监控装置"、"农田计量灌溉按方收费技术及推广"、"预制装配式小型水工建筑物技术"共 3 项科技成果,获 1991 年度江苏省水利科技进步一等奖。

1993 年

5 月 25 日,境内遭受龙卷风袭击,倒伏小麦 8400 公顷,油菜 800 公顷。

8 月 4 日,高邮市水利局副局长耿越被扬州市人民政府授予"1992 年度扬州市有突出贡献的中青年专家"称号。

8 月 11 日,由市水利局研制的"预制装配式系列化小型水工建筑物钢模具"、"改进灌溉管理与费用回收"两项科技成果获江苏省水利科技进步一等奖。

10 月 23 日,由市水利局研制的"预制装配式小型水工建筑物技术"获水利部科学技术进步四等奖。

11 月 9 日,第三沟中段整治工程开工。北起横泾河,南至东平河,长 6.3 千米。共动员 2.7 万人,至 12 月竣工,完成土方 28.5 万立方米,新建圩口闸 8 座、交通桥 2 座。

1994 年

4 月 20 日,市政府授予陈福坤、王祖勋、王之义、冯国宜、廖高明为"高邮市优秀中青年科技工作者"称号。

5 月 24~26 日,高邮市通过全国水利技术推广服务体系建设示范市(县)验收。

6 月 5 日,水利部副部长周文智、国家治淮委员会主任赵武京一行,在江苏省水利厅厅长孙龙、扬州市副市长丁解民陪同下,视察高邮市清水潭、湖滨乡、淮河入江水道防汛工程。

7 月 29 日,江苏副省长姜永荣率省计划委员会、水利厅、农林厅负责人到高邮市运西 4 乡镇视察旱情。

10 月 27 日,张叶沟拓浚工程开工。长 19.4 千米,完成土方 105 万立方米,新建交通桥 3 座,新建圩口闸 17 座,改建圩口闸 6 座,维修干渠地下洞 1 座。

是年,市水利局的"改进灌溉管理与费用回收技术"获水利部科学技术进步三等奖。

1995 年

2月,市水利局被江苏省水利厅表彰为省水利系统先进单位。

2月15日,郭集毛港排涝站开工。工程设计抽排流量10.7立方米/秒,至5月底土建工程主要部位完成。7月底水泵电机安装结束。

7月21日,高邮市水利局干部王之义被扬州市人民政府授予"扬州市有突出贡献的中青年专家"称号。

12月15日,高邮市编制委员会同意成立高邮市水政监察大队。

是年,高邮市水利局副局长耿越被省人民政府授予"1995年度江苏省有突出贡献的中青年专家"称号。

是年,水利部命名高邮市为"全国水利技术推广服务体系建设示范县(市)"。

第一章 自然环境

古代,高邮境内为长江三角洲和淮河三角洲所夹的浅海湾,经每年冲积逐渐成陆。西部为低丘平岗地貌,东部属里下河平原。至明代后期,高邮地形、地貌基本稳定下来,形成六成陆地、四成水面的格局,全境河网密布,土壤肥沃。

高邮地处北纬 32°38′~33°05′,东经 119°13′~119°50′,属北亚热带季风气候区,具有寒暑变化显著、四季分明、阳光充足、雨水丰沛、霜期不长等特点。由于境内自然环境适宜动物繁衍与植物生长,故称鱼米之乡。

第一节 地质 地貌

地 质

高邮地质构造处于凹陷的主体部位,并跨及东荡(柘垛)、柳堡、菱塘低凸起的一部分。凹陷是苏北盆地南部东台凹陷内的次一级构造单元,其北缘为建湖隆起,南界为江都隆起,西接金湖凹陷,东邻溱潼凹陷,为南陡北缓的箕状凹陷。其基底为古生代、中生代地层,中新生代地层为其盖层。新构造分区上属华东平原沉降区内的苏北中新生代断陷盆地强烈持续沉降区。

高邮附近新生代沉积受凹陷南部断裂带、北部斜坡带、中部深凹带的控制,且有南厚北薄的箕状断陷的沉积特征。在深凹部位新生代沉积全而厚,达 6000 余米,斜坡部位逐渐减薄,到低凸起上甚至缺失。

自上第三纪以来,高邮在新构造运动体制下,仍属苏北凹陷持续强烈沉降区。上第三纪上新世纪晚期县境内曾有火山活动,形成天山乡土山露出地表的玄武岩,在界首品祚村也钻探到这种火山喷发的岩层。第四纪以来多次受到来自东部海水的浸淹,送桥、天山一带的"下蜀黄土"形成于第四纪晚更新世,距今约 20 万年,是由河流堆积作用所形成。晚更新世玉木冰期时(距今 5 万年~1.2 万年)气候寒冷,海平面下降,其时长江口约在镇江、扬州以上,高邮南边的长江所夹带的泥沙,呈现放射状在汉留一带堆积。

根据新构造运动和高邮地质钻孔资料,沿今运河一线,上第三纪至第四纪堆积物有陡坎,第四纪沉积物两边的厚度也有差异,北西向断裂穿越附近,证明附近曾是海岸边。其时长江口已上溯至镇江与扬州之间,此为冰后期最高海面,北部的淮河其入海口在淮阴、涟水一带,而高邮附近则是被长江三角洲和淮河三角洲所夹的一个浅海湾。随着两个三角洲向前推进、连接,并受北西裂断控制,西部持续抬升,东部持续下降,里下河地区形成泻湖地貌,随着淡水冲刷和陆地向东推进,里下河地区受西北和东北断裂控制,低洼处形成"串珠式"的小湖泊群,湖与湖由河道相通入海,并且分布大量的沼泽地带,后因不断受湖河沉积物堆积,逐渐形成陆地。

地 貌

高邮地形以平原为主,低丘平岗比重不大,因地质运动的影响,地形是西南高,东北低,因而出现两种不同的地貌。西南部菱塘、天山、送桥是低丘平岗地貌,其成因属第四纪以来的堆积——浸蚀阶地。运河以东属里下河浅洼平原地貌,其成因是由古潟湖淤积而成。

湖西低丘平岗区　该区位于高邮湖西,为镇扬丘陵的延伸部分,地势起伏较大,一般地面高程为真高8~25米,最高达49.7米,地貌特征是岗顶宽平,塝坡平缓。总面积69.68平方千米,其中耕地面积3420公顷,包括岗田1265公顷,塝田187公顷,冲田248公顷。由于降雨时空分布不均,农业用水的三分之二靠提水灌溉,境内河流较少,只有向阳河和天菱河两条主要骨干河道,大多以塘坝蓄水,有塘坝面积为1025公顷,占全区水域面积的53.18%,原多种旱谷,依赖塘坝蓄水灌溉,改为稻麦两熟,机电提灌。

湖西沿湖圩田区　该区位于高邮湖畔,地势平缓,略有高差,一般地面高程5.0~6.5米,总面积119.9平方千米,其中耕地面积6433公顷,以圩御水。当湖水位达到6.5米以上时,湖水高于田面,一遇雨涝即需提排。随着淮河入江水道的治理,防洪标准有显著的提高。

沿运高平田区　该区位于运河以东、三阳河以西,区内地势高平,地面高程一般在真高2.5~5.0米。原为车水上田,扬程高,多为旱田。后引用大运河水自流灌溉,成为稻麦两熟田,总面积610.72平方千米,可耕地4.08万公顷,荡滩较少,内部河道沿运一带稀疏,水面积占总面积的4%~5%,腹部较密,水面积占总面积的6%~7%。

东部低洼圩田区　该区位于三阳河以东,地势低洼,腹部一般真高2米左右,偏东地势更低,真高1.8米以下有3880公顷。河网发达,湖荡交错,地下水位高,土壤湿度大。水面积占总面积10%,遇夏秋暴雨,四水投塘,而排水出路狭小,易受涝灾。历史上85%以上的耕地属常年浸水的潜育型水稻土。自1971年实行沤改旱以来,涝渍大大减轻,成为商品粮基地。

第二节　土地资源

高邮气候湿润,土地开发历史悠久,水利建设初具规模,农业生产有着较好的条件。为摸清全县土地资源现状,1981年8月~1984年10月,高邮县区划办开展土地资源调查工作。全县土地总面积1962.58平方千米,其中陆地面积(包括陆地内的水域)1487.02平方千米,占总面积的75.77%,高邮湖(包括邵伯湖)面积475.56平方千米,占总面积的24.23%。

陆地　在全县陆地面积中,共有耕地面积9.38万公顷,占全县总面积的47.80%,其中水田面积9.05万公顷、旱地面积2408公顷、菜地面积879公顷;园地面积1085公顷,占全县总面积的0.55%,其中果园面积303公顷、桑园面积612公顷、其他园地面积170公顷;防护林地面积549公顷,占全县总面积的0.27%,主要是指大运河、三阳河沿岸上的树林地284公顷,张轩的池杉基地176公顷和车逻的成片造林地39公顷。居民住宅地面积1.39万公顷,占全县总面积的7.10%,其中城镇面积511公顷(高邮城镇394公顷、三垛镇53公顷、界首镇27公顷、临泽镇36公顷),村庄面积1.03万公顷、晒场面积3110公顷;工矿用地面积1104公顷,占全县总面积的0.56%;交通用地面积5107公顷,占全县总面积的2.60%.其中公路面积342公顷(境内淮扬公路线长43千米、邮兴公路线长35千米、县级公路线长225千米)、农村道路面积4765公顷。

水面　全县水域面积7.88万公顷,占全县总面积的40.15%,其中河流面积1.17万公顷(大运河1000公顷、三阳河136公顷、全县35条县属骨干河道1804公顷),湖泊面积4.13万公顷(高邮湖3.93万公顷、邵伯湖2000公顷),苇荡面积1.11万公顷,水库、坑塘面积2473公顷,渔池面积1710公顷,沟渠、堤坝等面积1.05万公顷。

全县土地利用率较高,耕地后备资源贫乏,但水面面积广,荡滩资源丰富。

1985 年高邮县土地利用现状分类面积表

单位:公顷

Ⅰ级分类	面 积	占总面积 （%）	占陆地面积 （%）	Ⅱ级分类	面 积
耕 地	93805.63	47.80	63.08	水 田 旱 地 菜 地	90517.18 2408.75 879.70
园 地	1085.34	0.55	0.73	果 桑 其他	303.68 611.75 169.92
防护林地	549.09	0.27	0.37	防护林地	521.07
居民地	13940.23	7.10	9.37	村 庄 城 镇 晒 场	10318.84 510.84 3110.59
工矿用地	1103.84	0.56	0.74	工矿用地	1103.83
交通用地	5107.22	2.60	3.43	公 路 农 道	342.43 4764.80
水 域	18794.56	40.15	—	河 流 湖 泊 苇 荡 水 库 坑 塘 鱼 池 沟 渠 堤 坝	11679.30 41281.59 11130.67 56.64 2415.89 1709.89 7823.82 2694.76
	其中:水面积 13876.07	25.41	—	水工建筑	2.01
特殊用地	82.41	0.04	0.06	军用地 名胜古迹 坟 地	0.55 2.97 78.91
未利用地	1789.72	0.92	1.20	待用地 梯田埂 其他	1057.67 667.88 64.18
全县总合计	196258.01	陆地:148702.26	占总面积:75.77%		—
		高邵湖:47555.75	占总面积:24.23%		

第三节 气候 水文

　　高邮具有四季分明、气候温和、雨量充沛、阳光充足、无霜期长等特点。且地势低平,冬夏季风可以长驱直入。夏季炎热多雨,有利于各种农作物和林木的生长。冬季寒冷少雨,对农业生产有一定的不利影响。气候年际变化较大,有些年份会发生灾害性天气,影响农作物生长。

气 候

　　气温 1953~1990 年,全年平均气温为 14.6℃,日平均气温大于或等于 0℃的日数为 325 天。有记载以来,极端最高气温为 38.5℃（1959 年 8 月 24 日）,极端最低气温为 -18.5℃（1955 年 1 月 7

日）。1954 年以来气温大于或等于 35℃的高温日数，每年平均为 7 天，最多的是 1953 年和 1966 年，达 22 天，而 1965 年、1968 年、1975 年则没有。气温低于 -5℃的严寒日数，每年平均为 15.3 天。

地温　常年平均地面温度为 17.1℃，平均最高地面温度为 31.3℃，平均最低地面温度为 9.3℃，极端最高地面温度为 68.70℃（1966 年 8 月 5 日），极端最低地面温度为 -21.5℃（1969 年 5 月 2 日）。

日照　根据江苏省气象情况资料室高邮站气候资料所载，1955~1990 年（缺 1967 年、1968 年）总日照 64029.6 小时，年均 2207.92 小时，占全年可照时数 4429.1 小时的 50%。日照量最大的 1966 年为 2554.6 小时，日照率为 57.68%；日照量最小的 1985 年为 1905.1 小时，日照率为 43.1%。

风　高邮季风显著。冬季盛行干冷的偏北风。夏季多为湿热的东南风和南风。春季多东南风，秋季多东北风。风速一般冬春大，夏秋小，冬春平均风速为 3.5 米/秒和 3.9 米/秒，夏秋平均风速为 3.0 米/秒和 2.8 米/秒。全年大风（8 级以上）日数平均 11 天多，以 1973 年、1976 年为最少，仅 3 天；1966 年为最多，有 27 天。最大风速出现在 1959 年 8 月 31 日，风速为 40 米/秒。

1955~1990 年共出现台风 44 次，平均每年有 1.2 次。最大风速达 28 米/秒（1962 年）；最大日降雨量 150 毫米，最大过程总雨量 182.5 毫米（1984 年 11 号台风）。

霜　平均初霜期为 11 月 6 日，最早是 10 月 22 日，发生在 1963 年和 1979 年。平均终霜期 4 月 2 日，最晚是 4 月 28 日，发生在 1954 年。无霜期一般在 220 天左右，最多 265 天，最少 200 天，晚霜或晚霜冻出现在春季。

雾　1952~1990 年，年均雾日为 40 天，年最高雾日 72 天，出现在 1983 年；年最少雾日 22 天，出现在 1972 年。

雪　高邮 12 月下旬开始降雪，最早为 11 月 16 日（1969 年、1976 年），最迟为 1 月 20 日（1981 年）；常年 3 月上旬降雪终止，最早为 1 月 10 日（1961 年），最迟为 4 月 19 日（1955 年）。1952~1990 年共降雪 251 次，冬季 208 次，常年降雪为 8 天，最多 25 天（1954 年、1955 年），少的只有 2 天（1957、1958 年）。常年积雪日数平均 7.5 天，最多 32 天（1954、1955 年），少的则无积雪，最大积雪达 29 厘米（1955 年 1 月 1 日）。

水　文

降水　1953~1990 年年均降水量为 1014.4 毫米，雨水多的 1956 年降水量为 1376.2 毫米，雨水少的 1978 年降水量为 478.0 毫米，年间平均幅度为 23.5%。降水日数最多的 1954 年为 137 天，降水日数最少的 1978 年为 80 天。连续降水最多日数发生于 1962 年，为 32 天。连续无降水最多日数发生于 1973 年 11 月~1974 年 1 月，为 66 天。最大日降雨量 327.0 毫米，发生于 1953 年 9 月 2 日。多数年份从 6 月中旬到 7 月中旬出现梅雨。入梅最早在 5 月 6 日（1963 年），最迟 7 月 20 日（1984 年）。出梅最早 6 月 15 日（1961 年），最迟 8 月 4 日（1965 年），梅雨期平均 23 天，最多梅雨期 49 天（1954 年 6 月 12 日~7 月 30 日）。1951~1980 年间梅雨季节降雨量超过 500 毫米的有 5 年（1954 年、1956 年、1965 年、1969 年、1980 年），少于 25 毫米的有 4 年（1961 年、1964 年、1966 年、1977 年），1958 年出现空梅。

1953~1985 年，共出现暴雨（降水量大于或等于 50 毫米）127 次，平均每年 3.4 次；出现大暴雨（降水量大于或等于 100 毫米）18 次，平均每 2 年 1 次；出现特大暴雨（降水量大于或等于 200 毫米）4 次，平均每 8 年 1 次。暴雨大都出现在汛期（6~9 月），占 88%，暴雨多的年份每年有 6~7 次，少的年份仅有 1 次或没有。最早发生于 4 月 6 日（1964 年），最迟发生于 11 月 9 日（1972 年）。

1951~1990年高邮县运东地区逐年梅雨期降水量表

单位:毫米

年份	梅雨期降雨量			年份	梅雨期降雨量		
	梅雨起止月日	天 数	雨 量		梅雨起止月日	天 数	雨 量
1951	7.6~7.16	11	128.1	1972	6.19~7.15	28	350.2
1952	7.2~7.15	14	77.8	1973	6.16~6.29	14	40.8
1953	6.19~6.28	10	196.7	1974	6.9~6.20 7.8~7.15	20	356.3
1954	6.12~7.30	49	660.4				
1955	6.13~7.8	26	105.7	1975	6.16~7.15	30	267.2
1956	6.3~7.14	42	537.5	1976	6.16~7.15	30	354.4
1957	6.20~7.9	20	185.2	1977	6.29~7.1	3	16.0
1958	—	—	空梅	1978	6.24~6.26	3	33.6
1959	6.27~7.5	9	73.5	1979	6.19~7.25	36	436.9
1960	6.7~6.29	23	188.7	1980	6.9~7.21	43	618.9
1961	6.6~6.15	10	20.1	1981	6.23~7.10	17	199.6
1962	7.1~7.8	8	208.2	1982	7.4~7.24	21	293.5
1963	6.21~7.12	21	151.1	1983	7.13~7.24	11	250.0
1964	6.23~6.29	7	22.3	1984	7.20~7.28	9	89.3
1965	6.30~8.4	36	615.4	1985	6.21~7.7	17	102.5
1966	6.28~7.13	16	22.9	1986	6.20~7.24	35	378.4
1967	6.24~7.5	12	115.0	1987	7.2~7.27	26	436.7
1968	6.24~7.20	27	357.5	1988	6.9~6.30	22	295.3
1969	7.3~7.18	16	527.4	1989	6.4~6.16	13	104.4
1970	6.17~7.20	34	210.9	1990	6.20~7.3	14	163.9
1971	6.9~6.26	18	167.7				

1951~1990年高邮县逐年降雨量表

单位:毫米

年份	全年降雨量	汛期降水量 (6~9月)	最 大 一 日			年份	全年降雨量	汛期降水量 (6~9月)	最 大 一 日		
			降雨量	月	日				降雨量	月	日
1951	843.1	440.4	65.9	7	11	1971	853.8	568.2	73.4	9	29
1952	1098.4	550.6	79.2	8	25	1972	1200.6	708.5	136.2	6	21
1953	1168.9	857.5	327.0	9	2	1973	591.7	235.6	40.2	7	26
1954	1324.7	882.2	127.2	7	9	1974	1377.0	805.7	102.3	7	12
1955	758.2	413.3	46.5	7	19	1975	1375.6	927.2	164.8	8	16

（续表）

年份	全年降雨量	汛期降水量（6~9月）	最 大 一 日			年份	全年降雨量	汛期降水量（6~9月）	最 大 一 日		
			降雨量	月	日				降雨量	月	日
1956	1376.2	867.6	117.2	6	6	1976	949.9	576.4	219.2	6	29
1957	1086.7	659.8	128.8	6	4	1977	1019.3	535.8	71.3	8	14
1958	942.1	493.4	101.7	6	28	1978	478.0	245.6	37.4	9	8
1959	1002.7	552.7	141.6	8	31	1979	988.2	653.4	74.2	7	13
1960	1096.6	558.1	79.0	7	7	1980	1258.8	944.4	71.7	8	11
1961	826.2	510.1	68.7	5	9	1981	819.3	390.6	82.5	9	23
1962	1364.2	1041.9	155.2	9	6	1982	886.2	541.9	72.3	7	21
1963	1025.2	511.4	70.0	8	21	1983	1129.7	694.6	100.3	7	21
1964	1161.1	540.6	75.0	4	5	1984	1035.3	650.0	107.8	8	31
1965	1365.2	966.1	123.0	8	21	1985	1136.2	535.8	65.2	5	26
1966	755.3	286.6	116.4	9	7	1986	959.8	705.3	89.5	7	11
1967	601.8	211.1	48.8	5	11	1987	1340.5	777.9	105.8	7	5
1968	924.4	645.7	107.0	7	13	1988	888.0	579.2	108.9	6	29
1969	1251.6	839.6	184.0	7	11	1989	997.2	536.9	82.5	9	16
1970	1071.5	688.0	173.4	7	27	1990	1094.2	629	85.1	9	1

蒸发 本地区蒸发量一般大于降水量。1953~1990年平均蒸发量为1322.7毫米。在33年中，以1961年蒸发量最大，为1576.5毫米，以1954年蒸发量最小，为1042.6毫米。每年5~8月蒸发量较大，占全年的41.25%，月均蒸发为163.4毫米。由于高邮地表水丰富，虽蒸发量超过降水量，亦较少干旱之忧。

流量 境内河流只有淮河入江水道和大运河有流量记载。民国年间，淮河共发生4次大的洪水，洪泽湖三河闸最大泄量，民国5年（1916年）为7536.5立方米/秒，发生在8月12日；民国10年（1921年）为9398.9立方米/秒，发生在9月14日；民国20年（1931年）为11112.0立方米/秒，发生在8月13日。

1949年后，淮河发生4次大洪水，其中三河闸下泄流量1954年为10700立方米/秒，发生在8月6日；1956年、1963年、1965年接近或超过8000立方米/秒。淮河流量年际差异很大，径流量最大为1956年的702.6亿立方米，而干旱的1978年只有1.17亿立方米。

水位 高邮水位站最早是于清乾隆二十二年（1757年）在御码头设立，不仅设置时间早，而且正式有水位连续观测记载也早。保存的资料是从民国2年（1913年）开始的。1950年国家确定高邮水位站为三等水文站，负责观测湖、河水位。1954年又增设三垛水位站。大运河最高水位为9.12米，出现于1954年8月25日；最低水位为3.59米，出现于1978年7月14日。里下河最高水位为3.09米，出现于1954年7月27日；最低水位为0.28米，出现于1953年6月19日。

1950~1990年高邮历年全年最高水位统计

单位：米

年份	最高水位		年份	最高水位	
	大运河	三垛		大运河	三垛
1950	8.62	—	1971	7.50	2.31
1951	—	—	1972	8.02	2.06
1952	—	—	1973	7.41	2.45
1953	6.77	—	1974	7.68	2.55
1954	9.12	3.09	1975	7.46	2.08
1955	—	—	1976	7.64	1.97
1956	7.72	2.58	1977	7.79	1.97
1957	7.87	—	1978	6.69	1.81
1958	8.35	—	1979	6.89	2.02
1959	6.66	—	1980	7.83	2.10
1960	7.61	2.54	1981	8.08	1.75
1961	7.57	—	1982	7.08	1.91
1962	7.28	3.04	1983	7.66	1.97
1963	7.88	2.36	1984	7.41	2.32
1964	7.14	2.29	1985	7.64	2.02
1965	6.94	2.93	1986	—	—
1966	7.70	2.00	1987	7.51	2.20
1967	7.87	1.68	1988	7.86	2.25
1968	7.99	2.25	1989	7.92	2.35
1969	7.62	2.25	1990	7.61	2.24
1970	7.35	2.87			

第二章 水系 水资源

周敬王三十四年(公元前486年),在境内中部始形成以邗沟为主的南北向的主要水系。隋文帝开皇七年(587年),在东部又形成境内第二条以南北向为主的重要水系——山阳渎水系。从明代末期以后,境内逐步形成三大主要水系,即:西部的淮河入江水道水系,包括向阳河、天菱河、高邮湖等;东部的里下河水系,包括三阳河、运盐河、北澄子河、南澄子河、绿洋湖等;中部的运河水系。

新中国成立前,由于水系较为紊乱,水资源缺少调节控制,很难适应用水要求。大水年份,水患严重,干旱年景,河湖干涸。新中国成立后,兴修水利,水资源利用条件大为改善。丰水年份,沿运自流灌区用水由淮水经苏北灌溉总渠入大运河;干旱年份,由江都抽水机站抽引江水经沿运闸洞入自流灌区。运东圩区除利用沿运自流灌区的回归水外,三阳河自南向北引江水补充到骨干河网中。汛期,一部分水经东西向干河排入兴化境内后经卤汀河、车路河、蚌蜒河流向斗龙等港入海,一部分水经三阳河向南进入通扬运河后再由江都抽水机站抽排入江。

第一节 河流

古代,境内河流主要以自然河流为主,如西部地区的涧河、东部地区的大水冲刷河。自大禹排淮注江道、吴王夫差筑邗沟、邓艾挖广漕渠、隋文帝杨坚开凿山阳渎后,人工河逐渐增多。据清嘉庆《高邮州志》载,境内被列名目的河流共有17条,即运河、康济河、闸河、白塔河、城子河、北城子河、淤溪河、人字河、横京河、山阳河、宝带河、郭家河、马凳河、赵家河、杨家河、殷家河、秦澜河。至20世纪80年代,全县共有骨干河流196条,其中县骨干河31条、乡骨干河165条。在境西形成以向阳河、天菱河为骨干河道的32条涧河。在沿运及东部地区形成以京杭大运河、三阳河、澄潼河、人字河等南北向骨干河流和南澄子河、北澄子河、东平河、横泾河、六安河、子婴河等东西向骨干河流为主组成的横竖成网、纵横交错的河网布局。

京杭运河高邮段 该河古称邗沟,亦称官河、高邮大漕河。详见第四章《京杭运河高邮段》。

三阳河高邮段 该河古称山阳渎,又称山阳河。详见第五章《三阳河高邮段》。

澄潼河 该河于1978~1981年开挖。是高邮县北部地区的一条南北向主要干河,南起北澄子河边一沟乡光华村,北至宝应县潼河。流经高邮县一沟、张轩、周山、营南和宝应县子英乡。在境内净长23.5千米,河道总面积173.6公顷(河床82.8公顷、公路24.5公顷、堤坝66.3公顷)。其作用主要是改善北部地区农田排灌条件和沟通南北水上交通。

人字河 该河清代以前业已存在。据清嘉庆《高邮州志》载:"人字河,在二沟东,南通运盐河(北澄子河),北通横京河(横泾河)。"是高邮县东北部地区的又一条南北向干河。南起北澄子河边二沟集镇,北至司徒白马荡的大吉庄。1989~1990年组织拓浚,并新开河道4千米,全长17.3千米,流经二沟乡、张轩乡、司徒乡、周山乡,至周巷乡姚夏村,接入六安河。流域面积7333公顷,河道占地面积93公顷(河床71.5公顷、堤坝21.5公顷)。

南澄子河 该河古名城子河。据清嘉庆《高邮州志》载:"城子河,自南门馆驿巷起,东抵各盐场。

宋文丞相《指南录后序》云:行城子河,即此地。"该河是高邮县运河东部偏南地区的一条东西向的主要干河,历史上是渲泄坝水入海的重要通道。新中国建立后废归海坝,仍是运河东部地区的主要排引干河。1990年组织拓浚东段。全长35.07千米,流经高邮镇、武安乡、龙奔乡、车逻乡、卸甲乡、伯勤乡、甸垛乡、汉留乡、沙堰乡,至汤庄乡汤庄集镇阁子口,接入蚌蜒河。流域面积150平方千米,河道占地面积222.2公顷,其中河床171.54公顷、堤坝50.66公顷。

北澄子河 该河古名运盐河,亦名闸河、东河。据清嘉庆《高邮州志》载:"北城子河,在州治东,起自南河头,至十里尖与城子河合。"该河是高邮县运河东中部地区的一条东西向的主要骨干河道。历史上为承受归海五坝之水的重要河道,今仍是里下河地区最主要的引水、排水、通航河道之一。1987年组织对老河道进行拓浚。该河全长35.5千米,流经高邮镇、武安乡、龙奔乡、一沟乡、二沟乡、卸甲乡、三垛镇、沙堰乡、甘垛乡、汤庄乡,至平胜乡河口村,接入兴化县南官河。河道占地面积296.3公顷,其中河床230.5公顷、公路34公顷、堤坝31.8公顷。

横泾河 该河古名横京河。据清嘉庆《高邮州志》载:"横京河,在州治东北七十里义兴村,东通兴化县,西注射阳湖。"该河是高邮县运河东部偏北地区的一条东西向的骨干河道。老横泾河西起高邮镇搭沟桥,经武安、东墩、一沟,东至二沟金家村,长17.66千米。1970~1974年,新开横泾河,西起马棚陈桥,经张轩、司徒、横泾,东至兴化县东潭沟,入九里荡。境内全长28.5千米。河道总面积187公顷,其中河床98.3公顷、公路10.3公顷、堤坝78.4公顷。该河是北部地区向东排水和与兴化交往的重要水道。

六安河 该河古名六安闸河。据清光绪《再续高邮州志》记载:"六漫闸镇镇北有一条向东方向的弯曲小河叫六安闸河。"该河由于年久失修而淤塞,形同废河。1968年冬,新开六安河,西起界首六安,即原六安镇北的石闸起,向东经周山联合接练沟河,沟通界首、马棚、周山、司徒四地,全长9.75千米,河道占地总面积64.55公顷,其中河床25.24公顷、公路6.85公顷、堤坝32.46公顷。1971年,又新开新六安河,西起周山公社长春大队,与盐长河连接,经周巷、司徒、川青,东至横泾官林,入官垛荡,连第三沟。全长15千米。流域面积约167平方千米;河道占地总面积127公顷,其中河床58公顷、堤坝69公顷。

东平河 该河于1975~1977年开挖,西起东墩乡西墩村邵家沟,向东过澄潼河、人字河、三阳河,穿越第三沟、第二沟,至平胜乡龙王村参鱼咀止,全长34.5千米,河道占地总面积220公顷,其中河床120公顷、公路4.8公顷、堤坝95.2公顷,沟通东墩、一沟、张轩、二沟、武宁、甘垛、平胜等地。

子婴河 该河古名子婴沟河。据清嘉庆《高邮州志》载:"子婴沟河,受宝应县子婴南北二闸之水,从时堡镇入盐城县沙沟湖,由天妃闸归海。"境内河段西起界首镇北子婴闸,东至临泽镇。1975年,新开13千米子婴干渠,恢复子婴河为交通、排水河道。1976年,废弃临泽镇冯家湾以下至大李庄的子婴河老河段,从临泽镇西冯家湾向东,经邵家舍至草堰荡,新开子婴河下段,名为临川河,长10千米。今子婴河境内河段总长17千米,占地总面积33.2公顷,其中河床20.3公顷、堤坝12.9公顷。

天菱河 该河是境西的主要骨干河道之一。位于天山乡、菱塘乡西侧,与安徽省天长县相接,系天长县秦兰涧与仪征县纪山涧、大仪涧的下游,故谓之涧河。全长12.6千米,行洪面积近100平方千米,灌溉面积5000多公顷。由于河道狭浅多弯,引洪不畅,往往溃决成灾。1966~1969年,拓宽深挖后,大大提高了提水灌溉功能。该河道占地总面积115.8公顷,其中河床65.5公顷、堤坝50.3公顷。

向阳河 该河是境西的又一主要骨干河道,为天山乡黄栋、红旗冲和送桥乡唐营、徐桥、常集涧汇流的总涧河。西起天山乡红旗桥,东至张公渡,再由丰收闸转向北,延伸至操兵坝。1978~1982年,在整治原有涧河的同时,从操兵坝沿斗潭圩外滩新开挖河道,穿越菱塘乡卫东闸至三里站,定名向阳河。该河总长25.4千米,占地总面积115公顷,其中河床60公顷、堤坝55公顷,沟通郭集、送桥、天山和菱塘四地,排灌面积50平方千米。

第二节　沟渠

　　古代,境内沟渠众多,纵横交错成网,尤以运河东部地区为甚。经过长期的自然演变和人工开挖、拓浚、裁直、改道,沟变河、河变沟的情况屡见不鲜。据清嘉庆《高邮州志》载,境内被列名目的沟渠有30条,即张家沟、陆漫沟、子婴沟、庐山沟、子泾沟、小京沟、柳沟、观沟、官沟、第一沟、第二沟、第三沟、拗沟、展沟、戴家沟、新沟、夹沟、香沟、菱丝沟、绿洋沟、封荡沟、大泾沟、小泾沟、豆子沟、郁家沟、斗门沟、胭脂沟、养老沟、盘林沟、蛇背沟。至20世纪80年代,全县共有县以上骨干沟渠14条、乡以上骨干沟渠4条。其中尤以南北向的张叶沟、小泾沟、长林沟、龙须沟、第一沟、第二沟、第三沟和东西向的二里大沟等骨干沟渠,与上述相关骨干河流组成运河东部七横八纵主要骨干河沟网。

　　张叶沟　该沟古称大泾沟。北起卸甲乡新光村,流经伯勤乡,南止于八桥乡居庄村。全长17.5千米。1974年冬,对该沟进行全面拓浚,兴建八桥地下涵洞。1986年,再次对该沟进行拓浚。河道占地总面积106.5公顷,其中河床66.3公顷、堤坝40.2公顷。该沟在交通和引水灌溉方面发挥很大作用。

　　小泾沟　该沟为古沟。北起三垛镇武宁乡南洋荡,向南穿过北澄子河,南至江都县永安镇,止于淤溪河。1990年,组织对老河北段进行拓浚。全长17.8千米。占地总面积88.83公顷,其中河床63.4公顷、堤坝25.43公顷。该沟沟通高邮县东部地区的三垛镇、卸甲乡、沙堰乡、甸垛乡、汉留乡、伯勤乡、八桥乡和江都县的永安镇、立新农场,流域面积达5333公顷,成为重点水上交通运输和引水灌溉的河道。

　　长林沟　该沟为古沟。北起三垛镇俞迁村,与北澄子河相连;向南至汉留乡姚费村,入斜丰港。全长13.5千米。沟通三垛镇、沙堰乡、甸垛乡、汉留乡。系东南部地区的一条南北向排水、引水、交通干河。

　　龙须沟　该沟古名菱丝沟,又名龙狮沟、龙狮河。今北起龙奔乡三星村,通北澄子河;南至伯勤乡合兴村,入南澄子河角子口。全长8.5千米。沟通龙奔乡、卸甲乡、伯勤乡。系中南部地区的一条干河。1958年,兴建南关大干渠,该沟被阻断。

　　第一沟　该沟为古沟。据清嘉庆《高邮州志》载:"在州治东五十里,南通运盐河,北下海陵溪。"今北起平胜乡沙贯村,南至平胜乡普团村,入北澄子河。全长9.1千米。

　　第二沟　该沟为古沟。据清嘉庆《高邮州志》载:"在州治东三十里,南通运盐河,北下海陵溪。"今北起横泾乡李家村,南至甘垛乡俞家村,入北澄子河。全长10.6千米。沟通横泾乡、平胜乡、甘垛乡。

　　第三沟　该沟为古沟。据清嘉庆《高邮州志》载:"在州治东四十里,南通运盐河,北下海陵溪。"今北起横泾乡官林村,入官垛荡,南至甘垛乡西张村,入北澄子河。1987年,拓浚北段。1988年,拓浚南段。沟通横泾乡、甘垛乡、武宁乡、三垛镇。该沟与第一沟、第二沟系东北部地区的三条南北向的排水、引水、交通干河。

　　二里大沟　该沟于1976年新开挖。西起界首镇南二里铺(二里支闸首),向东经澄潼河、范家大沟入官垛荡。全长17.2千米,占地总面积78.4公顷,其中河床38.3公顷、公路4.1公顷、堤坝36公顷。沟通界首镇、营南乡、周巷乡,系北部地区的一条东西向干河。

　　头闸干渠　该渠从1956年冬起开挖。北起清水潭,经邵家沟、绪家大桥,南至高邮头闸。1957年,又西起高邮头闸,经一沟乡、二沟乡、三垛镇,东至三阳河。全长29.9千米。此渠系境内人工开凿的最长、受益面较大的一条大干渠。

　　南关干渠　1957年冬~1958年春,为解决北澄子河至南澄子河之间农田自流灌溉问题,新开南关干渠。该渠西起南关洞,东至小泾沟,全长 17.7 千米。

第三节 湖泊

古代,境内多湖泊,尤以西部地区为多。宋秦少游诗云:"高邮西北多巨湖,累累相连如串珠,三十六湖水所潴,尤其大者为五湖。"据清《高邮州志》载,境西主要有新开湖、甓社湖、平阿湖、三湖、五湖、珠湖、张良湖、石臼湖、姜里湖、七里湖、鹅儿白湖、武安湖、塘下湖等;境东主要有绿洋湖、仲村湖、鼍潭湖、郭真湖、曲潭、司徒潭、花师潭、清水潭等。至 20 世纪 80 年代,尚存高邮湖、邵伯湖、绿洋湖的大部或部分湖面在境内,境内仅剩清水潭。

高邮湖 该湖于明万历二十三年(1595 年)由州西诸湖荡汇聚而成。据 20 世纪 80 年代调查,该水域总面积 780 平方千米,在境内水域面积 420.84 平方千米,占高邮湖水域总面积的 55.32%。详见第三章《高邮湖、淮河入江水道高邮段》。

邵伯湖 该湖位于高邮的西南部与江都、邗江二县交界处。北起新民滩,东临京杭运河,西为高邮、邗江沿湖地区,南抵江都六闸河口。该湖由泻湖演化而成,原为滨海滩上的洼地。成湖初期只是个海湾,由于海滩淤涨延伸和砂坝的封闭,在长期泥沙淤积和人为作用下,逐渐缩小分化为众多的小湖荡。据西晋郦道元《水经注》载,春秋时邵伯湖地区已有武广湖(又名武安湖),东晋太元十一年(386 年)以后,该地乡民为思念谢安筑堰灌田之德,把谢安比作周代德行高尚的召公,称为召伯,由于古代召与邵通用,境下之湖亦名邵伯湖。明代发展到 6 个小湖,据明万历《江都县志》载,"邵伯、黄子、赤岸、新城、白茆、朱家六湖皆在官河(今京杭运河)上岸,水相连"。自明万历二十年(1592 年)河道总督杨一魁在高邮湖新民滩开挖茅塘港后,高邮、邵伯两湖之水开始连通,逐步形成淮河入江水道,将 6 个小湖逐渐连为一体而形成邵伯湖。邵伯湖上承高邮湖来水,西纳湖西丘陵地区区间径流,下经六闸注入归江河道入江。

该湖属过水湖泊。湖底真高 3.2 米,死水位 3.8 米,死库容 0.2 亿立方米,一般灌溉水位 4.2 米,灌溉库容很小,仅 0.54 亿立方米。灌溉面积达 8.8 万公顷,其中高邮 0.2 万公顷。主要靠高邮湖水补给,淮河行洪期大都在 7~9 月,5~6 月经常发生灌溉水源短缺现象。每遇上游来水量小时,则利用万福闸等大中型水闸引江水或翻引江水补给。防洪水位为 8.5 米,防洪库容 5.72 亿立方米。历史最高洪水位为 8.84 米,发生在 1931 年 8 月 18 日。以 1950~1990 年 41 年水文资料统计,年平均入江洪水为 244.82 亿立方米,其中 1956 年最大为 730.6 亿立方米;1978 年大旱最小,径流量为 0。按频率计算,邵伯湖行洪流量超过 5000 立方米/秒有 23 年,约为两年一遇;行洪流量 7000 立方米/秒~10000 立方米/秒有 6 年,约为七年一遇。由于淮河洪水经常发生,历史上给邵伯湖西圩区人民带来沉重灾难。据 1990 年统计调查,该湖总面积 133.36 平方千米,其中在高邮县境内面积 53.6 平方千米(水面 20 平方千米,滩地 33.6 平方千米)。南北长 25 千米,其中高邮境内 7 千米;东西最大宽度 7.3 千米,最狭处六闸仅 1.3 千米。

绿阳湖 该湖为古湖,又称绿洋湖。系里下河洼地河道型湖泊、蓄(蓄水)滞(滞洪)性湖泊。据明隆庆《高邮州志》载,战国时称"陆阳湖"。据清《高邮州志》载:"绿阳湖,在州治南三十里,通小泾沟,西南接艾陵湖,半属甘泉。按《水经注》作陆阳湖。邑人顾天盖读书于此,旧有苾陂精舍。毛一骏有诗。"该湖大部分湖面在江都境内,仅东北一角水域属高邮境,即今八桥乡与车逻乡之间。因年久无水注入,渐成荡滩。据 1990 年调查统计,该湖湖面总面积 23.17 平方千米,其中高邮境内面积 4.88 平方千米,已被围垦面积 4.48 平方千米,今尚存面积 0.4 平方千米。

清水潭 该潭为古潭。据清《高邮州志》载,"清水潭,在州治北二十里运河堤旁。地势低洼,当河淮下流之冲,屡筑屡决。康熙三十五年改建石工,始为完固"。潭中水清如镜。每遇风浪,白浪、青浪色泽有别,波浪互不相干,蔚为奇观。据1990年调查统计,该潭总面积63.7公顷,其中水面55公顷、滩地8.7公顷。

第四节 荡滩

古代,境内水网密布、荡滩成片,故被称为水乡泽国。据清《高邮州志》载,境西有五荡,即马家荡、黄林荡、聂里荡、三里荡、扠儿荡;境东北部有九荡,即羊马儿荡、时家荡、秦家荡、张家荡、鱼池纲荡、沙母荡、草荡、井子荡、南阳荡。据1949年统计,全县共有荡滩面积2.1万公顷,蓄水量为6300万立方米。1975年,开始大面积围垦。至1990年尚存12荡,荡滩面积2446公顷,蓄水量尚剩不到1600万立方米。其中面积较大的荡滩有新民滩、芦苇场、司徒荡、洋汊荡、菜花荡、白马荡、官垛荡。

新民滩 该滩又称新平滩,系由淮河入江水道行洪形成,位于高邮湖南端、邵伯湖之北。原有总面积5610公顷。详见第三章《高邮湖、淮河入江水道高邮段》。

芦苇场 该场为湖荡,位于高邮湖东北部、宝应湖南端。原有总面积3333公顷。1987年,经调查尚剩1640公顷,其中,高邮县境内面积1247公顷,主要在界首镇境内;宝应县境面积393公顷。

1990年高邮县主要荡滩围垦一览表

单位:公顷

荡滩名称	位置	原有面积	已围垦面积	尚存面积
新民滩	—	—	—	—
芦苇场	—	—	—	—
绿洋湖	—	488	448	40
崔印荡	—	138	138	0
耿家荡	—	200	200	0
司徒荡	—	968	90	878
三荡口	—	83	60	23
唐墩荡	—	284	284	0
白马荡	—	837	557	280
官垛荡	—	2799	2405	394
洋汊荡	—	1189	793	396
菜花荡	—	3130	2749	381
其 他	—	55	(原造纸厂两处污水池)	55
合 计	—	10170	7724	2446

第五节 其他水域

自古以来,高邮境内除上述河流、沟渠、湖潭、荡滩外,还有冲、洞、湾、港、溪、塘等。20世纪80年代,经调查,境内尚存8冲、3港、2洞、1湾、1溪、3633个塘坝和2座小(二)型水库。

冲 主要集中在境西地区。其中,送桥乡有万庄冲、明庄冲、平牌冲、团结冲,天山乡有五星冲、黄楝冲、红旗冲、蔡家冲。

港 清《高邮州志》载,境西有茅塘港、罗家港、杨丝港、洋洋港、四汊港、五汊港、王家港、太师港、小堰港、吴城头港、黄白港、砂子港、青山庙港;境东有烧香港、卖菜港、曹家港、南沙港、马踏港。20世纪80年代,尚存汤庄乡和沙堰乡之间的斜丰港,郭集乡的十字港,菱塘回族乡的小堰港。

涧 菱塘回族乡有杨家涧、龚家涧。

湾 清《高邮州志》载,境内有丁家湾、曹家湾、父子湾、落帆湾、白水湾等。20世纪80年代,尚存一沟乡与二沟乡之间的戚家湾。

溪 清《高邮州志》载,境西有石梁溪、平阿溪、樊良溪;境东有海陵溪,跨高邮、兴化、宝应三县,西入射阳湖。20世纪80年代,尚存汤庄乡的海陵溪,北至平胜乡河口村,南至兴化县老阁庄,大部分水域在汤庄乡。

塘 清《高邮州志》载,州城东北有月塘,州城南有马饮塘,州城西有万家塘、卞塘,州治西有茅塘、裴公塘、麻塘、盘塘、柘塘。经20世纪80年代调查,境西大小塘坝达到3633个;境东新增污水处理塘2个。

第六节 水资源

水资源量

地表水 按高邮水文站雨量资料选取出各型代表年,平水年(ρ=50%)代表年型为1976年,中等干旱年(ρ=75%)代表年型为1961年,特殊干旱年(ρ=95%)代表年型为1978年,现状水平代表年型为1990年。经分析计算,县境地表水资源评价量:平水年型为2.29亿立方米,中等干旱年型为1.13亿立方米,特殊干旱年型为0.67亿立方米,现状水平年型为2.63亿立方米。

过境水 高邮县过境水,西部有高邮湖,淮河洪水在此调蓄,是山丘地区和沿湖圩区的主要水源;东部有三阳河,每当里下河自流引江时,经宜陵北闸将江水送至三垛以北,是运东圩区引江的主要通道;中部大运河纵贯南北,境内长达43千米,沿东堤建有9座涵闸洞,设计最大过水流量145.14立方米/秒,自流灌溉4.2万公顷。

1976~1990年高邮县各代表年过境水量情况表

单位:亿立方米

过境水量 代表年	三河闸 (淮水)	大运河		三阳河 (江水)
		(淮水)	(江水)	
1976年	77.40	20.45	19.86	正在开挖
1978年	1.41	15.55	49.67	12.81
1990年	122.99	38.55	18.10	3.85

地下水 高邮县地下水可分为潜水和多层承压水,其中潜水埋深0.5~2.5米,单井日出水量10立方米~20立方米。第Ⅰ承压水顶板埋深40米左右,单井日出水量500立方米左右;第Ⅱ承压水顶板埋深110~130米,单井最大日出水量2000立方米~3000立方米。以上是目前主要开采的深层水。第Ⅲ承压水顶板埋深一般在180米以下,单井日出水量可达2000立方米以上。1990年全县深井已达67眼,总开采量为489.84万立方米。

用水量

农业用水　据高邮县水利部门对1990年全县作物生长期内降雨和不同阶段作物需水量及灌溉面积计算,各片区不同频率的农业用水量均不相同。

1990年高邮县各片区农业总用水量情况表

单位:万立方米

频率 ＼ 片区	东部圩田区	沿运高平田区	沿湖圩田区	低丘平岗区	全县合计
ρ=50%	31520.19	49863.27	5162.49	6654.88	93200.83
ρ=75%	35948.43	56178.62	6047.86	7664.37	105839.28
ρ=95%	51006.83	74602.07	8428.77	11307.87	145345.54
现状年(1990年)	34069.70	50195.32	5301.26	7249.66	96815.94

非农业用水　据调查,1990年全县非农业用水共6485.04万立方米,其中,工业用水量2384.58万立方米,生活用水量2182.14万立方米,其他用水量1918.32万立方米。

1990年高邮县各片区非农业用水量情况表

单位:万立方米

项目 ＼ 片区	东部圩田区	沿运高平田区	沿湖圩田区	低丘平岗区	合计
工业用水	473.75	1654.31	110.32	146.20	2384.58
生活用水	779.19	1143.75	121.27	137.93	2182.14
其他用水	539.37	1083.20	107.41	188.34	1918.32
小计	1792.31	3381.26	339.00	472.47	6485.04

水量平衡

经高邮县水利部门对全县水资源供需平衡分析,在现有工程条件下,对管理水平、用水条件、工农业和人口布局等情况下遇到不同保证率的降水而出现的水资源供需矛盾,采取分片进行,从上年10月~当年5月按月平衡,当年6月~9月按5日平衡。

1990年高邮县水资源供需平衡情况表

单位:亿立方米

年　型	可利用水资源量	总用水量	缺水	废弃	余缺情况
平水年(ρ=50%)	117922	93199	2478	31610	平衡
中等干旱年(ρ=75%)	130939	105837	6143	30108	沿运高平田区、东部圩田区平衡,沿湖圩田区、低丘平岗区缺水
特殊干旱年(ρ=95%)	139649	145343	14294	8599	沿运高平田区、东部圩田区平衡,沿湖圩田区、低丘平岗区缺水
1990年	129752	96814	961	28328	平　衡

全县水资源供需基本平衡,其中沿运高平田区和东部圩田区为平衡区,水源有江都抽水站和三阳河引江水补给,水资源丰富,东部圩田区还可利用自流灌区的部分回归水;沿湖圩田区和低丘平岗区在旱年均为缺水区,其中低丘平岗区最大缺水5600万立方米,主要是当淮河流域与高邮县域同步发

生干旱时,高邮湖水位得不到补给,局部出现湖干,两区无水可取。

水质

水质现状　高邮县历史上地表水和地下水水质较好。随着工农业生产的迅速发展和人民消费水平的较快提高,而环境治理相对滞后,造成污染逐年加重。1990年排放工业污水1751万吨,生活污水300万吨。城区污染源,首先是化工行业,年废水排放量达702.3万吨,占工业污水总量的40.1%;其次是造纸行业,年废水排放量为433.2万吨,占工业污水总量的24.7%;居第三位的是食品行业,年排污量为290.4万吨。溶解氧、化学耗氧量、氨氮、亚硝酸盐氮和挥发酚等不合规定水质标准。在乡镇企业中主要是小冶炼、蓄电池、小化工、小造纸产生的污水,废渣造成的占地和敞开式的料场因雨淋引起的二次污染危害趋势逐年加剧。

根据1990年主要河流水质监测成果显示,大运河、三阳河的水质最好,基本上未受污染,属尚清洁水体;张叶沟、子婴河和新横泾河水质基本清洁;澄潼河、东平河在张轩乡以南河段属轻度污染河段;老横泾河城区段、北澄子河为最严重污染河段,有关指标已大大差于Ⅲ类水质标准,溶解氧常年为零,导致该段河面出现黑臭时间达300天以上。

1990年高邮县主要河湖水质监测数据情况表

单位:毫克/升

河湖名称	项目	PH值	溶解氧	化学耗氧量	氨氮	亚硝酸盐氮	挥发酚	水质类型
高邮湖	平均值 超标率%	8.1 0	6.6 0	3.6 0	0.34 0	— 	— 	Ⅱ类水质
京杭运河	平均值 超标率%	7.88 0	7.99 0	4.02 0	0.75 16.17	0.068 16.7	0.001 0	Ⅲ类水质
张叶沟	平均值 超标率%	7.68 0	6.72 33.3	4.22 0	0.48 0	0.044 16.7	0.001 0	基本清洁
北澄子河	平均值 超标率%	7.37 0	0 0	105 100	4.00 100	0.023 0	0.511 83.3	重污染
横泾河	平均值 超标率%	7.69 0	5.76 16.7	6.75 33.3	1.37 33.3	0.075 33.3	0.001 0	基本清洁
子婴河	平均值 超标率%	7.69 0	6.28 16.7	4.99 16.7	0.81 16.7	0.058 16.7	0.001 0	Ⅲ类水质

污水治理　县内地表水除个别河段污染严重外,大部分河流为轻度污染。随着工业的迅速发展和城镇人口的增加,排污量逐年加大,水环境质量明显恶化。1990年工业污水排放量达1751万吨,特别是北澄子河上段污染特别严重,广大群众要求治污的呼声逐年提高。县人民政府1988年专门成立县环境保护局,开展以治污为重点的环境保护工作。首先,制定"八·五"计划期间环境质量规划目标,提出主要河流水质控制在国家三类水质标准以上,工业废水排放量120吨/万元产值,工业废水处理率30%,化学耗氧量削减为6.69吨/天。其次,采取强制措施,控制污染源发展,按照"谁污染,谁治理"的原则,运用经济杠杆,促进企业加大治污的自觉性,对城区污染重点大户造纸厂、染化厂、化肥厂、助剂厂、冶炼厂等实施专项治理,限期解决污水排放,并加强污水排放监督管理。由于经费投入不足,治污设备差,加上设备运转不够正常,超标排放的现象时有发生,污水治理工作有待进一步加强。

第三章　高邮湖、淮河入江水道高邮段

　　高邮湖是由自然和人为因素而形成的湖泊,系过水性湖泊。位于江苏省中部和淮河下游中部,地处东经 119°06′~119°25′、北纬 32°42′~33°02′,行政区划分属江苏、安徽两省,地跨高邮、天长、金湖和宝应四县。高邮湖长 48 千米,最大宽度 28 千米,总面积 780 平方千米,为江苏省的第三大淡水湖。

　　高邮湖既是淮河入江水道的重要通道,又是高邮、仪征、江都、邗江、金湖、天长等六县市农田灌溉水源的供给地。淮河入江水道上接洪泽湖三河闸,下经廖家沟三江营入江,共长 156 千米,分上、中、下三段。高邮湖以上为上段,长 55 千米;高邮湖、邵伯湖为中段,长 60 千米;邵伯湖六闸以下为下段,称归江河段,由壁虎河、新河、凤凰河、太平河、金湾河、运盐河汇入芒稻河、廖河沟,达小夹江至三江营入长江,长 41 千米。淮河入江水道上承淮河上中游 15.82 万平方千米的来水,历史上盛涨的高邮湖水经常冲决里运河堤防,给里下河人民带来灾害。

　　1950 年,政务院发布《关于治理淮河的决定》。1951 年,国家主席毛泽东发出“一定要把淮河修好”的号召。1952 年冬,开始在洪泽湖三河口兴建 63 孔净宽 630 米的三河闸,使淮河洪水初步得到控制。1954 年,淮河流域发生特大洪水,高邮人民全力以赴清除淮河入江水道行洪障碍,加高培厚沿湖圩堤。1958 年冬,高邮、宝应两县自发修筑穿金沟直达高邮湖的入江水道堤防,因工程量大、劳力少,中途下马,但初具规模,这是淮河入江水道的第一次治理。江苏省水利厅基于淮河下游出路尚未解决、干流堤防抗洪能力低、洪涝矛盾日趋尖锐的问题,于 1967 年 8 月 19 日报请水利电力部审批,对淮河三河以下的行洪路线(有三条:一是仍在迂回曲折的高宝湖滩地原道行洪;二是银集行洪道;三是金沟入江水道),经比较,仍采用 1956 年制定的金沟入江水道方案。1969 年 10 月,开始按淮河流域规划行洪 1.2 万立方米/秒的水位相应超高 2.5 米的要求,对淮河入江水道全面治理。1969 年冬~1971 年春,新筑三河拦河坝、金沟改道东西堤和水汕子隔堤,使淮河洪水由金沟改道直至施尖入高邮湖,改变过去迂回曲折的排洪状况。20 世纪 70~80 年代,在高邮湖内清除行洪障碍,兴建湖滨乡庄台和新民滩控制工程,加固沿湖防洪大圩,进一步提高高邮湖主要堤防防洪能力。

第一节　高邮湖

　　成因　高邮湖是由古代的许多水湖连并而成的。据地质勘探资料记载,江淮之间陆地史前时期,是一片汪洋大海;在全新世初期(距今约 1 万年前),形成为长江三角洲北侧的一个浅海湾。这个海湾西起现在的高邮湖,南首由蜀冈古陆向东继续延伸至入海的沙咀(即赤岸),北由古淮河南岸向东不断延伸至入海的沙咀。今高邮城附近则是孤立于海洋中的一座被称做“高沙”的小沙墩,所以高邮又有“高沙”的别称。

　　随着长江、淮河两个三角洲的不断向前推进,在距今 7000 年前,江淮之间陆地开始在今江都、高邮、宝应、淮安之间互相连接,境西即今高邮湖区“以天长、六合七十二涧之水”流入,相互连通,“未尝一片汪洋”。春秋以后,境内基本形成为泻湖浅洼平原,局部浅洼地段有湖泊,如见之于记载的樊良湖、津湖等。至宋代,境西诸水发展为珠湖、平阿湖、甓社湖、樊良湖、新开湖等较大湖泊。宋秦少游诗云:

"高邮西北多巨湖,累累相贯如连珠"。宋元丰时,发运副使蒋之齐诗云:"三十六湖水所潴,其间尤大为五湖"。

金明昌五年(宋光宗绍熙五年,1194 年),黄河大决阳武(今河南省原阳县境内),由泗水故道入淮,金政权不但不加堵塞,反而乘势利导之,以宋为壑,从此黄河夺淮,黄、淮合流,历时 661 年。黄河南泛,对淮河流域的水利影响很大,由于黄淮水患经常发生,使里运河以西诸小湖湖面不断扩大。据明隆庆《高邮州志》记载,其时高邮湖地区已由宋代的五湖扩大为五荡十二湖。五荡为黄林荡、马家荡、聂里荡、三里荡、汊儿荡,十二湖为新开湖、甓社湖、珠湖、五湖、平阿湖、石臼湖、七里湖、张良湖、鹅儿白湖、塘下湖、姜里湖和津湖。

明嘉靖四十四年(1565 年)至万历二十年(1592 年),潘季驯四任总理河道,采取以堤束水、以水攻沙的方法,使河道基本归于一流,结束了几百年多道分流入淮的局面。由于黄河逐渐集中注入淮河,黄强淮弱,淮不敌黄,倒灌洪泽湖,危及明祖陵。明万历二十四年(1596 年),总河杨一魁分疏黄淮,建武安墩、高良涧、周家桥三闸,浚茅塘港,开金湾河,建金湾三座减水闸,泄淮水由芒稻河入江,使高宝诸湖成为淮河下游入江水道。由于这条入江水道过于狭小,每遇暴涨,洪水不及宣泄,就停蓄在高邮诸湖内,使诸小湖相连成为高邮湖。连天无涯,难以区别。后来以堤上的闸坝来划分,自南向北,六闸以北、车逻坝以南为邵伯湖,车逻坝以北、清水潭以南为高邮湖,清水潭以北、子婴闸以南为界首湖(原称"津湖"),子婴闸以北、大瓦甸以南为氾光湖,大瓦甸以北、宝应城以南为宝应湖,宝应城以北为白马湖。1958 年,建筑穿金沟直达高邮湖的入江水道堤防。从 1969 年起,新建三河拦河大坝和大汕子隔堤,使淮水由金沟改直至施尖入高邮湖,高邮湖与宝应湖被分开。

高邮湖由金湖县施尖向南,至天菱河,进入高邮。天菱河西为安徽省天长县,东为菱塘回族乡。菱塘、郭集大圩伸入高邮湖中。郭集大圩东侧为杨庄河,河口建有杨庄闸,杨庄闸向东,有一条略高出高邮湖滩面的土质矮堤,延伸至里运河西堤,称为高邮湖控制线,用以淮水行洪以后截断高邮湖、邵伯湖,中有港汊,各港均建漫水闸控制,把湖水分开,闸上游为高邮湖,闸下游为邵伯湖。

水源与容量　高邮湖水的来源,以洪泽湖下泄之水和湖西丘陵山区河流流入之水为主。一是洪泽湖下泄之水。明清时,由于黄淮水患严重,通过洪泽湖下泄的淮水也逐渐增多。明万历二十四年,杨一魁建武安墩、高良涧、周家桥等三闸,"总口宽为三十四丈四尺"。清康熙三年(1664 年),以上三闸失效。康熙十九年(1680 年),河臣靳辅建武安墩、高良涧、周家桥、古沟东、古沟西、唐埂等六坝,"总口宽扩至一百七十余丈"。康熙四十年(1701 年),改建减水坝为三座滚水石坝,"总口宽二百丈"。乾隆二十年(1755 年),又增建两座滚水坝,计为五坝,"总口宽三百二十丈"。咸丰六年(1856 年),三河坝被决开,冲跌深塘,足抵五坝河之宣泄,实全淮水势,顺性南趋,常年下注。民国 10 年(1921 年)9 月 19 日,经江淮水利测量局测量,由三河南下的流量为 9378.2 立方米 / 秒。1953 年,在洪泽湖三河口建成三河闸,洪泽湖来水得到控制。1974 年~1985 年 11 月,三河闸平均每年下泄流量为 162.61 亿立方米,占高邮湖总水量的 95% 以上。一般以 7、8、9 月开闸最多,约占全年来水量的 74.18%,最大来水量集中在 8 月份,占全年的 30.46%。所以行洪期仅 3 个月左右,此期间 99% 的来水都经过高邮湖入江,农业灌溉用水仅占 1%,从而出现排洪期 7~8 月大量洪水入湖,而农村夏栽最需水的 4~6 月却少水入湖的矛盾。二是高邮湖西丘陵山区河流流入之水。湖西丘陵山区的白塔河、铜龙河、秦栏河、杨林河、王桥河区间径流,包括湖区积雨区面积共 3063 平方千米,其中地表径流汇流面积 2400 平方千米,以年径流量 20 万立方米 / 平方千米计算,地表径流量约为 4.8 亿立方米。天长县有水库十余个,库容 2.8 亿立方米,因此平水年份约有 2 亿立方米水入湖。湖水位与入湖径流量的多少关系极大,一般每年自 6 月份明显起涨,8 月份达最高水位,以后水位开始下降,至翌年 1~3 月水位为最低时期。

高邮湖容量较大。清光绪三十二年(1906 年),测得湖水位 7.99 米,可蓄水 51 亿立方米。但由于在发展演变过程中,不断接受入湖河流所携带的泥沙沉积,以及湖内各种生物残体的沉积,湖底被不断地淤高,滩面扩大。1956 年公滩面积 1133 公顷,1961 年公滩面积 1533 公顷,五年内就扩大 400 公顷,因而使容积缩小。今湖底海拔 3.5~4.5 米,在死水位 5 米时,库容(即蓄水)4.6 亿立方米;当水位升至 6 米时,灌溉库容 10.8 亿立方米;当水位升至 8 米时,库容增至 26.2 亿立方米;当达到最高防洪水位 9.5 米时,防洪库容为 27 亿立方米。

范围与面积　高邮湖流域范围为:湖东以里运河(京杭运河)为界;南侧偏东以高邮湖控制线与邵伯湖毗邻;偏西抵郭集、菱塘大圩;西侧与金湖县淮南大圩、天长县白塔圩为界;北至大汕子隔堤,与宝应湖相望。

清光绪三十二年(1906 年),测得高邮湖(含宝应湖)"南北长二百余里,东西最宽五十余里,窄者二三十里不等,面积为一千四百三十平方千米"。1969 年,高邮湖与宝应湖被分开后,高邮湖长 48 千米,最大宽度 28 千米,水域总面积为:当水位在 5.55 米时,高邮湖水域总面积为 760.67 平方千米,其中水面积 648 平方千米、苇滩和堤坝面积 112.67 平方千米;在境内水域面积为 420.84 平方千米,占高邮湖水域总面积的 55.32%,其中水面积 392.82 平方千米、苇滩 26.26 平方千米、堤坝 1.76 平方千米。当水位在 8.5 米以上时,高邮湖水域总面积为 780 平方千米,其中在境内水域面积为 431.5 平方千米。至 1990 年底,高邮湖面积未发生明显变化;湖岸总长 202.5 千米,其中人工堤岸 185 千米,多数为块石堤岸。

自然特征　高邮湖区是凹陷带西缘,受西部低山丘陵和缓隆升的影响,逐渐形成。西部和南部湖岸分别属低丘平岗和高平田地区,北部宝应湖湖岸为黄淮冲积平原。因此,高邮湖湖盆呈西高东低的地势,但湖底颇为平坦。1913 年,测得湖底平均真高为 3 米,最低为 1 米。由于湖底不断被淤高,至 20 世纪 80 年代,湖底平均真高被抬高至 4~4.5 米,最低为 3.5 米。

高邮湖水深年平均值为 1.5~2 米。较深处在冈板头至百家荡口,平均水深 2.2 米;其次在东荡南,平均水深 2 米;在乔家尖处为 1.36 米。受泄洪影响,水深季平均值 2~3 米。泄洪期最大水深季均值 3.5 米,枯水期最小水深季均值为 0.7 米。

高邮湖地处北亚热带气候区。年平均气温 14.4℃,极端最高气温 39.3℃,极端最低气温 -16.9℃。湖水水温南部平均值为 16.6℃,北部为 15.9℃,水温变化幅度值在 6℃~32℃ 之间。高温期为 5~8 月,水温在 25℃~31.5℃ 之间;低温期在当年 11 月~次年 2 月,水温在 5℃~10℃ 之间。年平均相对湿度 80% 左右,年变化幅度值在 76%~83% 之间。年平均风速 3.3 米/秒~3.7 米/秒。

高邮湖底土壤在湖西、湖南部多为砂质土,湖东、湖北部多为淤泥土。湖底为含腐殖质丰富的浮淤、粉砂质、粘土质淤泥。水生植物茂盛,水质肥沃,形成良好的鱼类栖息环境。深淤区分布于高邮湖湖心地带。底质多为深淤和浮淤。无淤区分布在高邮湖西北部横桥外口、乔尖和冈板头外。底质颗粒呈由北向南逐渐变细的分布规律。据水文部门实测,1974~1984 年的 11 年间,高邮湖输进泥沙累计达 4516 万吨,按 44% 淤积量、取容重 1.7 吨/每立方米计算,折合成 1168 万立方米,平均每年淤积量 180 万吨、106 万立方米。

流量与水位　高邮湖是淮河入江水道的重要组成部分,上承洪泽湖水,经三河闸下泄入高邮湖,再经漫水闸进入邵伯湖,而后入长江。淮河干流平均年径流量为 268 亿立方米,90% 以上是从三河闸经高邮湖入江的。高邮湖的年平均水位为 5.7 米。但是,高邮湖入水流量与水位因受淮河流域水情丰枯的直接影响,变化极大。入湖径流量最大流量如 1956 年为 702.6 亿立方米,最小流量如 1978 年为 1.17 亿立方米;湖水最高水位如 1931 年 8 月 15 日为 9.46 米,大旱年份如 1929 年、1936 年、1978 年曾发生断流,1936 年 11 月 8 日的水位降低到 3.10 米,1978 年 7 月 4 日水位为 3.59 米。一年之内变化亦较大,一般变化幅度值为 2~3 米,1954 年的最大变化幅度值达到 5.12 米。1979 年上半年竟干涸 6 个月,直至 7 月才见水,7 月 28 日水位竟升至 7.71 米,年平均值仅为 3 米。

1921~1990年三河闸较大泄水量年份高邮湖最高水位表

年份	三河闸最大流量（立方米/秒）	出现日期 月	日	高邮湖最高水位（米）	出现日期 月	日	年份	三河闸最大流量（立方米/秒）	出现日期 月	日	高邮湖最高水位（米）	出现日期 月	日
1921	9399	9	14	9.39	9	19	1972	6610	7	8	7.85	7	12
1931	11120	8	13	9.46	8	15	1975	5550	8	23	7.85	8	22
1950	6950	8	13	8.62	8	22	1979	6000			7.71	7	28
1954	10700	8	6	9.38	8	25	1980	5500	6	26	7.83	7	3
1956	7630	7	18	8.57	7	18	1982	5690	8	13	7.89	8	13
1957	6520	8	1	7.90	8	6	1984	5810	9	9	7.92	9	15
1963	8010	8	3	8.64	9	1	1986	5970	7	25	7.85	7	30
1965	7840	8	5	8.80	8	5	1987	5400	9	1	7.85	9	5
1968	5550	7	26	7.99	8	2	1989	5000	7	14	7.38	7	21
1969	6000	7	23	7.67	7	26	1990	6750	7	21	7.39	7	27

1953~1990年部分年份高邮湖水位表

单位:米

水位年份	最高水位 值（米）	月	日	最低水位 值（米）	月	日	年均值（米）	水位年份	最高水位 值（米）	月	日	最低水位 值（米）	月	日	年均值（米）
1953	6.9	9	4	4.21	11	17	5.22	1965	8.80	8	5	4.39	6	25	5.83
1954	9.38	8	25	4.26	4	26	6.27	1967	6.00	12	28	4.29	2	19	5.09
1956	8.57	7	18	4.92	12	31	6.38	1978	5.83	1	15	3.53	6	18	
1958	7.16	8	29	4.29	12	4	5.37	1979	7.71	7	28	干涸	1~6		3.00
1959	6.46	6	5	4.20	2	6	5.51	1980	8.10	7	26	5.21	5	31	6.04
1961	5.93	9	29	4.00	2	28	5.06	1985	7.18	10	31	5.31	8	24	5.84
1962	7.42	9	16	4.44	6	22	5.64	1990	—	—	—	—	—	—	—
1963	8.64	9	1	5.20	2	7	6.39								

水质与污染　高邮湖水系碳酸钙组Ⅰ型类型水，平均总硬度2.13毫克/升,呈弱碱性水质的软水,透明度平均值为15厘米左右。湖水中氯离子（CL^-）年均值变幅14毫克/升~17毫克/升,硫酸根离子（SO_4^{2-}）年均值变幅14毫克/升~20毫克/升,碳酸氢根离子（HCO^-）年均值变幅110毫克/升~140毫克/升,钙离子（Ca^{2+}）年均值变幅27毫克/升~37毫克/升,镁离子（Mg^{2+}）年均值变幅6.3毫克/升~9.5毫克/升,钾离子（K^+）、钠离子（Na^+）年均值变幅13毫克/升~23毫克/升,矿化度年均值变幅200毫克/升~260毫克/升,酸碱度年均值变幅7.5毫克/升~8.1毫克/升,溶解氧年均值变幅9.1毫克/升~10毫克/升,有机物耗氧量平均值变幅6毫克/升~8毫克/升,三态氮年均值变幅0.5毫克/升~1.2毫克/升,总磷年均值变幅在0.48毫克/升~1.10毫克/升,硅酸盐年均值变幅3毫克/升~8毫克/升。

　　据1985年统计,沿湖各县入湖污染物总量1043万吨,其中化学耗氧量和挥发性酚所占比重分别为45.5%和25.3%。

据 1987 年县环保监测站测定结果评价,除耗氧量略超二级标准外,其余指标均在二级标准以内,基本符合地表水 II 类水标准。

1987 年高邮湖水质评价分级标准对照表

单位:毫克/升

	I 类	II 类	III 类	高邮湖 值	评价
PH 值		6.5~8.5		8.4	
色度	≤ 10	≤ 15	≤ 25	—	I
溶解氧	饱和率≥ 90%	≥ 60%	≥ 40%	84%	II
耗氧量	≤ 2	≤ 4	≤ 6	4.55	III
挥发性酚	≤ 0.001	≤ 0.005	≤ 0.01	—	I
氢化物	≤ 0.01	≤ 0.05	≤ 0.1	—	I
砷	≤ 0.01	≤ 0.04	≤ 0.08	—	I
总汞	≤ 0.0001	≤ 0.0005	≤ 0.001	0.000028	I
镉	≤ 0.001	≤ 0.005	≤ 0.01	—	I
六价铬	≤ 0.01	≤ 0.02	≤ 0.05	—	I
铅	≤ 0.01	≤ 0.05	≤ 0.1	0.011	II
铜	≤ 0.005	≤ 0.01	≤ 0.03	0.0074	II
总磷		≤ 0.1		0.057	II
总氮		≤ 1.0		0.494	II

生态与资源 高邮湖生态环境较好,资源颇丰。据 1961 年中国科学院南京植物研究所、水产部长江水产科学研究所、中国科学院南京地理研究所和 20 世纪 80 年代江苏高宝邵伯湖渔业资源调查组先后两次调查,高邮湖中藻类有 172 种,隶属于 8 门 33 科 79 属,藻类平均数从 1961 年的 6.4 万个/升上升到 1987 年的 16.33 万个/升,生物量 0.245 毫克/升,其中蓝藻数量及生物量为最大,分别占总数的 57.08%、46.35%;水生植物有 191 种,隶属于 56 科 131 属,主要有芦、蒲、荻、菰、莲、芡实、菱、浮萍、眼子菜、苦菜、聚草等;浮游动物有 159 个种属,从属于原生动物类、轮虫类、枝角类、桡足类等四大类,平均数从 1961 年的 762 个/升下降到 1987 年的 477.4 个/升,重量为 4.605 毫克/升;底栖动物有 38 种,隶属于软体、环节、节枝等 3 门和双壳、腹足 2 类,以河蚬、蚌、螺、虾、蟹等为主,其中河蚬密度从 1961 年的 154 个/平方米下降到 1987 年的 80.5 个/平方米;鱼类有 70 种,隶属于 41 属 17 科 9 目,其中食用价值较高的有鲥、鲚、银、鲤、鲫、草、青、鳡、鳜、鳟、鳎、鲴、鳊、鲢、鳙、鳛、鲌、鲶、鳜鳗、鳢、鳝等 30 余种主要鱼类和泥鳅、麦穗鱼、船钉鱼等 17 种小型鱼类,鱼种、产量均呈现逐年减少的态势;两栖动物 5 种,其中爬行类主要有鳖、龟、赤链蛇、黑眉锦蛇、乌梢蛇、蝮蛇和蛙类等;兽类主要有野兔、黄鼠狼、刺猬等;鸟类主要是迁徙水禽,如雁、鸭类在湖区越冬,曾出现过丹顶鹤、灰鹤等。1985 年,高邮湖水产品捕获量为 2491 吨。20 世纪 80 年代,高邮湖滩年产芦苇 1 万多吨。

高邮湖具有丰富的水资源,供湖周边的高邮、金湖、天长、仪征等县农业灌溉、生活用水、水产养殖、交通航运和给邵伯湖补充水源。地下还储有石油资源等,20 世纪 80 年代,已探明马头庄油田(郭集至湖滨)含油面积 1.38 平方千米,储量为 60.49 万吨。

第二节　清障工程

清障　高邮湖至邵伯湖须穿过东西宽 8 千米,南北长 8.8 千米的新民滩,滩面高程 5.5~6.5 米,为淮河入江水道的行洪区,湖水位 6 米以上即漫滩行洪。明万历二十四年(1596 年),总河尚书杨一魁新辟入江水道时,曾于此开挖茅塘港。至清初,发展到新河港、王家港、陆家港、新茅塘港、旧茅塘港 5 道港汊。至 20 世纪 40 年代,又发展到戴桥港、新河港、大汕子、小汕子、孙家沟、老王港、新王港、茅塘港、三汊河、杨庄河、头河、摆渡(一)、摆渡(二)、黄鳝沟、马头河(一)、马头河(二)等 16 道港汊,合计口宽 766 米。高邮湖湖水在未漫滩时,全靠这 16 道港汊渲泄,当湖水位达到 5.7 米时,可渲泄湖水 893 立方米 / 秒。50~60 年代,新民滩有自然村庄百余个,被圈圩垦殖的有胡庄圩、夹沟圩、梁山圩、吕戚小圩、柏庄圩、大官滩圩、王港圩、毛港圩等 8 个圩口,有熟田 330 多公顷,圩顶真高 7.5~8.0 米,其余有柴滩近 1500 多公顷,蒿草 1300 多公顷,荒草田 1700 多公顷,由于滩高港浅,庄台林立,芦苇丛生,阻水严重,50~70 年代,多次采取破圩、清除庄基、割柴草等清障措施。主要有:

毛塘港切滩。1950 年,淮河下游工程局决定,东从王港起,西至毛港河道,北起高邮湖口,南止邵伯湖口,长约 4.5 千米、宽约 700 米范围内的所有庄台圩堤、硬草树木一律清除。工程分两期施工,第一期工程,动员高邮、江都、宝应、兴化、泰县、仪征 6 个县 2.19 万人,2390 条船,于 12 月 27 日开工,切除毛港滩地,平均挖深 0.4 米,于 1951 年 2 月上旬结束,完成土方 60 万立方米;第二期工程,动员江都、仪征、泰县 3 个县 9250 人,于 1951 年 3 月 1 日全面开工,3 月 30 日全面完成。后因民工多染上血吸虫病,改切滩为破圩还湖,拓宽行洪道,破除毛港、合兴、胡庄、吴家嘴、王港东、旧夹沟、陈庄等 7 个圩口,迁移居民 4 个村 791 户、3266 人,清除房基 196 座,伐树 73727 棵,迁移坟墓 227 座,完成土方 34.84 万立方米。苏北行署拨付大米 1500 吨。

破除尹庄圩。1956 年以前,新民滩每年汛期都要破圩行洪。1956 年,由省调入抓斗式挖泥机船 2 艘,在尹庄圩赵庄、小营、柳坝、金王庄、孙庄等处切口破圩行洪。动员 452 人、船 30 条,完成土方 1.86 万立方米。

挖除庄台南北小圩。1970 年,动员 1.2 万人,继续挖除王港以东庄台南北小圩 2800 米、庄基 173 个,完成土方 125.76 万立方米。同时,拆除房屋 2700 多间、牛棚 197 座,砍伐树木 30 多万株。

清除灭螺小圩。从 1971 年起,为消灭血吸虫病,在新民滩王港以东 1867 公顷滩地上,圈圩药浸灭螺,至 1980 年,滩面钉螺基本上消灭。在圈圩药浸时期,每年冬季动员 400 人 ~500 人圈圩加埂,十年间共圈大小圩口 114 个,顶宽 1 米,圩顶真高 6.5 米,内外坡 1:1,长达 105.8 千米,冬建春拆,以便行洪,先后拆除横向圩埂 52 条,长 45.2 千米,完成土方 6.66 万立方米。

割除柴草。王港以东的新民滩有近 1500 公顷地芦苇,汛期影响行洪。从 1950 年开始,凡遇大水年份,每年都于汛前动员 1000 多人、近 200 条船,进行清障割柴。先后组织割柴 13 次。由于芦苇是当地居民的一项主要经济收入,经常割柴影响群众收入,动员当地群众割柴难度较大。从 1979 年起,在汛前组织外地劳力来滩地割柴,由省拨经费 75 万元作为当地居民开展副业生产的补助资金。

湖滨乡庄台建设　1970 年,为确保行洪,清除滩面庄基,解决群众迁居及渔民定居问题,经江苏省治淮工程指挥部批准,在小汕子河以东,距大运河西堤 1.3 千米,顺水流方向新筑庄台一座。确定庄台南北长 8800 米,顶宽 18 米,顶真高 11~11.5 米,内外坡 1:3,西坡做干砌块石护坡,取土结合挖河,在庄台西侧新开台河 1 道,河底宽 70 米,河底高程 2.5~3 米,两端挖通高邮湖和邵伯湖,将原分散居住在滩面上的群众迁移到新庄台集中居住。为有利于群众生产生活的需要,在新庄台以东至运河西堤 1.3 千米之间的滩面上进行垦植,南北两端各筑圩堤一道,圩堤顶宽 1 米,真高不得高于 6.5 米,不影响行洪,庄台河以西滩面,不再种植。

该项工程由高邮入江水道工程团负责施工。从 1970 年 9 月开始准备,11 月下旬,动员 23 个乡 2.45 万人进行施工。1971 年 3 月,保留常备民工 2600 人继续施工,到 6 月中旬工程全部结工。实做土方 240 万立方米,实做工日 149.3 万个,新民滩上的居民 1182 户、5301 人迁移到新庄台定居,开垦良田 733 公顷,投资 220 万元。

1978 年,江苏省防汛防旱指挥部指出:"1970 年举办淮河入江水道工程时,对滩地居住群众的生产生活,均作安排,先后下达补助费 75 万元,为考虑不影响群众的收入,同意庄台与运河西堤之间的滩地,开荒造田,一水一麦,为进一步创造保麦条件,同意适当提高南北控制线上子堰的标准,但顶高不得超过高程 8 米,顶宽不得大于 1 米,原砌块石护坡拆除到高程 7 米,当高邮湖水位达到 7.5 米,并有上涨到 8 米的趋势时,必须立即破圩行洪。"居民众迁居庄台后,陆续开垦良田 733 公顷,人口增加到 1 万人左右,庄台住不下,未经批准即在庄台坡上和 1.3 千米行洪道中建房,增加新的行洪障碍。1984 年,湖滨乡政府组织群众加大南北圩堤子堰标准,高程达 9.5 米,顶宽 5.0 米,块石护坡高程也在 8.0 米以上,省、市防汛部门多次干涉,均未奏效。

新民滩"以垦代清"　高邮湖新民滩滩面较高,芦苇、杂草丛生,特别是王港河以东有 1300 多公顷硬柴生长茂盛,高达 3 米以上,是行洪的主要障碍。淮河要泄洪,新民滩要清障,湖滨乡每年在盛夏农忙季节都要进行割柴清障。这项工作年复一年,成为每年防汛工作的一大包袱,耗费国家财力,耗费大量的人力和物力。为解决这一问题,自 1971 年以来,湖滨乡逐步在新民滩开垦 200 多公顷,种植三麦,进行"以垦代清"的小块试验。实践证明,高杆芦苇最易枯萎退化,有明显抑制生长的效果,凡开垦滩面基本无阻洪作用。新民滩属淤泥沼泽地,土质比较肥沃,据土壤调查,表层有机质含量在 0.7%~2.48% 左右,三麦平均产量 225 千克~250 千克。至 1987 年 16 年时间内,除两年洪水来得早,未获全收,一年发秋水推迟播种影响产量外,其余 14 年均为好收成,收获率达 85% 以上。滩面耕翻,植被削弱,防洪冲刷尤为关键。根据三麦生长的规律,从播种到收割,需 200 多天时间,到初夏收割时表土已基本板结,麦收后到 6 月下旬,田面杂草已长高 0.5 米左右,已具备固土防冲的能力。为做好水土保持工作,在汛期要严格控制滩面耕耙,开垦后在滩面的洪水进出口各留 100~200 米宽带状软滩,以削减洪水冲刷,同时规定不圈圩、不筑埂,确保行洪无阻,水土保护完好。"以垦代清"的小块试验获得了成功。

1987 年,国务院为防大汛,专门下发《关于清除行洪蓄洪障碍保障防洪安全的紧急通知》(〔1987〕54 号),江苏省、扬州市领导到高邮新民滩动员、部署清障工作。6 月 23 日,湖滨乡组织 2000 多人、200 多条运输船连续奋战 15 天,完成既定清障任务。7 月 9 日,江苏省、扬州市、高邮县三级防汛指挥部组织人员到实地检查验收。湖滨乡在这次清障中作出较大的牺牲,大批劳力投入割柴后,影响到圩内中稻、杂交稻和经济作物的田间管理,影响渔业管理和捕捞生产,同时,高温季节在湖滩割柴,饮食不便,前后有 500 多人中暑生病,影响群众身体健康。常年清障的支出和损失远远超过当地人民的承受能力,群众负担不起,割下来的柴又无利用价值。为从根本上解决清障问题,湖滨乡政府提出对新民滩要采取永久性清障措施,在保证不影响行洪的前提下,进行开发利用。清障检查验收组建议:由高邮会同湖滨乡提出具体规划方案,逐级报上级水利部门审查。于是,高邮县水利局会同湖滨乡政府在总结上述经验的基础上,正式上报"以垦代清"的方案,很快得到省、市水利部门的批准。经实地查勘,新民滩需要机械耕翻的柴滩共 1670 公顷,其中王港河以东的连片柴滩 1330 公顷,王港河以西的零星柴滩 340 公顷。新民滩生长芦苇的滩面较高,一般一年露滩时间 9 个月以上,有足够的时间进行耕耙。

是年 10 月 27 日,湖滨乡成立由 18 人组成的新民滩开发公司,专门负责"以垦代清"工作。扬州市政府领导先从泰州红旗农场调给 2 台东方红 75 型、1 台东方红 60 型履带式拖拉机(包括推土铲头及犁耙),支持湖滨乡开发。湖滨乡自行组织 1 台东方红 60 型履带式拖拉机和 2 台丰收 50 型联合收割机(包括犁耙)投入开垦,由于芦柴再生能力强,耕耙次数为第一年三耕六耙,第二年二耕三耙,以后一耕二耙。到 1990 年，王港河以东 1330 公顷硬柴滩全部耕翻结束，共种植小麦近 1000 公顷，投资 32 万元。

为巩固清障成果，由入江水道管理所和湖滨乡采取联合管理组织形式，负责新民滩清障和开发利用工作，并规定，凡国家投资购置的机具设备，由入江水道管理所负责管理和养护；湖滨乡负责组织清障开发经营管理，并按耕耙工作量及机器租用的规定向管理所交纳机具折旧费、大修理费、运行费和机具维修养护费。此外，每年还按滩面生产经营产值的 3% 上交管理费，以解决必要的防冲设施维护和管理人员开支。

新民滩以垦代清

第三节　入江水道堤防

明万历年间，始筑洪泽湖大堤（高家堰），"蓄清刷黄"。由于洪泽湖水位抬高，淮水经常淹没高邮运河以西的低洼湖区，使沿湖大片土地沦入水底；干旱之年湖底涸出滩地，杂草丛生，沿湖居民筑圩兴垦，与水争地。至民国末年，建有大小圩口 167 个，堤高仅 2.0 米多，顶宽 1 米，由于圩口零星分散，圩身低矮单薄，经常破圩成灾。

新中国成立后，随着防洪和发展农业生产的需要，对防洪圩堤逐年进行培修加固，砌筑块石护坡，兴建涵闸等，入江水道沿湖堤防防洪能力逐年提高。

沿湖大堤　20 世纪 50 年代，曾连续发生大水，由于原有沿湖圩堤基础差，均破圩成灾。1954 年冬、1956 年春和 1957 年春，三次组织复堤运动，每年组织 3.1 万人施工，共完成土方 144.35 万立方米，支出经费 48.32 万元。重点是加高培厚、填塘固基、减轻隐患。1957 年冬，由菱塘区委组织 4500 人修复郭集圩堤，采取联圩并圩措施，郭集乡将尤家、沈圈、巴圩、谈桥、赵庄、富庄、郭集、新河、大营、尹庄、戚桥等小圩口联为尹庄圩，牛卵、平安、德华、孙巷、甘露等圩口联为毛港圩，还有陆桥圩因保持陆桥河航运交通未与其他圩相联；送桥乡将斗坛、常北、阮庄、常南、李庄、牛庄等圩口联为斗坛圩。经过几个冬春的努力，至 1960 年前，郭集圩堤已能防御湖水水位 7.0~7.5 米。1963 年、1965 年两次洪水，高邮湖水位分别达到 8.64 米、8.8 米，组织沿湖群众自筹毛竹、木桩、门板、草包等器材抢险加固，从而保住尹庄圩，保护面积 1500 公顷。是年冬季，又开始第二次联圩并圩，送桥乡将红庄、凉月、马桥等圩口联为红马圩；菱塘乡将骑龙 11 个圩口联为骑龙圩，将高庄 4 个圩口与佟桥 2 个圩口联为佟桥圩，五星 4 个圩口联为五星圩；天山乡将义兴、罗家、殷家小圩、林庄后圩等圩口联为大联圩。同时，还在牧马湖新垦备战和备荒两个圩口，扩大耕地面积 554 公顷。通过逐年加固培修，至 60 年代末，郭集圩除东北拐圩段外，其余圩段真高达 8.5~9.0 米，骑龙、备战等圩段真高达 8.0~8.5 米，明庄、林场等圩段真高也达 7.0~7.5 米，顶宽达到 2~3 米，坡比 1:2 左右。

1969 年和 1970 年冬春季，为提高沿湖圩堤的防洪能力，结合入江水道的治理，对沿湖圩堤进行加高培厚和第三次联圩并圩。动员运东 11 个乡 8544 人和郭集乡 1500 人，将甘露北至杨庄河漫水闸 9500 米圩段进行培修加固，标准达到真高 12 米，顶宽 5 米，内坡 1:2.5，外坡在真高 7 米以上为 1:3，并在真高 7 米处加做顶宽 10 米林台，完成土方 221 万立方米、169 万工日。1971 年 12 月初，全县组织 22 个乡 2.2 万人，将尹庄、斗坛、毛港、陆桥等 4 个圩口联成郭集大圩，并从牛卵圩至大营圩拐，德华圩段至操兵坝和沈圈圩段采取裁弯取直，缩短防洪线 895 米，扩大可耕地 167 公顷，将菱塘乡的骑龙、佟桥、高庄、王姚、夏桥、新桥、卫东、张灯等8个圩口联成卫东大圩,至1972年2月5日完成,加固圩堤全长33753米,完成土方292.49万立方米,投资131.76万元。至此,新中国成立前的沿湖167个圩口联为24个圩口,缩短防洪线93千米。

1972~1990年底,运西各乡每年均动员3000多人,对大圩继续进行除险加固,中小圩口加高培厚,提高御洪能力。1982年,还在郭集、卫东大圩筑高11米的安全墩24个,计12679平方米,以防大堤出险便于群众临时避居,至1984年基本结束,共完成土方16.5万立方米,投资6万元。

块石护坡　高邮湖水面宽、吹程远、浪头大,土堤经不起风浪袭击。1963年、1965年两次破圩均因台风袭击而坍塌溃决。故每年汛期组织200多架片硪,在迎水坡反复打硪,但仍经不起风浪袭击。1964年冬,在1.8千米的甘露、斗坛等迎浪险段进行干砌块石护坡试点,石坡脚真高7.0米,石顶高程9.5米,厚度0.35米,坡比1:3,此后逐年加做。1970年前,完成郭集大圩甘露、操兵坝、张家洼、菜花港等堤段石坡长约8.97千米,砌石方3.14万立方米。1970~1972年2月,结合入江水道治理,又完成郭集大圩石坡8.93千米,卫东大圩石坡2.92千米,砌石方6.40万立方米,石顶真高改为10.5米,至此,共完成块石护坡总长20.82千米。由于已砌石坡顶低脚高,抗浪能力差,每年均需组织劳力整修石坡及填补堤脚

高邮湖块石护坡

下浪窝浪洞。1972年后,又将原砌石坡重点堤段接脚加顶,下接至真高5.5~6.0米,上加至10.5~11米,并在甘露胡庄圩段北采用混凝土灌砌600米,同时对其他迎浪险段和备战、备荒圩继续砌石坡。至1979年底,完成砌石坡8.26千米,1980~1985年又继续干砌石坡7.33千米,其中浆砌石坡599米。

涵闸洞　新中国成立前,沿湖圩堤上没有排引涵闸,冬季积肥交通、夏季排水引水均靠堵坝头。各圩有大小坝头125座,特别是夏季旱涝交错时开堵频繁,每年汛前均动员大批劳力备足沟门积土。但往往因洪水猛涨堵闭不及时,致使外水倒灌,造成涝灾,也有因坝头单薄,汛期出险。1964年冬,开始兴建沿湖涵闸洞。至1990年,共完成单、套闸8座,引水洞33座,排水洞92座。主要涵闸有:

操兵坝闸。位于郭集大圩斗坛圩段,是排引交通大闸。1964年兴建,1965年5月完成。孔宽4米,孔高8.5米,底高3米,块石混凝土结构。原为叠梁式木坊闸门,1975年,改建为钢板闸门,配10吨绳鼓启闭机。

皮套闸。位于郭集大圩皮家套,为引、排、交闸。1970年5月建造。孔宽4米,孔高6米,底高2.5米。原为块石混凝土结构,砼薄壳乙字门,手拉启闭,于1979年改为直升式钢板闸门,配10吨螺杆式启闭机。

朝阳套闸。位于郭集大圩杨庄河闸下,为引、排、交闸。1972年5月兴建。孔宽5米,孔高7米,底高2.5米。原为块石混凝土结构,砼薄壳乙字门,手拉启闭。1980年改建为直升式钢板闸门,配10吨螺杆式启闭机。

毛港套闸。位于郭集大圩毛港,为引、排、交闸。1970年5月建。孔宽4米,孔高5.5米,底高3米。原为块石混凝土结构,砼乙字闸门,手拉启闭。1980年改为人字钢闸门。

丰收闸。位于郭集大圩侯家窑,为排、引、交闸。1973年兴建。孔宽4.8米,孔高7.5米,底高3米。原为块石混凝土结

操兵坝闸

构,砼乙字闸门,手拉开关。1981 年改为直升式钢闸门,配 10 吨螺杆式启闭机。

卫东套闸。位于卫东大圩,为排、引、交闸。1973 年兴建。孔宽 5.4 米,孔高 7 米,底高 3 米。块石混凝土结构墙,砼乙字闸门,手拉开关。今下闸门启闭不灵,无挡浪板,需要改建。

沿湖大圩经过 30 多年建设,防洪标准有较大提高。24 个圩口有 65 个村、52909 人口、耕地 6452 公顷,圩堤长 140.77 千米,干砌石坡 36.41 千米,包括水泥浆砌 6.20 千米。其中,万亩以上大圩 2 个,耕地 3988 公顷,圩堤长 57.25 千米,堤顶高程 10~11.3 米,顶宽 4~5 米,已砌

毛港闸

石坡 24.38 千米,防御湖水位 9.0 米,但尚未达到设计标准。圩堤上建有 7 座闸,4 座引水闸洞,3 座排水洞。270 公顷以上中圩 4 个,耕地 1204 公顷,圩堤长 28.68 千米,已砌石坡 6 千米,堤顶高程 10~11 米,顶宽 3~4 米,可防御高邮湖水位 8.7 米。圩上建有 1 座闸,7 座引水洞,16 座排水洞。270 公顷以下小圩 18 个,耕地 1260 公顷,圩长 54.84 千米,堤顶高程 9~10 米,顶宽 2~3 米,仅能防御高邮湖水位 8.3 米,圩上建有引水洞 22 座,排水洞 53 座,无块石护坡。

按照淮河入江水道行洪 1.2 万立方米/秒的要求,沿湖大、中、小圩未达标准,防浪设施差,病闸病洞多,经不起大风大浪的袭击,人称沿湖圩堤有"三怕":怕 8000 立方米/秒流量、怕 8 米水位、怕 8 级台风,每到汛期压力很大,成为防汛的一大包袱。

1990 年高邮湖各港漫水闸情况表

闸　名	地　点	兴建年月	国家投资（万元）	孔数	孔宽（米）	总宽（米）	门顶高程（米）	闸底高度（米）	最大泄量（立方米/秒）	船闸	
										宽（米）	长（米）
庄台闸	庄台河北	1972.11	45	25	4.0	122.9	6.0	2.5	350	7.0	66.4
新王港闸	王家港	1972.11	25	18	4.0	83.9	6.0	2.0	250	—	—
王港闸	王家港	1962.11	30	20	2.5	64.5	6.0	3.5	240	—	—
新港闸	新港	1967.10	35	28	4.0	137.6	6.0	2.5	385	6.0	15.0
毛港闸	毛塘港	1970.05	15	13	4.0	61.2	6.0	2.5	150	—	—
杨庄闸	杨庄河	1970.05	50	38	4.0	177.5	6.0	2.5	500	—	—
合　计			200	142		544.5	6.0		1875		

第四节　高邮湖控制工程

高邮湖两岸有两省六个县 9.33 万公顷农田需用高邮湖水灌溉,其中,高邮县 1.2 万公顷,金湖县 1.67 万公顷,安徽天长县 2.33 万公顷,邵伯湖地区江都、邗江、仪征县 4.13 万公顷。

清光绪十七年(1891 年)至宣统元年(1909 年),有五年进行堵港(堵塞高邮湖至邵伯湖之间的行水道,让高邮湖水流入运河)。民国年间,在牧马湖打坝蓄水,解决菱塘、天山 3000 公顷农田灌溉水源问题。

20 世纪 50 年代以后,因淮河上中游开始层层拦蓄,将洪泽湖水通过三河闸经中山河北调,因而

洪泽湖下泄流量受到一定的限制。为利用高邮湖水灌溉，1953 年起，每年汛后都将滩面各港用柴土堵闭，并在大运河西堤至郭集圩的湖滩上，沿湖建成一条长 10.3 千米的控制线，以便蓄水灌溉。但此种临时打坝蓄水的方法非常被动，拆堵频繁。据有关资料统计，单王港、新河、新港、大汕子、毛塘等 5 港，每堵一次就需用大柴 7.23 吨、稻草 0.42 吨、柳枕 0.25 吨，大缆 1680 米、小缆 504 并（每并 50~60 米）、土方 1.02 立方米，需经费 12.8 万元，动员 800 人~1000 人。从 1953 年至 1963 年的十年内，共堵拆坝 291 坝次，花人工 30 多万个工日，耗用大柴 8.95 万吨，国家为此投资经费 124.7 万元。为解决这一问题，自 1962 年开始兴建老王港漫水闸，1967 年兴建

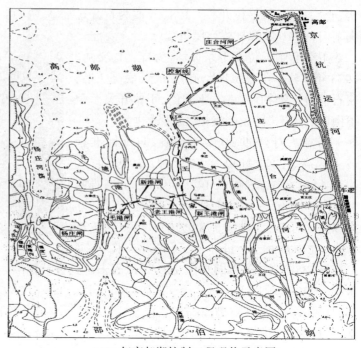

1990 年高邮湖控制工程现状示意图

新港漫水闸，1970 年兴建毛港漫水闸、杨庄河漫水闸，1972 年兴建庄台河漫水闸、新王港漫水闸。共计建成 6 座闸 142 孔，孔宽除老王港为 2.5 米外，其余均宽 4 米，总净宽 544.5 米；闸底高程除老王港 3.5 米外，其余为 2.0~2.5 米，闸门门顶高程 6.0 米。共完成土方 57.56 万立方米，石方 1.99 万立方米，混凝土 0.76 万立方米。共投资 200 万元。当高邮湖水位 6 米时，可行流量 1875 立方米／秒。三河闸下泄流量 2000 立方米／秒以下，通过各闸及时启闭，可以不漫滩行洪，正常年份可控制高邮湖蓄水位 5.6~6.0 米，最大蓄水量达 10 亿立方米，补给高邮湖、邵伯湖周边农田用水和改善扬州市城区水质。

第五节　芦苇场开发

高邮湖中的界首滩，北起高邮、宝应两县交界的天兴河，南至六安闸，长 10 千米；东起高邮湖运河堤，西至高邮、金湖两县交界的大汕子，宽 7 千米。该滩原是淮河入江的行洪走廊。自从 1969 年在滩西 30 千米的地方新辟入江水道，在滩北筑起大汕子隔堤滩，该滩失去行洪能力，仅起一定的滞涝作用。界首滩原有芦苇面积约 1000 公顷，另有 4000 多公顷浅水新滩，真高 4.2~5.5 米，正常水位 6.0 米，枯水位 4.8 米，滩面较平，土质肥沃，水源充裕，自然条件优越，适宜芦苇生长。1979 年 8 月 27 日，经轻工业部同意，在界首滩建立造纸工业芦苇原料基地。工程要点是通过在界首滩迎湖三面筑真高 7.0~7.5 米的圩堤，挡住春汛，以利苇苗生长，进入夏汛，因芦苇长到一定高度，洪水可以漫圩滞涝。

从 1979 年 1 月起，高邮县芦苇场工程团成立并进行开发施工。经过四年的努力，至 1982 年 12 月底竣工，完成围垦面积 3500 公顷，筑堤 22.88 千米，开挖河道 35.22 千米，干砌块石护坡 5.3 千米，完成土方 249.84 万立方米，新建双孔进出水涵洞 1 座、配电站 1 座、泵船式排水站 1 座，新建生产、管理用房 354 平方米，投资 348.05 万元。高邮芦苇场既为江苏省造纸业提供了一定的原料，也为高邮县发展水产养殖业和开发旅游提供了良好的环境和基础。

第一期工程　该项工程在高邮县水利建设史上是罕见的，群众称之为"三淤"工程，即挖淤泥、开淤河、筑淤堤。淤泥的含水量率为 40%~65%，个别工段达 70%，自然干容重很小，一般为 1:1，空隙比一般为 1.5 左右，土的抗剪强度很弱，凝聚力 0.01 千克／平方厘米~0.11 千克／平方厘米，静止状态下

的内摩擦角为 2°~10°,渗透系数一般小于 10^{-8} 厘米/秒。因此淤土具有"软、粘、滑、游"四大特点,大堤筑到一定高度,容易发生"鼓、拐、瘫"。施工方法是:在取土区南北两边开挖龙沟,在 5~10 米距离内开挖篦子沟,扩大通风日照面积,这不仅创造了渗水条件,而且能及时排除雨后积水,降低土壤的含水量。接着进行翻土晒土,减轻土容量,降低土压力。在篦子沟之间做挑土路道,垫上大柴或竹挑,再铺上干土,使烂路变成干路。在进行淤土筑堤时,由于淤土承载力低,含水量大,容量发生沉陷塌坡,新筑的大堤采取复式断面,通过做大堤二道平台加大坡度,阻止堤身沉塌和堤脚隆起。另外严格控制进土速度,采取薄层分批从堤脚进土,先做好堤坡,后做堤身,进土加加停停,以加强土壤的承载力,减少"鼓、拐、瘫"。首期工程动员 15 个乡(镇)1.2 万人,从 1979 年 1 月 1 日起开工,历时四个多月,到 5 月初结工,围垦面积 3500 公顷,筑堤 22.88 千米(结合开挖北、西环圩河),开南北中心河 3.58 千米,筑防浪子堰 11.46 千米,完成土方 173.34 万立方米。新建 1600 千伏安容量的配电站 1 座,架设 10 千伏输变电线路 3.18 千米,建立泵船式排水站 1 座,配备 28 吋轴流泵和 155 千瓦电机各 6 台,流量为 10.44 立方米/秒,增种芦苇 667 公顷、芦竹根 200 吨、树苗 21 万棵,投资 250 多万元。

　　第二期工程　1981 年冬,进行芦苇场第二期工程。该期工程量主要是:加高培厚圩堤,提高芦苇场的防汛能力;开挖南、东环圩河等圩内河道,改善芦苇场内部的生产条件;进行大面积植苇。从 1981 年 12 月 25 日开工到 1982 年 3 月 23 日完工,共动员 5200 多人,完成圩堤加高培厚 20.35 千米,淤滩开河 17.68 千米,完成土方 76.5 万立方米;完成圩堤块石护坡 5.3 千米,其中南圩 4.92 千米、北圩 181 米、西圩 202 米,完成石方 11.55 万立方米;新建直径为 1 米的双孔进出水涵洞 1 座,新建生产管理用房 354 平方米,投资 98 万元。

第四章　京杭运河高邮段

　　周敬王三十四年(公元前486年)，吴王夫差始筑邗沟，穿境而过。邗沟被称为中渎水，又称合渎渠。至唐代，邗沟又被称为漕河或漕渠。其中，高邮段被称为高邮大漕河，亦称高邮官河。至宋代，漕河(漕渠)改称为扬楚运河。元代，扬楚运河成为京杭运河的一段，淮阴至瓜洲段又称为里运河，高邮段便称为京杭运河高邮段，或称里运河高邮段。该河段北起高邮、宝应交界的子婴闸，南至江都的露筋镇北，全长43.43千米。

　　新中国成立前，里运河河道弯曲狭窄，堤防矮小单薄，险工林立，涵闸分布不均，隐患甚多，防洪、灌溉、航运能力很差。新中国成立后，经过多年整治，面貌发生很大变化。运河新西堤顶宽扩大到6~12米，堤顶真高12.5米，东堤顶宽10~15米，堤顶真高10.5~11米。河道底宽70米，河底真高2.0米。运河的输水能力大为增强，由原来的150立方米/秒，扩大到350立方米/秒。年单向货运量可达3000万吨，2000吨级的船舶和船队畅通无阻。京杭运河已成为一条航运、调水、灌溉、防洪、排涝、旅游等综合利用的河道。

第一节　河段形成

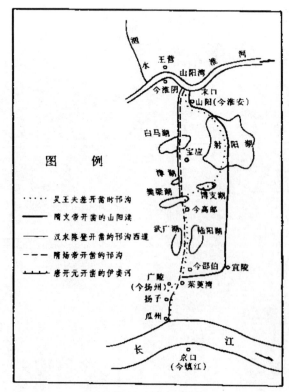

里运河历次开凿示意图

　　春秋末期(公元前486年)，吴王夫差为北上伐齐，与晋国争霸，在今扬州市北筑邗城，开挖深沟，经过邗城城下向北，经武广、陆阳两湖入樊良湖，转向东北入博芝、射阳两湖，又折向西，到末口入淮河。这条河因临邗城，被称为邗沟。由于邗沟主要利用天然湖泊，局部人工挖河连贯起来的，所以河浅迁曲，向东绕一个大湾子，历史上称为东道。汉献帝建安二年(197年)，邗沟东道淤隔，广陵太守(驻今淮阴)陈登对邗沟进行了一次较大幅度的改线，穿樊良湖北注津湖(今界首湖)，更凿马濑(今白马湖)，北至末口入淮，将樊良、射阳、白马三湖中间的大湾道裁掉，西北入淮，开西道捷径，即今里运河之前身。

　　隋大业元年(605年)，隋炀帝杨广诏发淮南民夫十余万人，重开、扩开邗沟，经过扬子(今三汊河)到山阳(今淮安)，以沟通淮水，"渠广四十步，旁植以柳"。

　　宋初，在甓社湖以东形成新开湖，漕渠被沉入水下，漕船行于湖上。景德年间(1004~1007年)，江淮发运使李溥以新开湖多风涛,令东下漕船,俱载石输高邮新开湖中,积为长堤,使漕舟无患。天禧四年(1020年),江淮发运副使张纶"筑漕河堤二百里。于高邮北旁锢以巨石为十硅,以泄横流"。此为里运河有西堤之始。

明洪武九年(1376年),朝廷采纳宝应老人柏丛桂的建议,"重筑高邮、宝应湖堤六十余里,两侧砌石护岸。又于界首到槐角楼之间,开筑直渠四十里,运道不复由湖"。此为里运河有东堤之始。宣德七年(1432年),平江伯陈瑄于高邮老湖堤以东"凿渠四十里,以避风涛之险"。弘治三年(1490年),户部侍郎白昂以"运舟入新开

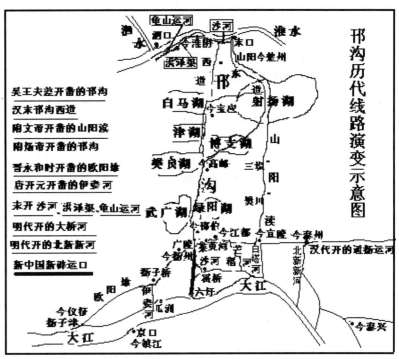

邢沟线路演变图

湖多覆溺,开复河于高邮堤东,南起高邮北三里之杭家嘴,向北到张家沟止,长四十余里,广十丈,深一丈有余,两堤皆拥土为堤,桩木砖石之固如湖岸,首尾有闸与湖相通,岸之东又设闸四、涵洞一,每湖水盛涨时,从此减泄,自是运舟不复由湖,往来者无风涛之虞,人获康济,被赐名为康济河"。神宗万历四年(1576年),漕运总督吴桂芳修复高邮诸湖老堤,"紧靠西堤挑筑康济越河四十里,并以中堤为东堤,原有东堤遂废"。万历二十八年(1600年),总督河漕尚书刘东星"开界首越河,南起永兴港,北至双桥口止,长一千八百八十九丈八尺,建南北金门石闸二座,自是运河不复由界首湖,又自露筋庙向南至一沟铺开邵伯越河,长十八里,自是运道不复由邵伯湖"。

清康熙十六年(1677年),总河都御史靳辅奉旨修筑漕堤。因清水潭经常决口,复改筑永安新河(即今马棚湾),建东西土堤两道,"东堤长六百五丈,西堤长九百二十一丈五尺",首尾皆与旧堤相连。于是,里运河东西堤形成,运道与高邮湖从此基本分隔开,而成为今天的里运河。

第二节　高邮段整治

新中国成立前的运河整治工程

京杭运河在历史上起过重要作用,但由于历代统治者不重视治理,任其衰败,到清末民初,河堤破碎,水道淤塞,枯水时节仅能通行几吨的小木船,大船难以通航,失去航运功能。

民国16年(1927年)3月,国民政府设立导淮委员会,尽管"导淮""治淮"的调子喊得很高,但在里运河上仅开展一些堵口、复堤、修补工程而已,对于百孔千疮的里运河堤防根本无济于事。

民国20年里运河堵口复堤工程 民国20年(1931年)大水,"里运河西堤决口20处,长约1640米(492.4丈);东堤决口26处,长约2953米(886丈)"。水灾过后,由国民政府省江北运河工程善后委员会十四区工程局、华洋义赈会等机构,联合进行堵复。高邮县境内,西堤堵口4处,即挡军楼对岸、庙巷口对岸、南关坝对岸、新坝对岸。从10月13日开工,至11月26日完工,耗用工费8.04万元。

"东堤堵口 6 处,长约 1323 米(397 丈),改做埽工 4 处(挡军楼、庙巷口、七公殿、卅里铺),土工 2 处(御码头、廿里铺)"。从民国 21 年(1932 年)1 月 11 日开工,到 10 月 21 日完工,投资 36.28 万元,完成土方 10.21 万立方米。

砌筑挡军楼段东堤石工工程 运河东堤挡军楼段,座湾迎溜,堤身单薄。民国 20 年大水时,"决口约 553 米(166 丈),为运河各决口之最大处。以下两决口为庙巷口长约 213 米(64 丈),七公殿长约 75 米(22.5 丈)"。民国 22 年(1933 年),由江北运河工程局商请华洋义赈会,拨款改建石工工程。冬季开工,至次年 5 月完工,投资 13.26 万元。

里运河东堤改埽为石工程 里运河东西堤凡属座弯迎溜或紧对港口之处,以筑埽工防护,闸洞口门两旁亦添埽工掩护石墙。国民政府为坚实运堤和节省工程器材,决定将运河东西堤埽工全部改为土坡和块石护坡,工程分两期进行施工。第一期,民国 24 年(1935 年)4 月开工,7 月完工。第二期,11 月开工,次年 4 月完工。改良护岸工程 17 处,改良涵闸护岸工程 28 处,改埽工为土坡工程 23 处,投资 25.2 万元。

苏皖边区抗日民主政府的运河整治工程 民国 34 年(1945 年)12 月,苏皖边区抗日民主政府在苏北全区进行整修运河工程,由边区政府拨款 12 亿元法币作为工程治理经费。南段(宝应泾河至邵伯镇),长 99 千米,由高邮、宝应、樊川三县负责施工。民国 35 年(1946 年)3 月 20 日开工,到 4 月 25 日竣工,用工 17.57 万个、用粮 774 吨,完成土方 9.87 万立方米、埽方 1.18 万立方米、石方 3.39 万立方米,使百孔千疮的里运河得以初步恢复。

民国 36 年运河堵口复堤工程 民国 36 年(1947 年)2 月,国民政府导淮委员会、江北运河工程局、行总苏宁分署三方联合进行运河堵口复堤工程。东堤除临城镇堤段外,堤面全部培厚为 10 米,高宝一段迎溜顶冲处均加做浆砌块石护岸工程,湖滨堤段加做卡砌石工以防浪袭。高邮县境内从邵伯六闸至宝应氾水,除完成东西堤复堤土方工程外,尚有二十里铺、廿五里铺西堤卡砌石工 1335 米,琵琶闸南浆砌石工 100 米,大土庵、高邮南门西堤卡砌石工 5150 米,用工 225.43 万个,用粮 1281.5 吨,完成土方 20.64 万立方米,石工 6585 米。

新中国成立后的运河整治工程

新中国成立以后,国家对运河的治理十分重视,对旧社会遗留下来破烂不堪、百孔千疮的运河实行彻底的根治,全面规划,分段实施,每年都要投资大量经费器材,动员大批民工进行治理,终于使大运河的面貌得到改变。

新中国成立初期的运河复堤工程 解放战争期间,国民党政府对运河堤防是边修边破,在东堤上建筑明暗碉堡、开挖地上地下交通,扬州段共有 96 处。1949 年 4 月,苏北行署水利局组织各县对运河堤防进行整修,高邮动员 2025 人,完成土方 5.58 万立方米,投资 2.34 万元。1950 年 4 月,动员 1.95 万人,完成土方 75.26 万立方米。1950 年冬,动员 2.91 万人,1951 年春,动员 2.47 万人,至 5 月 25 日竣工,完成土方 204.51 万立方米,投资经费 102.66 万元。

第一期运河整治工程 从 1956 年起,进行第一期运河整治,工段由江都邵伯镇至苏北灌溉总渠,全长 115 千米。从高邮城镇国寺塔到界首四里铺,在老运河东堤脚外又另开新河,长 26.5 千米,结合河床及开挖横干渠取土筑做新东堤,成二河三岸。原有高邮城西门内的镇国寺塔被隔至运河中间。高邮工段从镇国寺塔到新头闸,工长 4300 多米。1956 年 11 月开工,是年动员 1.64 万人;次年春又动员 1.98 万人,到 9 月完工,完成土方 268 万立方米,堤顶真高 10.5~11.5 米,堤顶宽达 10~14 米,河底宽 45~70 米,河底真高 3.0 米,可通航 1600 吨驳船队,初步改善运河的航运、灌溉条件,投资 473.14 万元。

第二期运河整治工程 1958~1961 年,进行第二期运河整治。用 4 年多时间,在里运河上进行裁弯取直,拓宽浚深,在高邮湖、邵伯湖 20 多米深的淤土上新建运河西堤,彻底实现运湖分立。在里运河的入江处新辟窑铺到六圩的里运河新道。高邮县施工段由高邮船闸至江高交界,工长 14.5 千米,于 1958

年冬动员 3.81 万人,于 11 月开工;1959 年春动员 4.5 万人,至 10 月结束,完成土方 922.49 万立方米,石方 2.41 万立方米,堤顶真高 12.5 米,堤顶宽 6 米,迎湖面在真高 8 米处留有宽 40~50 米的防浪林台,迎河面在真高 7.5 米处留有 5 米宽的青坎,河底真高 3.0 米,河底宽 70 米,投资 562.54 万元。

砌筑西堤石坡、石埝工程　运河西堤西临高邮湖,汛期易受长湖大浪的冲击,为历年防汛重点。为增强抗洪能力,从 1970 年起,进行运河西堤加固工程。由高邮船闸石工头起,北至界首二里铺,全长 26.49 千米。将原有的干砌块石护坡,用水泥砂浆和混凝土灌砌,并在堤顶砌筑一道高 2 米,顶宽 0.5 米的挡浪石埝,工程由高邮县淮河入江水道工程团施工,动员 4400 人,从 4 月下旬开工,至 7 月下旬竣工,完成石方 11.83 万立方米,土方 0.98 万立方米,投资 160.91 万元。接着由高邮船闸向南至江都、高邮交界处,全长为 14.5 千米,加固西堤及在迎湖面真高 5.0~9.5 米处干砌块石护坡。由兴化、宝应两县工程团负责施工,动员 1.6 万人,从 1971 年冬季开工,至次年春季竣工,共完成土方 15.3 万立方米,石方 12 万立方米,投资 115 万元。1975 年又投资 18.5 万元,对高邮船闸至江高交界运河西堤护坡石缝进行了灌浆。

1978 年,利用高邮湖干涸期间动员 3500 人,在万家塘至挡军楼 1100 米重要险段取湖滩土筑做防浪林台,林台顶真高 8 米,宽 50 米,外筑浆砌石坡。

镇国寺塔西侧原为 1956 年整治运河时的取土塘,首尾均有土埂与运河中堤相连,后由高邮镇太平、渔业大队在此养鱼,1978 年冬切除土埂通航。

老运河吹填工程　1980 年,为进一步提高运河西堤的御洪能力,江苏省水利厅批准对高邮城至界首 24.45 千米的老运河槽吹填至真高 8 米,并植树造林,作为防浪林台。7 月由上海航道局 3 条大型挖泥机船疏浚新运河土吹填入老运河,至 1982 年 6 月竣工,完成土方 400 万立方米,投资 579.5 万元。由于吹填土含水量大,局部地段下沉,高程只有 7.5 米左右。

高邮临城段拓浚工程　按照大运河达到国家二级航道标准要求,苏北运河全线尚有 247 千米浅窄段需拓宽浚深。高邮境内的临城段运河长 4 千米,航道尤为狭窄,其中 1.6 千米河底宽仅 30~40 米,且码头林立,严重碍航,需再次拓宽。拓浚高邮临城段,有 4 个方案:一是湖中筑堤;二是切除中段;三是打钢板桩;四是搬东堤。经多方论证,原拟第一、第二搬西堤扩大航道方案,因堤基淤深、堤身难稳定,不能保证这一历史险段的防汛安全;在总体设计中采用的板桩墙方案,虽占地少,但送水断面小、流速大,施工难度大,今后航道无发展余地;市、县提出搬东堤方案,虽然拆房多、占地多,但平地筑堤质量有保证,施工期较钢板桩方案可缩短 3 年。经交通部和江苏省政府同意后,动员 1.5 万人,于 1984 年 12 月 10 日开工,于 1985 年 10 月竣工,将此段河底宽扩大到 70 米,河底真高 2.0 米。

临城段拓浚工程由四个部分组成:搬迁老东堤 2.84 千米,北起染化厂,南至水泥厂,大堤东移 30~60 米,新堤顶高 11.2 米、顶宽 14 米,大堤筑成后恢复浆砌块石护坡及堤顶公路,堤顶肩口及堤坡全面按照园林式标准绿化;拓浚航道 4 千米,北起磨盘坝,南至琵琶洞,

上海东方海湾开发公司 1002 型绞式挖泥船参加运河航道施工

河底宽 70 米,河底高程 2.0 米,弯道半径大于 800 米。南端宝塔湾附近,为保护唐代古塔,弯道半径为 750 米,底宽 60 米,同时在水厂南面、肉联厂北面结合开挖港池两处,长 400 米;抢建扬淮公路改线工程 9.7 千米,路面按一级公路标准设计,宽 23 米,其中临城段长 4.3 千米,路面宽 30 米;拆迁 36 个单位 367 户、房屋 3800 多间 8 万平方米,砍伐树木 33917 棵,拆除浆砌块石 13339 吨、水泥地坪 2.3 万平方米、码头 1051 米、吊车墩 17 个、泵房 4 座、栈桥和天桥 6 道、水厂进水涵洞 1 座。

整个工程共完成土方 90.8 万立方米、石方 1.17 万立方米,投资 1000 万元,并被评为交通部部优工程。

历年岁修和块石护坡工程 新中国成立以后,大运河除进行上述几次较大规模的整治工程以外,国家每年还拨给大量经费,进行大运河堤防的岁修养护和东西堤迎河坡块石护坡等。1958~1990 年,共投资 856.21 万元,完成岁修土方 295 万立方米,修整东西堤迎河坡块石护坡 130.3 千米。其中一次性完成工作量最大的是 1980 年夏天从界首二里铺至船闸石工头中堤西坡段的整治工程,扬州市动员兴化、高邮 8000 多人参加,工程从 7 月 15 日开工,8 月 25 日竣工,完成石方 7.4 万立方米。这期工程材料运输量大,获得镇江、苏州、无锡、丹阳、南京、淮阴等地航运部门支援,抢运砂石、水利等物资 7.2 万吨,使工程如期完成。

1958~1988 年京杭运河高邮段历年岁修和块石护坡工程一览表

年份	工 程 地 点	长度(米)	结构形式
1958	清潭北塘至清潭南湾西堤迎河面	3100	干砌
1961	马棚水产至清潭南湾西堤迎河面	3140	干砌
1964	界首镇东堤迎河面	380	干砌
1965	界首闸南至清潭南湾东堤迎河面 头闸北裹头至船闸码头东堤迎河面 车逻镇东堤迎河面	12800 3240 210	干砌 干砌 干砌
1967	清潭南湾至头闸北东堤迎河面 清潭至御码头南西堤迎河面	5650 9194	干砌
1969	子婴闸至六安闸北西堤迎河面 高邮车站至宝塔湾北西堤迎河面 船闸码头至琵琶洞东堤迎河面	8585 1200 316	干砌 干砌 干砌
1971	南关坝至车逻镇北东堤迎河面 车逻镇东堤迎河面 车逻镇南东堤迎河面	4715 300 220	干砌 干砌 干砌
1972	六安闸南至马棚水产西堤迎河面 双人尽头至南关坝北东堤迎河面	5950 2500	干砌 干砌
1973	车逻坝南至廿里铺东堤迎河面 南关坝对岸西堤迎河面	7755 3000	干砌 干砌
1974	八里松对岸西堤迎河面	1180	干砌
1975	车逻镇对岸西堤迎河面	2500	干砌
1976	车逻镇南对岸西堤迎河面	1000	干砌
1977	界首轮船码头北东堤迎河面	120	干砌

（续表）

年份	工程地点	长度(米)	结构形式
1978	宝塔湾至船闸西堤迎河面	700	干砌
	车逻镇南对岸至廿里铺西堤迎河面	2370	干砌
	七里裹中堤西坡	400	干砌
	六安闸中堤西坡	500	干砌
	回龙庵中堤西坡	200	干砌
	救生港中堤西坡	300	干砌
	铁牛湾中堤西坡	500	干砌
	邵介沟中堤西坡	200	干砌
	茶庵中堤西坡	900	干砌
1979	万家塘防浪林台	11500	干砌
1980	界首二里铺到船闸石工头中堤西坡	20079	干砌砼灌浆
1981	万家塘防浪林台	1150	干砌砼灌浆
	六安闸中堤迎河面	930	干砌砼灌浆
1982	界首二里铺中堤迎河面	1438	干砌砼灌浆
	御码头中堤迎河面	380	干砌砼灌浆
	宝塔湾中堤迎河面	830	干砌砼灌浆
	荷姚闸对岸西堤迎河面	297	干砌砼灌浆
1984	汽车站对岸中堤迎河面	400	干砌砼灌浆
1986	马棚救生港北	400	浆灌砌块石
	铁牛湾—六安闸	7500	浆灌砌块石
	老西堤腰圩	300	浆灌砌块石
1987	老西堤磨盘坝	1100	浆灌砌块石
	头闸—铁牛湾	6300	浆灌砌块石
1988	西堤邵家沟	250	浆灌砌块石
	西堤东干桥	367	浆灌砌块石
合计		130299	

第三节　涵闸洞工程

　　为了渲泄高邮湖和大运河盛涨的洪水以及为沿运地区农田提供灌溉水源,历史上于运河东西两堤设置泄水闸洞。至民国10年(1921年),境内运河两岸有9闸9洞,其中,东堤6闸9洞:子婴闸、界首小闸、头闸、南关坝耳闸(即南关闸)、车逻坝耳闸(即车逻闸)、荷姚闸,普济洞、看花洞、庆丰洞、永丰洞、邵家沟洞、通湖桥洞、南水关洞、琵琶洞、八里铺洞;西堤3闸:六安闸、清安闸、救生港闸。50年代以后,国家除对原有病闸洞进行拆除维修加固外,又陆续兴建一批新启闭式闸洞。1990年底,沿运共有4闸11洞,其中东堤4闸7洞:子婴闸、界首小闸、头闸、车逻闸,周山洞、水厂引水洞、南水关洞、琵琶洞、南关洞、八里松洞、车逻洞;西堤4洞:郑家墩洞、陈桥洞、邵家沟洞、茶庵洞。主要闸洞情况分述如下:

　　改建子婴闸　子婴闸位于界首镇北,是周山灌区子婴干渠进水洞,建于清光绪十六年(1890年),为叠梁式闸门,条石结构,用于排泄淮水入海,始属宝应县管理,1953年6月划交高邮县管理。民国23年(1934年),闸上游增建浆砌块石裹头。1951年,又增做下游混凝土闸舌。1956年汛期,因该闸高度不能防御高水位,在上游闸顶加高条石3层(包括盖顶增高1米)。1962年,改为齿杆式闸门,1963年,又更换为齿杆式钢闸门。现闸身长13.50米,孔径上宽3.59米、下宽3.29米、高5.40米,闸

子婴闸

界首闸

周山洞

底高程 3.27 米,设计流量为 20 立方米 / 秒。

堵闭普济洞　普济洞位于界首子婴闸南,建于清光绪十六年(1890 年),插板式洞门,条石结构,洞身长 29.50 米,孔径宽 0.65 米、高 0.98 米。民国 24 年(1935 年),上游增建浆砌块石裹头,顶高 8.35 米,宽 2.2 米,下游增做混凝土护坦。1972 年堵闭(仅堵闭洞身两头,洞身未拆除)。

改建界首小闸　界首小闸位于界首镇,是周山灌区二里支渠的进水洞,建于清顺治十三年(1656 年),康熙五十九年(1720 年)、乾隆二十一年(1756 年)重修,叠梁式闸门,浆砌条石结构。民国 21 年(1932 年),由国民政府导淮委员会改宽加深,闸身长 9.15 米,闸底高度落低 0.53 米(一尺六寸)。民国 23 年(1934 年),又于上游增建浆砌块石裹头。1956 年汛期,因该闸高度不能防御高水位,在上游闸顶加高条石 3 层(包括盖顶增高 1 米)。1965 年,接长加固闸身,上游接长 13.1 米,闸身总长 22.25 米,加固涵洞部分长 8.2 米、宽 1.8 米、高 3.5 米,底高程 3.16 米,设计流量为 11.10 立方米 / 秒。

新建永丰洞　永丰洞位于界首镇南郑家墩附近。1951 年,为解决周山、马棚地区农田灌溉用水不足,由苏北水利局兴建,为转盘齿杆式洞门,钢筋混凝土结构。洞身长 38 米,孔径宽 1.2 米、高 1.45 米。1956 年运河整治移建老东堤时废弃,1961 年堵闭。

新建头闸、周山洞　1956 年以前,高邮镇国寺塔至界首四里铺运河东堤上有 1 闸 6 洞(头闸、看花洞、永丰洞、庆丰洞、永平洞、邵沟洞、通湖洞)。1956 年均因运河拓宽而失去原有灌排作用。1957 年,由江苏省水利厅在运河新东堤上又新建 2 座启闭式闸洞,即高邮头闸和周山洞。

头闸位于高邮城北 1.5 千米,是头闸灌区干渠的进水洞,为卷扬式钢架闸门,钢筋混凝土结构,闸身长 32.55 米,孔径宽 4 米、高 4 米,底高程 2.8 米,设计流量为 51.2 立方米 / 秒。

周山洞位于界首镇南 3.5 千米,是周山灌区周山干渠的进水闸,为齿杆式洞门,钢筋混凝土结构,洞身长 27 米,孔径宽 2.5 米、高 2.5 米,底高程 3.2 米,设计流量为 18.8 立方米 / 秒。

1958 年,封堵运河中堤(老东堤)上原有的老闸洞——看花洞、庆丰洞、永平洞、邵家沟洞、通湖洞五洞(洞身未拆)。1961 年,又拆除老头闸和西堤的六安、清安两闸,并复堤。

改建水厂引水洞　1957 年整治运河时,在高邮城运河新东堤上建引水涵洞 1 座,利用运河水源发电。1976 年 5 月,高邮水电站改建为高邮水厂,引水涵洞遂改建为水厂引水涵洞。1984 年,运河临城段拓宽时又进行洞头退建,洞尾接长,洞身共长 34.3 米,孔径宽 2.5 米、高 2.5 米,设计流量为 4 立方米 / 秒。

南水关洞、琵琶洞接长加固　南水关、琵琶洞,建于清康熙年间。乾隆五年(1740 年)时重修,插板式洞门,条石结构,供应城市居民生活用水和近郊农田灌溉。民国 23 年(1934 年),在闸上游增建浆砌块石裹头。1957 年,在运河整治工程中,进行接长加固。南水关洞接长 20 米。1972 年 6 月,因公路弯道扩宽路面,又向上游接长 16 米,洞门改为 3 吨启闭机洞门,洞身共长 51.2 米,孔径宽 0.7 米、高 0.7 米,洞底高程 2.61 米,设计流量 1.43 立方米 / 秒。琵琶洞身长 46.5 米,洞门改为 3 吨启闭机洞门,孔径宽 0.58 米、高 0.58 米,底高程上游 2.48 米,下游 2.38 米,设计流量 1.22 立方米 / 秒。

拆除南关闸　南关闸位于城南 2.5 千米的南关坝,原名南关坝耳闸,建于清咸丰七年(1857 年),为叠梁式闸门,条石结构。民国 24 年(1935 年),在闸室上游增建浆砌块石裹头。1956 年汛期,因该闸高度不能防御高水位,在上游闸顶加高条石 3 层(包括盖顶增高 1 米),闸身长 37.19 米,孔径宽 3.39 米,高 4.75 米,设计流量为 18 立方米 / 秒。1966 年 5 月,改建为 10 吨启闭机钢闸门。1975 年废弃。1984 年,运东船闸建成后,该闸全部拆除。

新建南关洞　南关洞位于城南 2.5 千米南关坝南,是南关灌区干渠进水洞,因原南关闸是病闸,加之引水进干渠要急转两个 90° 的大弯,影响干渠水位抬高。1974 年,在南关干渠首建新洞,为齿杆式钢洞门,混凝土拱涵结构。从 1 月开工,至 5 月竣工,完成土方 5.9 万立方米、石方 0.11 万立方米、混凝土 469 立方米,投资 19.65 万元。洞身长 24.9 米,孔径宽 2.8 米、高 3 米,底高程 3.0 米,设计流量为 17 立方米 / 秒。

改建八里松洞　八里松洞位于城南 4 千米中坝南,原名八里铺涵洞,是南关灌区八里支渠的进水洞。建于明嘉靖三年(1524 年),清乾隆十五年(1750 年)重修。1951 年,改建为齿杆式钢洞门,钢筋混凝土结构。洞身长 30.70 米,孔径宽 0.7 米、高 0.84 米,底高程上游 2.86 米,下游 2.71 米,设计流量为 1.76 立方米 / 秒。

改建车逻闸　车逻闸位于车逻镇车逻坝北端,又称车逻坝耳闸,是车逻灌区车逻支渠的进水闸,建于清乾隆五年(1740 年),上游增建浆砌块石裹头。1950 年,接做下游混凝土闸舌护坦。1956 年汛期,因该闸高度不能防御高水位,在上游闸顶加高条石 3 层(包括盖顶增高 1 米)。1966 年 5 月,改建为齿杆式钢闸门,闸身长为 36.79 米,孔径上宽 4.18 米、下宽 3.90 米,高 3.75 米,底高程 4.0 米,设计流量为 15.60 立方米 / 秒。

新建车逻洞　车逻洞位于车逻镇二十里铺北,是车逻灌区干渠的进水洞。1966 年,因原车逻闸、荷姚闸至干渠送水线路远,还要急转两个 90° 的大弯,影响干渠水位抬高,荷姚闸又系病闸,需要拆除,故于干渠首又新建洞 1 座,名为车逻洞。该洞齿杆式钢闸门,混凝土结构,洞身长 27.90 米,孔径宽 3.2 米、高 3.2 米,底高程 2.8 米,设计流量为 22.57 立方米 / 秒。

拆除荷姚闸　荷姚闸位于城南二十里铺以南,原是车逻灌区干渠的进水洞之一。建于明嘉靖三年(1524 年),乾隆二十六年(1761 年)重修,叠梁式闸门,条石结构。民国 23 年(1934 年),在上游增建浆砌块石裹头。1955 年,北岸墙底板窜水,底部顶石与桩之间三合土被冲刷成空隙,当时使用石灰混浆灌实,未能根治,仅在下游接做干砌块石护岸。1956 年汛期,因该闸高度不能防御高水位,在上游闸顶加高条石 3 层(包括盖顶增高 1 米),闸身长 9.5 米,孔径宽 1.58 米,高 3.59 米。1966 年新建车逻洞后被拆除。

第四节　归海坝

　　清康熙初年,高邮清水潭多次决口,里下河连续遭灾。康熙帝爱新觉罗·玄烨调安徽巡抚靳辅任河道总督,堵塞清水潭决口。清康熙二十年(1681年),为解决淮河洪水出路问题和确保漕堤不被冲坏,将高堰明代建的周桥、武家墩、高良涧3座泄洪闸改为减水坝。在运河东堤上,建宝应子婴(今属高邮),高邮永平港、南关、八里铺、柏家墩、江都鳅鱼口等共6座减水坝,泄淮河洪水经里下河入海。但是没有解决洪水排入黄海,反而倒淹里下河。

　　清康熙三十八年(1699年)三月初,康熙帝爱新觉罗·玄烨南巡,见里下河受灾严重,缘于高堰和里运河堤上减水六坝,下旨全部关闭东堤上的6座减水坝和涵洞,将高邮湖水由人字河、芒稻河(位于今江都县)入江。河道总督于成龙出于无奈上奏:"臣往来查看,再三思维,惟将泄水坝尽改为滚水坝,水涨听其自漫而保堤,水小听其涵蓄而济运,则运道、民生两有裨益。"康熙遂改变了决定。张鹏翮接任河道总督后,于康熙四十年(1701年)废除6座减水坝,改建高邮南关坝(又名五里坝)、八里铺坝、车逻坝和江都昭关坝。康熙四十七年(1708年)建高邮五里中坝,共4座滚水坝。

　　乾隆十六年(1751年),高堰又增智、信两坝,定名仁、义、礼、智、信五坝。高堰五坝泄水过多,高邮四坝难以承泄。乾隆二十二年(1757年),添建高邮南关新坝(简称新坝)。至此,运河归海五坝建成,统称为"归海五坝"。诗云:"一夜飞符开五坝,朝来屋上已牵船。田舍漂沉已可哀,中流往往见残骸。"足见归海坝名归海,实为归田。

　　从康熙十九年(1680年)至乾隆十八年(1753年),归海坝的开堵无定制,但不许轻启,必须报请批准。乾隆十九年(1754年)始订开启制度。乾隆二十二年(1757年)、道光八年(1828年)、同治六年(1867年)3次修订开启制度。宣统二年(1910年)又修订为"立秋前,高邮御马头志桩水位一丈五尺开车逻坝,一丈五尺四寸开南关坝,一丈五尺八寸开中坝,一丈六尺二寸开新坝。立秋后,一丈三尺八寸开车逻坝,一丈四尺二寸开南关坝,一丈四尺六寸开中坝,一丈五尺开新坝"。

　　据统计,从康熙三十六年(1697年)至民国27年(1938年)的242年中,共开坝188坝次,平均5年开4坝次。以道光七年(1827年)至咸丰四年(1854年)的28年间开启最频繁,平均开1.8坝次,几乎年年开坝。民国27年(1938年)6月,国民政府为阻止日军进攻武汉,在花园口炸开黄河大堤,造成黄河再次决口,使豫、皖、苏3省44县受淹,高邮运西一片汪洋。"8月25日,高邮水志一丈七尺八寸,开车逻坝。9月5日,水志一丈八尺,启新坝,运河水势渐稳,里下河却又遭灾"。这是历史上最后一次开

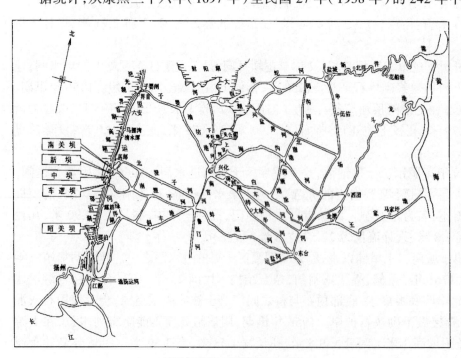

里运河归海五坝位置示意图

放归海坝。

南关坝　该坝位于城南 2.5 千米,原名五里坝。明永乐十二年(1414 年)为平江伯陈瑄所建。清康熙二十年(1681 年),经河臣靳辅改建为三合土坝。康熙四十年(1701 年)复经河臣张鹏翮改建为石坝,坝面全为条石浆砌,并改称为南关坝。据载,"南关坝金门长六十六丈(经实测为 211 米),坝底高出御码头志桩七尺五寸(经实测坝槛真高 5.47 米)"。民国 10 年(1921 年)9 月 19 日,里运河水位 9.47 米,经江淮水利测量局测量,实放流量 1655 立方米 / 秒,水下运盐河入兴化南官河,由车路河归海。民国 16 年(1927 年)、21 年(1932 年)以混凝土修补,坝身表面全部为混凝土,不见原有条石。1976 年,对南关坝进行除险加固,动员 950 人,工程从 11 月份开工,到次年 3 月竣工,加高培厚越堤,堤顶真高 10.5 米,顶宽 10 米,迎水坡从真高 5.5 米提高到 9.5 米,增做块石护坡,完成土方 13.21 万立方米,石方 0.34 万立方米,投资 19.64 万元。

1984 年,进行南关坝拆除工程。因南关坝坝身下游建成高邮运东船闸,需拆除南关坝以通航。1984 年,动员 2000 人,从 10 月份开工,到次年 5 月 20 日竣工,从南裹头向北拆除坝长 126.8 米,拆除坝面条石 6370 块,回收旧木桩 5.17 万根,完成土方 8.3 万立方米,石方 0.5 万立方米,今仅剩南坝头尚依稀可见。

新坝　该坝位于城南八里松。清乾隆二十二年(1757 年)建,坝身全为条石浆砌。据载,"新坝金门长六十六丈(经实测为 211 米),坝底高出御码头志桩四尺"。该坝泄水量最大,民国 10 年(1921 年)9 月 19 日,里运河水位 9.47 米,经江淮水利测量局测量,实放流量 2020 立方米 / 秒,水入南关坝引河。1946 年,苏皖边区政府在堤外另筑越堤一道,以防决口。民国 16 年、21 年、31 年以混凝土修补,坝身表面全部为混凝土,不见原有条石。1975 年 11 月挖去下舌条石(今尚存遗迹),进行除险加固,其工艺与车逻坝相同,共完成土方 10.90 万立方米,石方 0.15 万立方米,投资 13.88 万元。

中坝　该坝位于城南八里松洞北,原名八里铺坝。水入南关坝引河。清康熙二十年(1681 年),由河臣靳辅所建,系三合土坝。康熙四十年(1701 年),经河臣张鹏翮改建为石坝,康熙四十七年(1708 年)改建后,称五里中坝(简称中坝)。据载,"中坝金门长五十丈,坝底高出御码头志桩四尺四寸"。未建南关新坝时,此坝底较诸坝独深,不轻启放。康熙六十年(1721 年)大水,各坝启放,高邮州知州张德盛力保中坝,禾得有收,邑人王尊德为撰碑记。咸丰十年(1860 年)被废。1955 年进行翻筑,坝身被拆除。

车逻坝　该坝位于城南 7.5 千米车逻镇南,为明永乐十二年(1414 年)由平江伯陈瑄所建。清康熙十九年(1680 年),经河臣靳辅改建为三合土坝,康熙四十年(1701 年),复经河臣张鹏翮改建为石坝,坝身全为条石浆砌。据载,"车逻坝金门长六十四丈(经实测为 208 米),坝底高出御码头志桩七尺三寸(经实测坝槛真高为 5.27 米)"。民国 10 年(1921 年)9 月 19 日,里运河水位 9.47 米经江淮水利测量局测量,实放流量 963 立方米 / 秒,水下菱丝沟、运盐河

车逻坝加固工程

1990 年京杭运河高邮段涵闸情况统计表

| 涵洞名称 | 地点 | 兴建时间 | 长度 | 孔径 | | | 主要部位尺度（米） | | | | 备注 |
				上宽	下宽	高度	设计流量（立方米/秒）	闸顶高程	闸底高程	胸墙底高程	
车逻洞	二十里铺北	1966 年	27.90	3.20	3.20	3.20	22.60	10.50	2.80	6.00	
车逻闸	车逻镇南	乾隆五年（1740 年）	36.79	4.18	3.90	3.75	15.60	10.10	4.00	7.75	1966 年改建为齿杆武钢闸门
八里松洞	中坝南	嘉靖三年（1524 年）	30.70	0.70	0.70	0.84	1.76	上游 9.92 下游 5.36	上游 2.86 下游 2.71	3.70	1951 年改建为齿杆武钢闸门
南关洞	五里坝南	1974 年 5 月	24.90	2.80	2.80	3.00	17.00	11.00	3.00	6.70	
南关闸	五里坝	咸丰七年（1857 年）	37.19	3.39	3.39	4.75	18.00	10.10	上游 3.27 下游 3.17	8.02	
琵琶洞	高邮南门	康熙五十六年（1717 年）	46.50	0.58	0.58	0.58	1.22	上游 9.02 下游 6.48	上游 2.48 下游 2.38	3.06	1975 年废弃
南水关洞	高邮南门	康熙四十六年（1707 年）	51.20	0.70	0.70	0.70	1.43	7.20	2.61	3.51	
水电站	高邮城	1957 年 5 月	34.30	2.50	2.50	2.50	4.00	10.10	4.00	6.50	1976 年改为自来水厂引水洞
头闸	高邮城北	1957 年 5 月	32.55	4.00	4.00	4.00	51.20	11.10	2.80	6.80	
周山洞	界首镇七里铺	1957 年 5 月	27.00	2.50	2.50	2.50	18.80	11.10	3.20	5.70	
界首小闸	界首镇南	顺治十三年（1656 年）	22.25	1.80	1.80	3.50	11.10	上游 10.41 下游 11.1	上游 3.16 下游 3.11	6.66	
子婴闸	界首镇北	光绪十六年（1890 年）	13.50	3.59	3.29	5.40	20.00	10.10	3.27	6.77	

入兴化南官河,由车路河归海。民国16年(1927年)、21年(1932年),以混凝土修补,坝身表面全部为混凝土,不见原有条石。1973年,挖去下舌条石。在坝东脚下用三级平台复式断面进行拆石还土,动员1500人,从1月上旬全面施工,至4月中旬竣工,完成土方9.03万立方米,石方0.11万立方米,投资10.02万元。

昭关坝 该坝位于江都市。(略)

1757年高邮州归海坝基本情况表

坝名	地点	金门长		坝底高出御码头零点	归海路线
		(丈)	实测(米)		
南关坝	高邮城南五里许	66	211	7尺5寸(5.67米)	下运盐河、兴化南官河、车路河归海
新坝	高邮城南八里松	66	211	4尺(4.5米)	入南关坝引河
中坝	八里松洞北	50	—	4尺4寸(4.64米)	入南关坝引河
车逻坝	车逻镇南	64	208	7尺3寸(5.6米)	下菱丝沟、运盐河、兴化南官河、车路河归海

注:御码头水志零点高程(废黄河零点)为3.17米。

1697~1938年归海坝开坝次数统计表

项目	单位	康熙三十六年至乾隆十五年(1697~1750年)	乾隆十六年至道光六年(1751~1826年)	道光七年至咸丰四年(1827~1854年)	咸丰五年至民国27年(1855~1938年)	合计
年数	年	54	76	28	84	242
开坝次数	年	7	25	15	17	64
南关坝	次	7	21	10	9	47
新坝	次	—	10	11	8	29
中坝	次	3	10	14	—	27
车逻坝	次	6	25	15	17	63
昭关坝	次	3	8(1826年闭)	—	—	11
南关旧坝	次	4	1(1755年闭)	—	—	5
柏家墩坝	次	5	1(1755年闭)	—	—	6
合计	坝次	28	76	50	34	188
平均	坝次/年	0.5	1	1.8	0.4	0.8

第五节　通湖港口

清康熙二十年(1681年),河臣靳辅为沟通河湖水路,在里运河西堤上开挖22座通湖港口。其中有石港5座,即万家塘、杭家咀、通湖闸、夏家桥、姚港口;土港17座,即越河、施家、思贤、柳园、贾家、陈家、何家、四汊、孙家、车逻、旧越河、新越河、水庙子、南陈家、南孙家、薛家、秋子。22港长约950米(298丈)。

通湖港口的设立,沟通了大运河和高邮湖,不仅使大运河的水位为高邮湖所左右,而且也增加大运河东堤的防洪压力。清时就有"运湖分立"之议,但一直未能实现。直到新中国成立以后,国家全面整治大运河,新建运河西堤,通湖港口才最后被废除。

民国时期通湖港口的开堵　道光十三年(1833年),里运河西堤通湖的22座港口,有5座石港被塞闭,17座土港时有开堵。至民国10年(1921年),通湖港口仅存9座,即:罗家闸、越河港、施家港、贾家港、陈家港、何家港、四汊港、车逻港、水庙子港等,计长约1367米(410丈)。民国23年(1934年)7月,国民政府对里下河实施渠化,全部堵塞西堤9处通湖港口,民国24年(1935年),在越河港兴建1座小型船闸,于次年5月完工,解决河湖分隔后河湖间的通航问题。

抗日战争期间,汪伪政府又开西堤港口9座,即:越河港、贾家港、陈家港、四汊港、车逻港、车逻南港、水庙子港、二十里铺港、江都中洲会馆港,长692米。民国36年(1947年),国民政府原计划堵闭全部港口,后因粮款不敷,仅堵闭车逻南港、二十里铺港2座,长41.5米。

新中国成立后通湖港口的堵闭　新中国成立后,苏北灌溉总渠建成,里运河直接从运南闸获取水源,同时,由于彻底废除归海坝,为里运河和高邮湖分隔创造条件。1952年,高邮动员3863人,从8月10日开工,用3个月时间,堵闭7处通湖港口,共完成土方7.0万立方米。

1953年,越河港因灌溉引水被挖通,动员2000多人抢堵,从7月15日开工,到8月1日竣工,计完成土方0.59万立方米,投资1.14万元。

第六节　船闸　船坞

京杭大运河自古为南北通衢。旧时,高邮湖有通湖港口与之相通,运东地区则有绞关坝、蛤蜊坝、朱家坝(以上三坝均位于高邮城东或东北,西邻运河,东通兴化各盐场,凡西来盐货客商东往者皆于此过坝)与之相连,后经从南、北两坝,南坝在馆驿南,北坝在挡军楼北。并建有船坞4处。民国24年(1935年),国民政府在高邮运河西堤建造一座小型船闸,然与运东里下河地区仍无水路可通。1959年,除界首停泊坞被挖废外,尚存3处。1960年10月,经江苏省计划部门批准,在高邮运河东堤兴建1座船闸,但当时处于三年困难时期,受财力影响,工程未能实施完成。1984年,由国家投资,分别在高邮运河东、西堤各建造1座新型船闸。

高邮船闸　民国23年(1934年)6月,国民政府对运河实施渠化,堵闭全部通湖港口。民国24年(1935年),为沟通高邮湖与里运河之间的航运,在高邮城对岸越河港东二马桥,建造小型船闸1座,闸室净宽10米,净长30米,出入口净宽5.8米,以钢板桩作闸墙,上下闸门亦属钢制。从民国24年6月开工,至次年5月竣工,投资10.70万元。

抗日战争期间,高邮船闸除上下游闸门尚残存外,其他机械设施和管理所房屋均被彻底破坏。民国36年(1947年),国民政府运河复堤工程局拨款修复,从8月10日开工,到次年1月31日竣工,用工2596个,完成土方3427立方米,修补上下游块石护岸486立方米和修配闸门及其附属钢构件,投资3.2万元。

高邮船闸建造时系按运河水位高于湖水位单向水压力设计,若遇湖水位高于运河水位时,则在上游闸门之上游用钢丝绳拉住。这时不但无法通航,而且由于钢丝绳拉住闸门之左上角部位,使闸门受力不匀而形成扭曲。1954年汛期,因反向水位差较大而无法关闭,因而不得不临时在上游打拦河坝加以堵闭。汛后检查,发现闸门斜拉条断损,左上角向上游翘曲达30厘米。1955年,由国家拨经费进行维修,动员100多人,从9月开工,到12月完工,完成土方6769立方米,耗用钢材4.82吨,木材8.68立方米,投资2.68万元。

1984年,珠湖船闸建成后,高邮船闸被废弃。后被改建为河湖调度闸。

高邮运东船闸　1982年,京杭运河续建工程切除宝应段中埂时,高邮多次要求兴建高邮运东船闸,沟通大运河与里下河地区航道,经江苏省和交通部同意列项兴建。高邮运东船闸位于高邮城南五里坝东680米处,整个工程由主体工程、引河工程、公路改线工程组成。

主体工程。闸室长160米、宽16米,闸门净宽10.4米,上闸首门高8.5米,下闸首门高11.5米,最小通航水深为3米。上游引航道除利用五里坝原水碗外,又建筑一段新堤,与上闸首衔接,南堤长577米,北堤长613米,下游引航道长480米,与沿河相接,设计年通航量为1000万吨。

引河工程。船闸下游引河全长5.12千米,河面宽70米,河底宽40米,河底真高 −2米,正常可保持3米深的通航水位。

公路改线工程。新公路全长9.7千米,是按一级公路标准施工的,路面宽23米,其中临城段4.3千米、宽30米。

该工程从1983年1月6日开工,1984年7月底完工。由扬州市水利工程处负责施工,高邮动员1.8万人,完成土方206万立方米,干浆砌块石1.4万立方米,混凝土及钢筋混凝土1.36万立方米,拆迁房屋2411间,征用土地84.1公顷,耗用各种材料9万吨,其中水泥6900吨、钢材762吨、木材900立方米,投资1000万元。该工程被交通部评为部优工程,被江苏省水利厅评为全优工程。

高邮珠湖船闸　高邮珠湖闸位于高邮运西旧船闸南700米处,闸室长100米、宽16米,闸门净宽10米,东闸闸顶高程10.5米,西闸闸顶高程11.5米,闸室墙顶高9.5米,底板真高2.5米,最小通航水深为2.5米。公路桥长10.81米,宽5.03米,桥下净高9.845米。设计年通过船舶量300万吨。

该项工程由扬州市水利工程处和兴化县民工施工。从1984年11月初

运东船闸

珠湖船闸

杨家坞

开工,到 1985 年 12 月底基本建成,完成土方 112.78 万立方米、干浆砌块石 2.45 万立方米、混凝土 0.63 万立方米,投资 582 万元。该闸建成后,成为京杭运河与高邮湖地区交通的重要通道。

船坞工程 清光绪初年,在运河西堤外高邮湖岸建有界首、马棚湾、万家塘、杨家坞共 4 处停泊坞。

1958 年 10 月,国家移建界首二里铺至子婴闸运河西堤,在老运河西堤以西的高邮湖内另筑运河新西堤,原有老运河西堤和界首停泊坞均被隔入大运河内,后被挖除。

1970 年 4 月,砌筑高邮至界首运河西堤石坡石堰,为增强船坞抗风浪冲刷能力,在马棚湾、万家塘、杨家坞等 3 处的迎湖坡砌筑浆砌块石护坡,使船坞安全得到保障。

第七节　水电站

1956 年,闸河乡砖场农业合作社社员许吉忠在灌溉渠首涵洞下创办小型水力加工站,安装木制卧式水轮机 1 座,有四五匹马力,带动石磨和轧米机各 1 部,一昼夜可加工大麦 750 千克,全部设备只投资 300 多元。随后有该乡的新圩、马元、万兴和城镇的宝塔等农业社也跟着办起水力加工站 7 座、30 千瓦。至 1960 年 4 月,共建成水电站和水力加工站 31 座,其中水电站 5 座,水力加工站 26 座,共 630 千瓦。累计发电 40 万度,加工稻子 6000 吨、麦子 1250 吨、肥料和饲料等 250 吨,解决 1 万多户的晚间照明和 6000 多户的口粮加工,节省劳力 20 万个工日。这些小水电站和水力加工站建成后不久,就遭遇三年困难时期,而逐步停止运作。

1970~1972 年,江苏省革命委员会为贯彻"备战、备荒、为人民"的方针,批准在沿运的车逻、城东、城镇、界首等公社和高邮湖控制线上的杨庄河闸、庄台河闸上新建小型水电站 14 座,其中国营 5 座、社办 1 座、队办 8 座,装机容量 425.7 千瓦。但因小水电站与自流灌区用水有矛盾,群众有惜水心理,认为小水电站的存在影响他们的用水,不久水电站全部停止发电。

高邮水电站 1957 年 5 月~1958 年 5 月,高邮县老汽车站(通湖路西)南 50 米的新运河东堤上,建成江苏省第一座新型水电站——高邮水电站。1958 年 5 月 1 日投入发电。电站进水口为新建钢筋混凝土结构方涵,长 25.5 米,孔径 2.5×2.5 米,底高程为 4.0 米;上游胸墙顶高程 10.10 米;电站的水轮机室、尾水室、弯形吸出管出水池和厂房等均为钢筋混凝土结构;尾水入原通湖桥洞引河,出养丰闸,经北门桥下,入新河。电站安装直径 80 厘米、钢制悬桨式水轮机 3 台,配备 48 千瓦立式发电机 3 台。1962 年高邮电厂建成后,特别是连通大电网后,高邮水电站即被废弃。

1979 年兴办高邮水厂时,选择高邮水电站为厂址,利用原进水涵洞为进水口,并部分利用原静水池为水厂进水池、沉淀池。1985 年大运河临城段拓宽时,根据工程需要,将原进水涵洞上游切除掉 9.0 米,重建洞首和门墙、胸墙,并将下段洞身按原标准接长 17.82 米,原静水池相应缩短 17.82 米。

车逻闸水电站 1971 年 6 月,该站建成。设计水轮机组 3 台,实际安装 2 台直径 120 厘米的木制悬桨式水轮机(中间 1 台未安装),水头 1.5 米,每台可通过流量 3.0 立方米/秒,功率 40 千瓦。北端 1 台水轮机加工粮食、饲料,配有轧米机 2 台、小钢磨 2 台、饲料粉碎机 1 台;南端 1 台水轮机发电,配有 26 千瓦发电机 1 台。白天加工粮食和饲料,夜晚发电供车逻照明。总工程造价 1.98 万元(不包括机电设备线路等),平均每千瓦只花 300 元(一般为每千瓦 1000~1500 元)。1984 年废除。

界首小闸水电站 1958 年秋,由江苏省水利厅会同高邮县水利局研究决定利用原有闸墙兴建 1 座 40 千瓦临时性的简易小水电站。1970 年冬对原建水电站改建,在闸的下游 20 米处渠道内作为建站位置,利用原闸舌及护坦做进水池底。工程按水电站规定各部尺寸的具体要求,设计兴建导水槽、水轮机室、尾水室与弯形吸出管和站房,中间建进水闸 1 座,以备水轮机停开时放水灌溉。安装直径 120 厘米、木制悬桨式和金华一号水轮机各 1 台,配备 90 千瓦卧式发电机 1 台、50 千伏安变压器 1 台、轧米机 3 台、粉碎机 2 台、小钢磨 1 台。1971 年 8 月建成,工程总造价 3.23 万元。1979 年被废弃。

　　子婴闸水电站　1972 年冬 ~1973 年春,结合大运河岁修工程,兴建该站。由于子婴闸闸身长度不够,两侧大堤的断面达不到足够的标准,下游护坦嫌短,又无消力设施,以致下游冲成大塘,最深达 5 米,两边大堤坡脚被冲刷陡立,影响堤身安全。是时正逢挖泥机船在运河中清除中埂,决定切除中埂出土,填平闸下深塘,在下游 60 米处建水力发电站 1 座,并在子婴闸闸尾翼墙两边筑大堤 2 条,连到水电站,构成水电站的进水池,使闸下长期高水位,既稳定闸身,又加固堤防并填平和扩大土地面积0.52 公顷,作为电站管理房屋的地基。水电站按照设计安装直径 120 厘米木制悬桨式水轮机 2 台、金华一号水轮机 1 台,平均水头 2.0 米,总流量 9.0 立方米 / 秒,功率 132.5 千瓦,工程总造价 3.6 万元。1984 年被废弃。

第五章　三阳河高邮段

隋文帝开皇七年(587年),始开山阳渎,经过境内。该河又称三阳渎、山阳沟、山阳河、山洋濁、山洋河,后统称三阳河。其中境内河段称三阳河高邮段。

该河南起新通扬运河(宜陵闸西),北经江都樊川至东汇入高邮,过南澄子河、北澄子河,穿三垛,至武宁,过东平河、横泾河、六安河,经临泽过子婴河,入宝应境内的杜家巷,北接潼河,全长70千米,流域面积1100多平方千米。

三阳河历史上曾遭废弃。1958年,国家计划进行开挖,并已有局部施工,后因三年困难时期,工程下马。自1973年冬起,国家把三阳河工程列入江都四站配套工程,作为南水北调江苏段引江送水的主要河道。至20世纪80年代,连续4年对三阳河进行大规模整治和实施一系列配套工程,其中河道拓浚工程施工至三垛镇北澄子河,使三阳河成为里下河腹部地区的一条排引干河。

第一节　河段开凿

隋开皇七年(587年),隋文帝杨坚为进一步统一江南,派襄邑县公贺若弼为吴州(治广陵,今扬州)总管,屯兵广陵港,准备渡江灭陈。贺若弼献灭陈十策,其中有一策为以老弱残兵和破旧战船陈于邗沟一线,用以麻痹陈国,另在邗沟之东开一新河,使精锐之师隐蔽其中,侍机攻陈。杨坚接受贺若弼的建议,于是年四月在邗沟之东10~20千米的地方开山阳渎。自广陵茱萸湾(今湾头)至宜陵镇直转向北,经樊川镇入高邮、宝应,北迳射阳湖达淮。这段运河,自茱萸湾,循运盐河(今通扬运河)向东,至宜陵,此河段系利用汉吴王刘濞所开邗沟旧道(即老通扬运河);自宜陵向北,经樊川、高邮、宝应至射阳湖,此河段为新开河,其时射阳湖的南端尚在三垛镇北约10千米的柘垛附近,南距长江不足50千米,三垛尚未形成集镇,沿河荒芜人烟,较为隐蔽;射阳湖以北达淮,此河段仍沿用山阳水道旧道,从而沟通长江和淮河。这条运河,因北起山阳县境,故起名为山阳渎,即今三阳河的前身。在三阳渎开通后的第二年(588年)十月,杨坚利用这段运河派遣50多人的万军队在长江一线分兵八路向陈国发起进攻。开皇九年(589年)一月,隋军渡过长江,很快攻占建康(今南京),俘获陈后主,陈国灭亡,从而结束了东晋以来长达270多年长期分裂的局面,使南北方重新归于统一。隋炀帝杨广即位后,于大业元年(605年)又征募淮南民夫十余万名重开、扩开邗沟,路线大体仍循东汉陈登所开之邗沟。从此,山阳渎遭废弃,逐渐淤塞。至新中国成立前夕,该河仅存通扬运河至新六安河一段,长近50千米。其中,高邮县境内三阳河段南起江都东汇镇,北至新六安河,长28.5千米。

第二节　河道治理

1973年,三阳河河道治理被列入江都水利枢纽配套工程,作为南水北调江苏段引江送水的主要河道。工程南起新通扬运河,北接宝应潼河。河道标准按自流引江水300立方米/秒设计,一路给潼河大汕子站 200 立方米／秒，一路给大三王河 100 立方米／秒。里下河地区发生雨涝时，可结合抽排，由江都站通过三阳河抽排里下河涝水，为建设里下河地区高产农田创造条件。

樊川至三垛段整治工程　1973 年冬～1976 年春，三阳河主要开挖宜陵镇至樊川镇段河道。工程标准：河底宽 50 米，河底真高 -5.5 米，河坡 1∶3～1∶4。高邮县治淮工程团承担工长 2712 米的河道土方和护坡工程。1976 年冬，主要开挖樊川镇至三垛镇河道，工长 15.6 千米。工程标准：除江都东汇段 600 米为河底宽 50 米，河底真高 -5.5 米，河坡 1∶4 外，高邮段按小标准引排 150 立方米／秒规模施工。其原因：一是受经费限制，当时如按大标准开挖，仅能挖到高邮县的南澄子河；二是争取提前受益，按小标准引排 150 立方米／秒开挖，能接通到三垛镇北澄子河，这对抽排高邮地区里下河涝水效益十分显著；三是节约土地，大标准挖压土地多，在未全面实施规划前挖小标准可节约土地 133.3 公顷。当时高邮多次向上级要求将三阳河开挖至北澄子河，省、市最终批准该实施方案。高邮段河道标准为：河底宽 35 米，河底高程 -4.0 米，河坡 1∶4，青坎宽度一般 10 米，河道是沿老河河中心向东开挖，一边出土，堆土区高度 8.0～8.5 米，底宽 60～70 米，顶宽 40～45 米，坡比 1∶2.5。工程从 1976 年 11 月 6 日开工，到 1977 年 1 月 22 日竣工。扬州地区动员泰兴、泰县、靖江、邗江、江都、高邮、兴化、宝应 8 个县 6 万多人进行施工，完成土方 576 万立方米，总投资 972 万元。高邮县于 1976 年 10 月建立工程团，担负开挖河道 2630 米，动员 1 万人，从 1976 年 11 月 10 日开工，到 1977 年 1 月 4 日竣工，完成土方 85.7 万立方米。配套建筑物有单闸 3 座、桥梁 6 座，从 1976 年 10 月开工，到 1978 年 5 月竣工。1979 年，三阳河工程因国民经济调整被停建。

新老三阳河接通工程　三阳河工程于 1976 年按 150 立方米／秒标准挖至三垛镇南，与北澄子河沟通，这对解决里下河地区旱涝发挥了一定的作用，但由于里下河地区荡滩开发，使高邮县北澄子河以北地区 4 万公顷低洼农田向东排水口门不畅，而主要靠三阳河向南由江都站抽排入江。又由于新老三阳河结合部三垛镇 800 米河段弯曲浅窄，中间还有两座跨径仅 3.5 米的砖拱小桥，束水现象严重，江都站开机时镇北水位比镇南水位高 0.3～0.5 米，因此高邮县北部地区绝大部分涝水需迂回绕道，汇经北澄子河再入三阳河，而北澄子河排涝能力仅为 40 立方米／秒左右，因而使北部涝水一时难以排泄。

1986 年 10 月，经江苏省水利厅批准，在国家南水北调工程上马前，先行按三阳河 30 立方米／秒的过水断面标准切开三垛镇，连通新老三阳河，扩大老三阳河的出水口门，提高排涝能力。整个接通工程长 800 米，从三垛镇南（北澄子河口）向北至镇北老三阳河。工程标准：河底宽 15 米，河底高程 -2 米，坡比 1∶3，当三垛水位 1.8 米时，可排水 34 立方米／秒。是年成立高邮县三阳河接通工程办事处，动员二沟、三垛、武宁、司徒、甘垛、平胜 6 个乡 2000 人，从 11 月 15 日开工，至 12 月 26 日完工，完成土方 11.5 万立方米，新建交通桥 1 座，投资 22 万元。

第三节　涵闸桥梁配套

1976 年 10 月～1978 年 5 月，由高邮县三阳河工程团组织实施樊川至三垛段工程高邮境内涵闸桥梁配套工程，先后完成涵闸桥梁 9 座。其中，涵闸 3 座，即三阳闸、新河闸、东马沟闸；桥梁 6 座，即红旗河桥、汉留港桥、南澄子河桥、车汉公路桥、匋垛大型拖拉机桥、四异小型拖拉机桥。

涵闸工程　1977 年 3～9 月，在拓浚三阳河时，在支河口上都建闸控制。为结合公路交通，在涵闸上设置公路桥，境内共建闸 3 座，即三阳闸、新河闸、东马沟闸。三阳闸位于三垛镇三阳村新河河口上，新河闸位于汉留乡新河村十里长河口上，东马沟闸位于汉留乡东马沟河口上。每闸闸孔净宽 4 米，闸身长 11 米，闸底板高程 -0.5 米，闸上设汽 -15，挂 -80 公路桥各 1 座，桥面底部高程：三阳、新河两闸为 4.5 米，东马沟闸为 5.5 米。闸门采用钢筋混凝土直升门，配 8 吨手摇螺杆启闭机。支河底宽：迎三阳河面为 5 米、迎内河段为 4 米,坡比 1:3,河底高程 –0.5 米。

1976 年 10 月 ~1978 年 5 月,在实施三阳河配套工程中,境内共建设桥梁 6 座。

桥梁工程

汉留港桥　该桥建于 1977 年 3~9 月,位于汉留乡汉留港河上,是樊川至三垛公路线上的公路桥。设计荷载为汽 –15,挂 –80,上部结构采用单二铰肋拱(四根肋)型式。桥面总长 28 米,跨度为 24 米,底面高程 5.8 米,下弦(底梁)高程 5.4 米,桥面净宽 7 米,总宽 8 米,桥面纵坡为 4%,轻型空箱式桥台,桥头两侧设扶垛式挡土墙,路堤顶宽 9 米,路堤边坡 1:2,纵坡 5%。

红旗桥　该桥建于 1977 年 3~9 月,位于甸垛乡红旗河上,是樊川至三垛公路线上的公路桥。设计荷载为汽 –15,挂 –80,结构采用单二铰肋拱型式,与汉留港桥相同,跨度为 14 米,底面高程 5 米,下弦(底梁)高 4.5 米,桥面净宽 7 米,总宽 8 米,桥面总长 16 米,桥面纵坡为 4%,桥台型式为单排三根钻孔直径为 80 厘米灌注桩及 U 型挡土墙组合式桥台,路堤顶宽 8.5 米,路堤边坡 1:2,纵坡 5%。

南澄子公路桥　该桥建于 1977 年 10 月 ~1978 年 5 月,位于汉留乡境内,跨越南澄子河。设计荷载为汽 –15,挂 –80,桥梁上部采用钢筋混凝土桁架拱结构,单跨 45 米,桥面净宽 7 米,总宽 8 米,两侧各设宽 0.5 米护轮带,桥面纵坡 3%,桥台两端为钢筋混凝土空箱式汽井,汽井底部高程 3.2 米,桥头两侧是混凝土扶垛,拱坡为反拱挡土墙,路堤顶宽 10 米,边坡 1:2,纵坡 5%。完成混凝土 645.5 立方米,浆砌块石 63.9 立方米,土方 8410 立方米。主要大宗材料:钢材 27.68 吨,木材 50.9 立方米,水泥 216 吨,投资 17.87 万元。

三垛北澄子河大桥

三阳河汉留段

车汉公路桥　甸垛大型拖拉机桥　四异小型拖拉机桥　1976 年 10 月 ~1977 年 9 月,车汉公路桥、甸垛大型拖拉机桥、四异小型拖拉机桥均由泰兴县治淮工程团负责施工,均跨三阳河。其中,车汉大桥位于汉留境内,是邮汤公路线上跨三阳河的公路桥。桥跨为三孔:中孔跨度 36 米、边孔跨度 31 米,总长 108 米,桥面净宽 5.0 米,该桥为桁架拱桥,设计荷载为汽 –15,挂 –80,桁架拱下弦曲线为二次抛物线,浆砌空箱桥台,投资 15.0 万元。

甸垛桥位于汉留境内,是跨三阳河的大型拖拉机桥,桥面宽 3.8 米。四异桥亦位于汉留境内,是小型拖拉机桥,桥面宽 2.5 米。两桥为圆洞片拱结构,三孔,中孔跨度 36 米,总长 114 米。混凝土现浇桥面,浆砌块石桥台。路堤顶宽 9 米,边坡 1:3,共投资 11.0 万元。

并口调向工程　1977 年 9 月 ~1979 年春,为保护三阳河两岸大堤安全,减少口门水流对河床的冲刷,江苏省、扬州市水利部门决定,将三阳河两岸原有的 57 道沟门封闭 42 道,留口 15 道。由于新开河道既宽又深,风浪很大,农船无法进行生产、交通,故在三阳河两岸距河 1200 米范围处开挖南北交通河,并兴建拖拉机桥 64 座、圩口单闸 45 座、地下涵洞 52 座、机电站 4 座。共完成土方 114.92 万立方米,使用钢材 107 吨、木材

107 立方米、水泥 1995 吨,投资 111.90 万元。

第四节　三垛镇拆迁工程

　　1982 年,为做好三阳河三垛穿镇段拓浚的准备工作,经江苏省水利厅批准,从 4 月起,首期进行三垛镇的拆迁工作。拆迁范围,南自北澄子河边,北至老三阳河边,宽 100 米,长 600~640 米,共拆迁房屋 1422 间,其中瓦房 1332 间、草房 90 间,支付房屋拆迁补助费 52.96 万元,公共设施(码头、砖路面、下水道、公共厕所、砖拱桥等)拆迁补助费 18.54 万元,征用土地 3.33 公顷,征用土地及赔青费 7.45 万元。至 1985 年,首期拆迁工作基本完成。因新规划区内县、乡所属输电、通讯、广播线路(简称"三线")较多,影响到部分拆建单位(户)的房屋建设。

　　1986 年 8 月,江苏省水利厅又下拨经费 22 万元、钢材 42 吨、水泥 40 吨,进行三垛镇第二期拆迁工程,即镇北"三线"拆建工程。完成拆建 35 千伏、10 千伏、0.4 千伏输电线路各 2 条,长 1.5 千米;架设 OGUT-18 型铁塔 2 座;县管通讯线路 2 条,乡(镇)管通讯线路 1 条,长 2.5 千米;县管广播线路一条,长 3.5 千米,乡(镇)管广播线路 1 条,长 2.55 千米,至 11 月上旬完成。

　　三垛镇拆迁两期工程共投资拆迁经费 100.95 万元。

第六章 河网整治

境内诸河,在起着农田灌溉和交通航运作用的同时,最主要的作用是排洪。自运河东堤设置归海坝后,淮河洪水部分从里下河排泄入海,加上黄河夺淮以后,洪水带来大量泥沙,加速河道的淤垫阻塞,影响排洪,因而疏浚河道成为历史上主要的水利工作。如清康熙四十五年(1706年),康熙帝爱新觉罗·玄烨"发帑数十万,特遣吏部尚书徐潮、工部尚书孙渣齐统满汉官数百名,募夫挑浚下河",自五里坝至时堡。乾隆二年(1737年)至乾隆五十三年(1788年),曾先后挑浚扬淮运河、运盐河、南澄子河、北澄子河、通湖桥涵洞引河。嘉庆十八年(1813年)至十九年(1814年),先后挑浚关帝庙引河、泰兴河(今赫旺河)、南澄子河、北澄子河、新河(即今盐河)、子婴河、通湖桥市河、运盐河、斜丰港等。清末和民国期间,因长期缺少治理,除少数较大干河外,大部分河道浅窄淤塞,失去排水、引灌和交通的作用。

新中国成立后,开始整治京杭运河和淮河入江水道,以消除归海坝对里下河的洪害,但雨涝灾害仍然十分严重。主要是排水去路不畅,暴雨后猛涨缓跌,迂回壅高,圩堤挡水能力差,加之排水动力少,一遇雨涝,轻则严重减产,重则沉圩失收。解放后,虽逐年疏浚子婴河下段和周临河、界河、马霓河、第三沟、张叶沟等河道,并重点开挖川青乡的大圩子西河、红庙子河,沟通官垛荡与洋汊荡,解决北片部分地区排水出路,但效果不够明显。

1958~1960年,县委、县政府提出两年实现高标准河网化,并组织开挖二里大沟、看花大沟、高王河、南关大沟、沈家大沟、范家大沟、新三阳河等纵横骨干河道。但由于工程标准要求过高,施工速度过急,结果被迫降低标准施工。

从1970年开始,吸取以往的经验教训,在运东地区按既定的总体规划,分年实施,先后新开六安河、横泾河、东平河、临川河、二里大沟、范家大沟、澄潼河、南关大沟等骨干河道和拓宽、浚深三阳河、人字河、张叶沟、北澄子河等,构成纵横骨干河网,连同圩内干河与生产河形成一套完整的灌排水系,基本上实现河网化。

高邮县诸河流、沟渠、湖潭等整治情况详见第二章《水系、水资源》各节与各表。

第一节 运东县级干河治理

老河整治

子婴河整治 子婴河于清代以前称子婴沟。北距宝应县城30千米,南距高邮县城亦为30千米;西起子婴闸,东经临泽镇至大李庄,全长25.5千米。河底宽4~10米,河床高程0.0~-0.5米,其支河则有塘河、赵家河、胭脂沟、临泽前后河、养老沟、千步沟、竹林沟等,为高邮北部和宝应南部的主要灌溉、排水河道之一。

高邮、宝应均建县于汉武帝元狩年间,子婴沟为两县之间的一条界河。开凿的时间约在此前后不久。子婴沟名称来源于临泽镇子婴庙,沟随庙名。《读史方舆纪要》云:"子婴沟在高邮州北六十里,至宝应县界泄官河之水,东南流经州界又东接潼河入广洋湖,万历年浚入兴化县之大纵湖。"

明万历十九年（1591年），始有导淮计划蜂起。武同举著《两轩赜语·江苏淮南水道变迁史》云："万历二十四年（1596年），总河尚书杨一魁分黄导淮始也。导淮建高堰三闸，分两路入海，一路入江。一建武家墩闸，由永济河达泾河，下射阳湖；一建高良涧闸，由岔河入泾河；一建周家桥闸，由草子湖、宝应湖入子婴沟，下广洋湖。又浚高邮茅塘通邵伯湖，开金湾下芒稻河入江。"是年，总河潘季驯浚子婴沟，并建成子婴沟大闸。由于周家桥闸是高堰三闸中之最低者，民间曾流行"东去只宜开海口，西来切莫放周桥"的民谣。在明末清初的一段时间里，子婴沟成为渲泄淮河洪水入海的重要通路之一。清代孙应科著《里下河水利篇·子婴闸考》云："运河三百余里，宝应居其中，界首之子婴沟中而又中。"可见，子婴沟在历史排洪位置上的重要。

清康熙以后，由于高邮以南归海坝的开堵逐渐趋于频繁，清政府对里下河河道疏浚的重点也就逐渐南移，对子婴沟的整治已经不多。据清乾隆《高邮州志》记载，从康熙三十八年（1699年）至民国38年（1949年）的250年间，对子婴河仅疏浚了两次。第一次是康熙六十年（1721年），"知州张德盛挑浚（子婴沟）至临泽出荡口"。第二次是嘉庆十九年（1814年），疏浚子婴沟"由高宝交界军民沟起至高兴交界花红荡止，长七千五百九十丈"。从嘉庆以后，不再见有对子婴沟进行疏浚的记载。

1958年，沿运地区发展自流灌溉，在陆庄、临泽镇两处建闸，以抬高子婴河水作为干渠进行自流灌溉，建成子婴灌区。但因子婴河成为干渠后打破原有灌、排、交通水系，影响到上游界首、营南等乡镇的排水，1975年，又在界首镇北利用界首中沟新开子婴干渠，恢复该河为交通、排水河道；进行上段拓浚至临泽镇西冯家湾，长17千米，河底宽4~8米，河底高程-0.5~-1.0米，边坡1:2。1976年冬，新开子婴河下段，废弃从冯家湾至大李庄的老子婴河下段，从冯家湾起一直向东过临泽镇南经邵家舍至草堰荡，新开的一段排水河道名为临川河，长10千米，河底宽10米，河底高程-1.0~-1.5米，边坡1:2。两期工程共投资36.2万元，完成土方134.4万立方米。

北澄子河整治　北澄子河开凿于宋元祐元年（1086年），又名漕河、东河、闸河、运盐河，是里下河地区灌溉、排涝、航运的一条主要骨干河道。西起高邮城，经三垛镇至河口入南官河，长35.5千米。

据史料记载，宋元祐元年，兴化县令黄万项"筑南、北塘，南塘通高邮，北塘通盐城，自高邮入兴化，东到盐城而极于海，长二百四十里"。南、北塘实为横穿里下河腹部地区的一道隔水堤。明成化年间，又修南、北塘，称为刘堤。嘉靖末年，修南塘，并由兴化向东至海边新筑盘塘堤，使里下河隔堤东段的位置进一步移至兴化境内。这些塘堤以后都被大水淹没，失修无存。今存于高邮二沟至甘垛之间的"倒塘"，就是历史上洪水冲决东河塘时遗留下来的遗迹。

起初，该河主要起运送漕粮的作用，所以称为漕河。因东通兴化各盐场，凡盐货西运者皆于此通过，故又称运盐河。明清时期，运河与运盐河的衔接均通过绞关坝、蛤蜊坝、朱家坝。至清乾隆时，则从南北坝。从明洪武二十三年（1390年）起至清道光十年（1830年）止，运盐河一共疏浚11次，其中清代有9次。

宋时运盐河即有管理制度，明代起分运盐河为十塘，设立塘夫。《东堤成碑记》云："又仿宋元祐间郡守毛君（毛泽民）所建斗门及国初十塘之制，建水门三，以时蓄泄。设线十塘老十名，居常防守，坏则随取役夫修培，以期永存。

北澄子河

仍令堤南人什伍相保,以杜盗决。"清道光以后,对运盐河的疏浚不再见记载,河床被逐渐淤高。

1985年,高邮运东船闸建成。1987年10月,为沟通里下河水路交通,高邮县成立北澄子河航道整治筹备小组,由任金富任组长,戴有斌、钱增时任副组长,对北澄子河进行整治。按5级航道标准,河底宽30米,河底高程 –2米,弯道曲半径为300~500米,动员6万人,最多达10万人。至1988年1月完成,投资500万元,完成土方240万立方米。

南澄子河整治 南澄子河为运东地区较早开挖的一条排水、交通骨干河道,古称城子河。该河自高邮南门馆驿巷起,东接泰州蚌蜒河。泰州、东台方面的来船可直达馆驿巷后身的马饮塘停泊。城子

南澄子河

河何年开凿今已无法查考,但从宋丞相文天祥《指南录·后序》中"行城子河,出入乱尸中,舟子哨相后先,几邂逅死"的记述来看,城子河的开凿时间不晚于南宋。另自城子河十里尖起经黄渡至高邮东门段河道古称北城子河,这是城子河达高邮城的另一条通路。清乾隆后,在馆驿巷南的运堤上设立南坝,船泊还可从南坝过坝进入运河。嘉庆十年被拓为新河(即今盐河),南城子河与北城子河上段被截至新河止。归海坝设置以后,南关坝、新坝、中坝各引河水汇归新河,从盐河口、黄渡、十里尖、阁子口至汤庄入斜丰港,长35.07千米。由于南澄子河成为渲泄坝水入海的

通道之一,清代中后期对南澄子河挑浚的次数开始增多,而且标准越来越高。《高邮州志》中记载有9次。清代以后城子河被改称为南澄子河,北城子河改称为北澄子河。南澄子河后来又以十里尖为界,十里尖以上称为南澄子河,十里尖以下称为总澄子河。南澄子河弯曲多变,宽深不一,河底平均宽为10~25米,河底高程 –0.5~–2.0米,边坡1:1.5~1:2.0不等,是高邮南部地区唯一的东西向贯通的干河,对排涝、引水和航运有很大作用。

从1976年起,由阁子口向西直抵堤脚下开挖新河,名为南关大沟。南关大沟原规划位置在南关干渠南边,西起广缘桥新坝引河,沿大干渠向东过十里尖大河、龙师沟、张叶沟、小泾沟,直对汉留龙王庙接上南澄子河下段。1958年,曾按此线路间断进行开挖。1976年12月,变更计划,将大沟线路位置南移2千米,经阁子口与南澄子河相交(与武安乡已开的八里河重合),长8.75千米。开挖标准,河底宽8~12米,河底高程 –1.5米,河坡1:2~1:2.5,青坎宽2~3米。是年12月上旬开工,至1977年2月完成拓宽、浚深任务。同时,完成十里尖南北联络河和西端新华大队、蚕桑场南北排水河各2千米,投资28.3万元,完成土方125.5万立方米。

1990年冬,对南澄子河小泾沟至斜丰港段17.5千米进行拓宽浚深,河底高程 –2.0米,底宽20~25米,坡比1:2.5~1:3.0,动员2万人,完成土方90万立方米,新建圩口闸20座,改建圩口闸2座,新建跨河桥梁4道。

人字河整治 人字河位于高邮城东北,是高邮北部适中的一条南北向干河。南起北澄子河边的二沟镇,河口成"人"字形,故名人字河。二沟镇居于"人"字两叉的中间,镇西河口即今人字河口。北至周巷姚夏村接六安河。全长17.3千米,河底宽为20~25米,河底高程为 –0.5~–1.0米,坡比1:2。由于该河地理位置适中,对北部大面积的渲泄雨涝、引水灌溉和交通运输均有很大作用。人字河为北澄子河北侧的一条支河,何时开凿今已无从查考,明隆庆《高邮州志》已见记载,估计开凿时间当不晚于明代中期。

人字河由于年久失修影响到排引水和交通,1989 年 11 月~1990 年 1 月,二沟、司徒、张轩 3 个乡组织人员进行拓浚。从二沟至白马荡,长 11 千米,河底宽 20~25 米,河底高程 -1.5 米,边坡 1:2,投资 40 万元,完成土方 45 万立方米。从 1990 年 11 月起,对北段从横泾河至六安河 5.9 千米进行拓浚和新开,河底宽 20 米,河底高程 -1.5 米,边坡 1:2,投资 26 万元。

第三沟整治　第三沟位于高邮城东北,是武宁与甘垛两乡交界处的一条南北向干河。南起甘垛西张村北澄子河,北至横泾侍官庄入官垛荡,长 16.4 千米,河底宽为 20~25 米,河底高程为 -2.0 米,坡比 1:2。该河沟通东平河与横泾河,对三垛、武宁、甘垛、横泾等乡镇的 0.67 万公顷农田排涝、引水灌溉和交通运输有很大的作用。

第三沟为北澄子河北侧的一条支河,何时开凿已无从查考。据明隆庆《高邮州志》云:"第三沟在州治东四十里,南通运盐河,北下海陵溪。"其位置似不在今第三沟处。明隆庆《高邮州志》又云:"官沟在州治东五十里,南通运盐河,北下海陵溪。"似官沟即今第三沟,尚待考证。

第三沟由于年久失修而影响到排引水和交通。横泾乡于 1987 年 12 月~1988 年 1 月,拓浚北段,河底宽 20~25 米,河底高程 -2.0 米,边坡 1:2~1:3,长 6.7 千米,投资 24 万元,完成土方 34 万立米。甘垛、平胜、三垛、武宁等乡镇于 1988 年 11 月~1988 年 12 月拓浚南段,河底宽 20 米,河底高程 -2.0 米,边坡 1:2~1:3,长 9.7 千米,投资 30 万元,完成土方 36 万立方米。

张叶沟整治　张叶沟位于高邮城东南,是高邮南部的一条南北向干河。北起北澄子河的二沟镇东,向南经八桥至邱墅阁直通淤溪河,长 17.5 千米,河底宽为 10~15 米,河底高程 -0.5~-1.5 米,边坡 1:1.5。对卸甲、伯勤、八桥近 0.67 万公顷农田排涝、引水灌溉和交通运输有很大作用。特别是江都抽水站建成后,对旱时引水灌溉作用更为显著。

张叶沟为北澄子河南侧的一条干河,何时开凿已无从查考。明隆庆《高邮州志》云:"大泾沟,在州治东四十里。"据城与河间距离推算,大泾沟即今张叶沟。

1974 年冬,对张叶沟进行拓浚,并拆除八桥镇的干渠坝头,兴建八桥地下涵洞。由于拓浚标准不高而影响到排引水和交通,八桥镇又于 1988 年 11~12 月进行拓浚,长 4.2 千米,河底宽 12 米,河底高程 -1.5 米,边坡 1:2,投资 20 万元,完成土方 20 万立方米。

张叶沟

新开河道

新开二里大沟　二里大沟西起界首镇南二里铺周山干渠边,向东经营南乡过澄潼河,到营南、周巷交界处,穿过范家大沟,一直向东经乔家庄,过周临河入官垛荡。长 17.2 千米,河底宽 4.0~8.0 米,河底高程 -1.0 米,边坡 1:2。

1959 年,按河底宽 10 米,河底高程 -1.0~-1.5 米的标准开挖。后因标准过高,改按缩小标准开挖至范家大沟,仅有河形,未能成河。1974 年,开挖至周临河。1976 年,完成全河开挖,投资 48.3 万元,完成土方 125 万立方米。全河开成后对界首、营南、周山、周巷等乡镇的排、引、交通所起作用很大。

新开六安河　六安河名缘于六安闸。根据清光绪九年(1883 年)《再续高邮州志》记载:"老运河西堤有一座通湖闸名六安闸,对岸东堤集镇叫六漫闸镇,镇北有一条向东方向的弯曲小河叫六安闸河。"

六安河由于年久失修而变得浅小弯塞,不能起排涝引水作用,形同废河。1968年冬,开挖上段,从六安镇北的石闸向东至周山的练沟河,长9.75千米,河底宽6~10米,河底高程-0.5~-1.0米,坡比1:2,投资8.6万元,完成土方55万立方米。1971年,开挖下段,根据地形情况和骨干河网间距与减少挖压、拆迁等因素而将六安河下段位置略向北移,使大部分在荡中开挖,对排涝更有利。下段从练沟河直至兴化县境,长15千米,河底宽15~30米,河底高程-1.0~-1.5米,坡比1:2。由于兴化县不同意接通徐官庄大河,因而只开挖到第三沟止,长13千米,投资26.9万元,完成土方164万立方米。该河建成后,对界首、马棚、周山、司徒、横泾、周巷、川青等7乡镇部分洼地排涝、引水和交通运输发挥较大作用。

新开横泾河　横泾河是高邮北部向东排水的一条东西向干河。西起周山干渠边马棚陈桥村,向东穿越白马荡、司徒荡,直连横泾的三郎庙大河至兴化县的东潭沟入九里荡,高邮境内长28.5千米,先后分两期完成。1970年,首先开挖中段,从张轩新沟口至三阳河,长约11千米,河底宽14~20米,河底高程-1.5米,边坡1:2的标准新开。1974年春,开挖横泾河西段,从马棚乡陈桥村至张轩乡新沟口,长9千米,河底宽10~13米,河底高程-1.0米,边坡1:2,同时拓浚横泾河东段,从三阳河至第三沟,长5.0千米,利用老横泾河拓浚。第三沟以东的尾段长3.5千米,则由横泾镇拓浚完成,并建成横泾、沐家2座大桥。1974年11月,为进一步发挥工程效益,采用挖泥机船清除各段施工坝头水下杂物1.5万立方米,投资57万元,完成土方218.5万立方米。该河建成后,连通北片的唐墩、白马、司徒、官垛等草荡和南北向的干河,对沿线、马棚、张轩、司徒、横泾等乡镇1.33万公顷低洼田的排涝发挥较大作用。

新开东平河　东平河位于北澄子河与新横泾河之间,西起东墩乡西墩村头闸干渠东侧,向东穿北关河、澄潼河、人字河、大芦河、三阳河、第三沟、第二沟,接平胜乡的南宋大河,过兴化的参鱼嘴入耿家荡下南官河,高邮段长34.5千米。上段至第一沟的27.95千米,全部直线新开,下段6.55千米,则利用老河拓浚。开挖标准:三阳河西河底宽8~10米,河底高程-1.0~-1.5米;三阳河东河底宽10~25米,河底高程-1.5米。边坡除大芦河至第三沟因土质为流沙采用1:2.5外,其余均为1:2。全河从1975年冬开工至1977年竣工,投资66.16万元,完成土方232.51万立方米。

该河建成后,使东墩、一沟、二沟、武宁、甘垛、平胜等5个乡全部和张轩乡、司徒乡的部分农田,共约1.67万公顷农田范围的涝水,可以直接迅速抢先外排,加快腾空内河水位,解决过去涝水绕道转圈、迂回壅高的现象。同时,对东墩、甘垛等乡实心地带的防涝、降渍、引水、交通等效果十分明显。

新开澄潼河　澄潼河南起北澄子河,向北规划至宝应县境潼河,穿经一沟、张轩、周山、营南等乡和宝应县子婴河乡,长31千米,高邮境内已开23.5千米,河底宽10~15米,河底高程-1.5米,边坡1:2,青坎宽3.0米,堤顶高程4.5米,东堤结合兴建公路顶宽8.0米,西堤顶宽4.0米。

该河先后分三期开挖。1977年冬~1978年春,开挖中段,从张轩郭庄大桥至老六安河,长7.6千米,土方87万立方米;1978年冬~1979年春,开挖南段,从张轩郭庄大桥至北澄子河,长8.15千米,土方43万立方米;1980年冬~1981年春,开挖北段,从老六安河至子婴干渠,长7.75千米,系利用原沈家大沟拓浚,土方62.7万立方米。全河建成后沟通高邮北部北澄子河、东平河、横泾河、老六安河、新六安河、二里大沟、子婴河等7条排引干河,以利暴雨迳流,相互调蓄和加速渲泄。同时,与新建的高邮船闸引河连通,改善北澄子河以北地区的交通状况,对畅通物资交流,繁荣城乡经济发挥了重大作用。

第二节　湖西县级干河治理

天菱河　该河位于天山乡、菱塘乡西侧，与天长县相接，是天长县秦栏涧与仪征县纪山涧、大仪涧的下游，长 12.6 千米。为高邮、天长、仪征三县交界地区排洪、灌溉、交通的骨干涧河。区间集水行洪面积近 1 万公顷，灌溉面积约 0.5 万公顷。由于河道狭窄多湾，河底真高在 4 米以上，河底宽 5 米左右，导致行洪不畅。每遇山洪暴发，水位在瞬间能陡涨 0.5~1 米，水流湍急，加之两岸圩堤低矮，往往溃决成灾。20 世纪 50 年代和 60 年代初每遇抗旱，即由扬州地区水利局组织高邮县天山乡、菱塘乡和仪征县大仪乡的群众 8000 多人突击浚河，当时只

天菱河

能解决燃眉之急，未从长远考虑，仅能就河挖沟清障，并未彻底解决问题。1966 年 10 月 22 日，经高邮县菱塘、天山公社与天长县新民、界牌、秦栏公社共同协商规划拓宽挖深，其标准是河底真高 2.7 米，河底宽 9 米，坡比 1:2，并在天长县订立协议书。1966 年 11 月，高邮动员 1 万人，天长动员 1.5 万人，施工 20 天，完成土方 170 万立方米。今在河内提水灌溉的共有一级站 18 个，电动机 37 台 2185 千瓦，柴油机 2 台 58 千瓦，抽水流量 16.85 立方米/秒。

向阳河　该河系高邮县运西天山、送桥、菱塘、郭集等四个乡引水、排涝、撇洪、降渍、航运、养殖等综合利用的骨干河道。西起天山乡红旗桥，东至张公渡外，中段由丰收闸向北延伸至操兵坝，该河长 15.7 千米。这一段原是天山乡黄栋冲、红旗冲和送桥乡唐营、徐桥、常集等涧道汇流的总涧河。河道弯曲、窄、浅，如遇较大暴雨，因行洪不畅，导致两岸旁的勤丰、送桥、李古、明庄等 4 个村 333 公顷农田溢洪成灾，且引水能力太差。新中国建立后，每遇旱年即在张公渡打坝蓄水，而后随着机电站的建立，引水矛盾越来越尖锐。特别是 1978 年、1979 年连续两年干旱，由于引不进水而影响灌溉，曾于张公渡设站装机 28 台、514.8 千瓦动力翻引邵伯湖水抗旱。1978 年规划，除整治原有 15.7 千米总涧河外，再从操兵坝外沿斗坛外滩挖河穿越菱塘乡卫东闸至三里站全称定名向阳河，排灌面积 0.5 万公顷，总长 25.4 千米。其设计标准是：按排灌面积 1.1 万公顷，当高邮湖水低于 4 米，邵伯湖水位不低于 4 米时，全部翻引邵伯湖水灌溉。河床断面设计标准是：张公渡外至丰收闸河底真高 2 米，底宽由 20 米渐变至 24 米，坡比 1:2；丰收闸至天山乡红旗桥，河底真高 2~1.5 米，底宽由 9 米渐变至 3.5 米，坡比 1:2~1:2.5（五星站西 1:3）；丰收闸至操兵坝闸河底真高 2.5 米，底宽 10 米；卫东闸至三里桥，河底真高 2 米，底宽 8 米渐变至 5 米，土方 293.4 万立方米。按照规划曾组织三次施工，第一次，1978 年冬季，动员 5000 人，完成丰收闸至操兵坝 5.9 千米，土方 48 万立方米；第二次，1979 年冬，又动员 1.1 万人续建张公渡外至红旗 12.8 千米，土方 82 万立方米；第三次，1982 年冬，又动员 9000 人完成卫东闸至三里桥 6.7 千米，土方 85 万立方米。还有操兵坝闸至卫东闸滩地 2.6 千米、28.4 万立方米开河任务尚未完成。整个工程拆迁房屋 135 间，每间补贴 40 元，挖压土地 97 公顷，共兴建桥梁 14 座、涵洞 61 座，投资 67 万元。

第三节 乡级干河治理

圩外河网 20世纪70年代,以县级骨干河道为中心结合圩口改造,各乡镇开挖临东河、临西河、临中河、临川河、跃进河、川东河、川中河、五号河、十号河、撇圩河、司徒河、柘倪河、唐柘河、三荡河、友谊河、同心河、绿阳河、沙堰河、林阳河、红旗河、前进河、界东河、范家大沟、花关河、立新河、新河排等40多条分圩外河,长达200多千米,构成大排、大引、大调度的骨干河网。

圩内河网 原有水系零乱,互不成网。20世纪70年代,随着洪、涝、旱、渍综合治理,河、渠、路、林全面安排的要求,开始建立新水系,改造老河网。川青乡按照新规划开新河、填老河,在全县起了很好的示范作用。临泽、司徒、平胜、张轩、横泾、东墩、周山等乡镇采取专业队伍施工,共开挖一、二、三级河道987条,长1255.2千米。其中一、二级河为骨干河,共153条,长715.8千米,间距500~1000米,起排水、滞水、引水、航运、养殖、积肥等综合作用。三级河为田头生产河,间距200~250米,作用主要是排除地面水,降低地下水位,农船送肥运肥可以直接到田头。对原有老河网,能利用的尽量利用,局部弯曲地段截弯取直,不能利用的尽量做到边挖边填,如土源缺乏则改造成标准化渔塘。

河网的深度与宽度,结合地面高程,引、排、降、通航和综合利用等各方面要求而确定。一般一、二级河道深度 -0.5~-1.0米,底宽3~4米,青坎2~3米;三级河道深度真高0.0米,底宽2米,青坎2米。按这一标准挖后,圩内可新增水面积3.18%~4.52%,加上原有老河网面积共可达8.7%左右。而川青乡开始搞河网化时,因未利用老河,水面积只占总面积4.41%,一遇暴雨,低洼地极易受涝。后来对新建水系进行调整,一是实行高低分开;二是能利用的老河尽量利用,增加圩内水面积,提高新建水系的排涝能力。

丘陵冲涧 随着机电事业的发展,设站翻水的需要,自20世纪50年代末开始新开拓浚引河。大部分利用旧有河道、冲涧拓宽浚深,也有一部分新开引河。而旧有冲涧一般是源短流急,暴涨暴落,河道弯曲,泄洪能力不足,往往因排洪不畅而引起洪灾。因此在规划拓浚旧有冲涧时,一并考虑到排洪和航运的需要。新中国建立以来,以1960~1979年开挖的引河最多,共挖引河25条,全长51.25千米。

第四节 桥梁建设

明隆庆年间,高邮州城内外就有南市桥、中市桥、北市桥、安定桥、通济桥、长安桥、澄清桥、跃龙桥、凤凰桥、南仓桥、南吊桥、北吊桥、长生桥、石桥、税务桥、新桥、景家桥、太平桥、通湖桥、三里桥、徐家桥、升仙桥、搭沟桥、落仙桥、朝桥等25座桥,在农村桥亦较多。不少地方以桥著称,如以"桥"称呼的镇有八桥、送桥等。但也有的地方以渡代桥,如沿运河有西门渡、张家渡、白家渡、南门渡、车逻渡等5个渡口。至清嘉庆年间,《高邮州志》载入境内城乡共有桥82座、渡埠10处。清末至民国十一年(1922年),全县桥梁数未见记录,渡口共有32个。

随着公路交通、拖拉机耕作、河网开挖、沟渠配套等方面的发展,原有河道桥梁由于桥基太浅,桥孔太小,阻水碍航,需要改造更新,因此桥梁建设的任务也日趋繁重。1954年以前,由县建设科负责桥梁建设。1954年以后,县政府成立交通科、水利科等机构以后,本着不同职能进行分工合作,因发展交通事业需更新改造旧桥的由交通部门主办;因兴修水利而影响交通需建设桥梁的,由水利部门主办。建好的桥梁,因骨干交通需要的,由交通部门管理,其余交地方政府管理。1984年开展全县地名调查时,被登记的城乡桥梁共81座,渡口有26处。至1990年底,在中小骨干河道上共建成交通桥梁3529座,还有田间配套人畜小桥平均每五公顷有一座桥梁。这些桥梁把全县25个乡、6个国营场圃、

8个县属镇、6658个村全面联结成纵横交错的交通网,为开展城乡车船机械化运输、农业机械化耕作、发展农村经济开创了新局面,并改善了全县所有中小骨干河道的引排条件,提高了旱涝保收能力,有利于发展农业生产。

农桥

高邮农桥结构形式是多种多样的,主要根据各个时代交通运输的需要进行改革创新。从砖石桥、木桥到混凝土桥,从平板桥到拱肋桥,从有支架施工逐步提高装配化程度到无支架吊装桥等。在桥梁结构和施工方法等方面进行了各种改革。新中国建立前,城内以砖桥为主,农村以木桥为主,不少处为独木桥。20世纪50年代,以木桥为主,有三搭桥、五搭桥、七搭桥。60年代,改为钢筋混凝土平板桥。70年代初期,全面发展双曲拱桥。70年代中期,又发展桁架桥和肋拱桥。

木桥　有木桩木板桥、砖石墩台木板桥。桥桩入土深度与桥面板厚度,均视桩基土质、荷载要求和水的流速而定。人行便桥一般桥桩入土深度1.5~2米,桥面板厚约5厘米。跨度:中跨结合通航孔宽5~6米,边跨每孔4~5米。

钢筋混凝土平板桥　20世纪60年代,普遍采用钢筋混凝土桥。一般用直径4~6毫米的钢筋浇筑混凝土板,厚约8厘米。桥桩上方下尖,上0.2米见方,长7米,入土1.5~2.0米。1961年,开挖大圩子西河,于小葛庄开始建长54米、宽2米的9孔钢筋混凝土平板桥1座,接着又在横泾乡三郎庙西跨第三沟建长45米、宽2米9孔钢筋混凝土平板桥1座。这种桥制作、施工均较方便,造价也比较经济低廉,但结构整体性较差,钢材耗用量较多。

双曲拱桥　1977年,因船只过周山乡王庄村跨沈家大沟平板桥时碰撞桥桩,致使桥梁倒塌压死1人。因此,从20世纪70年代逐步改为双曲拱桥,跨度视水面宽10~30米不等,既可单孔也可多孔架设。70年代初,开始建于三郎庙,而后普遍采用这种桥型。这种桥的优点是:可以节省材料;可以采用装配式施工,先化整为零分散预制,后集零为整装配成桥;可以在水深流急河道采用无支架施工,不影响通航;可以通行农业机械。

桁架拱桥　在双曲拱桥的基础上,采取拱桁组合结构,桁架拱桥分竖杆式桁架拱与斜杆式桁架拱两种型式。主拱矢跨有1/4、1/5、1/6、1/7、1/8、1/10。这种桥型与双曲拱桥相比,自重大为减少,为此降低了对地基的要求,为砂土地基修建拱桥创造了条件,但钢筋用量增加。20世纪70年代初,首先在东平河砂土地带架设桁架拱桥11座,然后在全县全面推广。为加快建桥速度,高邮县水利局专门成立架桥队,常年负责桁架拱桥无支架吊装,既节省大量经费,又确保施工质量,有力地促进了水利工程配套,发挥了工程的最大效益。

公路桥

高邮县公路桥梁建设始于1955年。是年建有大小木桥20座,长162.7米。从1959年起,陆续淘汰木桥,逐步改建为砖拱桥、水泥桥和钢筋混凝土结构的永久式桥梁。到1990年底,属水利部门投资建设的主要公路桥梁有25座,长1140.12米。荷载能力为汽-10、履带-50,干线桥梁为汽-20、挂-100。

一沟大桥　该桥位于一沟镇北澄子河上,1988年12月~1989年5月建。设计荷载为汽-20、挂-100,3孔(中孔28米,两边孔为20米)。桥梁长81.24米,桥面净宽7.1米,上部结构为钢筋混凝土单悬臂梁,中墩为钢筋混凝土薄壁结构,桥台为浆砌块石重力式基础,投资49.72万元。

二沟大桥　该桥位于二沟镇北澄子河上,1988年12月~1989年5月建。设计荷载为汽-15、校核履带-50,3孔(中孔28米,两边孔为20)。桥梁全长81.24米,桥面净宽4.5米,上部结构为钢筋混凝土单悬臂梁,中墩为钢筋混凝土薄壁结构,桥台为浆砌块石重力式基础,投资41.92万元。

三垛西桥　该桥位于三垛镇西侧北澄子河上,1988年12月~1989年5月建。设计荷载为汽-8,单跨钢筋混凝土桁架拱桥。跨径60米、桥面净宽4.56米,桥台为钢筋混凝土空箱式基础,桥台两侧为1:2.5锥形浆砌块石护坡。完成土方5000立方米,混凝土531立方米,石方1132立方米,投资32万元。

河口桥 该桥位于平胜乡河口镇西侧北澄子河上,1988年1月~1990年12月建。设计荷载为汽-15、校核履带-50,3孔(中孔28米,两边孔为20米)。桥梁全长81.24米,桥面净宽4.5米,上部结构为钢筋混凝土单悬臂梁,中墩为钢筋混凝土薄壁结构,桥台基础为钢筋混凝土灌注桩。完成土方3500立方米,混凝土660立方米,浆砌块石145立方米,投资47.20万元。

三郎庙大桥 该桥位于横泾镇横泾河上,是高邮城到横泾公路线上的公路桥,1971年建。为3孔双曲拱桥,中孔跨径18米,边跨16米。全长61米,桥面净宽4.5米,桥面高程7.3米。下弦底梁高程6.5米,通航高程6.0米。其结构型式:三肋两坡,主拱圈采用矢跨比6:1,腹拱采用拱矢比3:1,拱肋间设有横向拉杆,桥台采用浆砌块石桥台,荷载标准为汽-10。投资4.2万元。

南宋大桥 该桥位于平胜乡东平河上,1969年11月建。为3孔桁架拱公路桥。全长90米,桥面净宽4.5米,中孔桥底高6米,矢跨比8:1,下弦为二次抛物线,3个桁架拱片,拱片宽16厘米,拱片间净距1.5米,上放净跨4.5米的预制微弯板,桥台为浆砌块石空箱轻型基础,荷载标准-10。投资5万元。

高邮县县骨干河道情况统计表

序号	河道名称	河道起点	河道讫点	工长(km)	河床现有标准			河道流经乡镇	河道走向	备注
					底宽(m)	底高(m)	坡比			
1	子婴河	界首镇子婴闸	临泽镇龙兴村	17	4~8	-0.5~-1.0	1:2	界首镇、营南乡、周巷乡、果园、临青镇	西→东	1975年老河拓浚
2	临川河	临泽镇光兴村	川青镇北荡村	9.5	10	-1.0~-1.5	1:2	临泽镇、川青镇	西→东	1976年新开
3	二里大沟	界首镇二里铺(二里支闸首)	周巷乡张平村	17.2	4~8	-1.0	1:2	界首镇、营南乡、周巷乡	西→东	1976年新开
4	新六安河	周山乡长春村(与盐长河连接)	横泾镇官林村	15	15~30	-1.0~-1.5	1:2	周山乡、周巷乡、司徒乡、川青镇、横泾镇	西→东	1971年新开
5	老六安河	界首镇六安村	周山乡联合村	9.75	6~10	-0.5~-1.0	1:2	界首镇、马棚乡、周山乡、司徒乡	西→东	1968年新开
6	横泾河	马棚乡陈桥村(马棚粮站)	横泾镇周耿村	28.5	10~20	-1.0~-2.0	1:2	马棚乡、张轩乡、司徒乡、横泾镇	西→东	1970~1974年新开
7	东平河	东墩乡西墩村(部家沟)	平胜乡龙王咀(参鱼塘)	34.5	8~25	-1.0~-1.5	1:2	东墩乡、一沟乡、二沟乡、张轩乡、武宁乡、甘垛乡、平胜乡	西→东	1975~1977年新开
8	老横泾河	高邮镇搭沟桥(城北米厂)	二沟乡金家村	17.66	10~20	-0.5~-1.0	1:1.5	高邮武安、东墩乡、武安乡、一沟乡、二沟乡、武宁乡	西→东	老河
9	北澄子河	高邮镇新河(麦粉厂)	平胜乡河口村	35.5	25~30	-2.0	1:2	高邮武安、三垛镇、二沟乡、一沟乡、卸甲镇、甘垛乡、汤庄镇、平胜乡	西→东	1987年老河拓浚
10	南关大沟	蚕桑场(八里石油库)	车逻镇俞庄村	8.75	8~12	-1.5	1:2	蚕桑场、武安乡、车逻镇	西→东	1976年新开
11	南澄子河	龙奔乡黄渡村(黄渡大桥南)	汤庄镇汤庄村	35.07	10~25	-0.5~-2.0	1:2	武安乡、龙奔乡、车逻镇、卸甲镇、汉留镇、沙垛镇、汤庄镇	西→东	1990年拓浚下段
12	车逻大河	车逻镇车逻村	车逻镇俞庄村	10.7	8~20	-0.5~-1.5	1:2	车逻镇、伯勤乡	西→东北	老河
13	关河	八桥镇绿洋村	八桥镇罗庄村	8.7	8	-1.0	1:1.5	八桥镇	西→东	老河
14	淤溪河	八桥镇陈鲍村	八桥镇金沟村(江都市永安镇)	8	15~30	-1.0	1:1.5	八桥镇、江都市永安镇	西→东	老河

（续表）

序号	河道名称	河道起点	河道讫点	工长（km）	河床现有标准			河道流经乡镇	河道走向	备注
					底宽（m）	底高（m）	坡比			
15	大昌河	平胜乡养殖场	平胜乡河口村（河口大桥）	8.8	20~30	-0.5~-1.0	1:1.5	平胜乡、兴化市	北→南	老河
16	第一沟	平胜乡沙贯村	平胜乡普团村	9.1	10~20	-0.5~-1.0	1:1.5	平胜乡	北→南	老河
17	第二沟	横泾镇李家村	甘垛乡俞家村	10.6	10~20	-0.5~-1.0	1:1.5	横泾镇、平胜乡、甘垛乡	北→南	老河
18	第三沟	横泾镇官林村	甘垛乡西张村	16.4	20~25	-2.0	1:2	横泾镇、甘垛乡、武宁乡、三垛镇	北→南	1987年拓浚北段,1988年拓浚南段
19	三阳河	司徒乡大葛村	汉留镇李甫村	28.4	6~35	-0.5~-4.0	1:3	司徒乡、横泾镇、武宁乡、三垛镇、甸垛镇、汉留镇	北→南	1973~1977年新开与接通
20	人字河	周巷乡姚夏村	二沟乡二沟村	17.3	20~25	-1.5	1:2	周巷乡、周山乡、司徒乡、张轩乡、二沟乡	北→南	其中新开4千米,1989、1990年拓浚
21	澄潼河	营南乡西胜村（营南朴水站）	一沟乡光华村	23.5	10~15	-1.5	1:2	周巷乡、周山乡、张轩乡、一沟镇	北→南	1978~1981年新开
22	北关河	一沟镇先锋村	东墩乡高林村	9.4	8~10	-0.5~-1.0	1:1.5	一沟镇、武安乡、东墩乡、张轩乡	南→北	老河
23	海陵溪	平胜乡河口村（河口米厂）	汤庄镇高家村（兴化市老阁）	6.5	10~15	-1.0	1:1.5	汤庄镇、兴化市（老阁）	北→东南	老河
24	斜丰港	汤庄镇高家村	沙垛镇俞任村	11.28	35	-2.0	1:2	汤庄镇、沙垛镇、江都市武坚乡、兴化市（老阁）	东北→西南	老河
25	长林沟	三垛镇俞汪村	汉留镇姚费村	13.5	6~8	-0.5	1:1.5	三垛镇、沙垛镇、甸垛镇、汉留镇	北→南	老河
26	小泾沟	三垛镇北汉村	八桥镇金沟村（江都市水安镇）	17.8	8~20	-0.5~-1.0	1:2	三垛镇、卸甲镇、沙垛镇、甸垛镇、汉留镇、伯勤乡、八桥镇、江都市立新农场、水安镇	北→南	老河,1990年拓浚北段
27	张叶沟	卸甲镇新光村	八桥镇居庄村	17.5	10~15	-0.5~-1.5	1:2	卸甲镇、八桥镇、伯勤乡、八桥镇	北→南	老河1974年、1986年拓浚两次

（续表）

序号	河道名称	河道起点	河道汔点	工长（km）	河床现有标准			河道流经乡镇	河道走向	备注
					底宽（m）	底高（m）	坡比			
28	龙狮沟	龙奔乡三星村	伯勤乡合兴村	8.5	4~8	-0.5~-1.0	1:1.5	龙奔乡、卸甲镇、伯勤乡	北→南	老河
29	大港河	车逻镇春风村	八桥镇鲍村	4.4	15	-0.5~-1.0	1:1.5	车逻镇、伯勤乡、八桥镇	北→南	老河
30	沿河（船闸引河）	运东船闸	龙奔乡临城村	5.5	40	-2.0	1:2.5	武安、龙奔乡	南→北	老河 1984 年拓浚
31	港河	二沟乡盐垛村	横泾镇带程村	8.55	15~20	-0.5~-1.0	1:1.5	二沟乡、司徒乡、武宁乡、横泾镇	西→东	老河
32	大芦河	武宁乡管环村	三垛镇侯莫村	6.25	10~15	-1.0	1:1.5	武宁乡、二沟乡、三垛镇	北→南	老河
33	周临河	临泽镇临西村	周巷乡查甸村	9.2	8~15	-0.5~-1.0	1:1.5	临泽镇、川青镇、周巷乡	东北→西南	老河
34	范家大沟	周巷乡三六村	周巷乡姚夏村	8.5	4~8	-1.0~1.5	1:1.5	果园乡、营南乡、周山乡、周巷乡	北→南	老河
35	戚家弯	二沟乡南丰村	一沟镇大树村	3.27	6~14	0.0~0.5	1:1.5	一沟镇、二沟乡	南→北	老河
36	联络河	武安乡渠南村（地下洞）	车逻镇俞庄村	2	6	-1.5	1:1.5	武安乡、车逻镇	北→南	1976 年新开
37	赫旺河	伯勤乡种子场	车逻镇山墩村	3.35	15	-0.5	1:1.5	车逻镇、伯勤乡	南→北	老河
38	唐柘河	张轩乡唐墩村	司徒乡曹张村	11.5	6	-1.0	1:1.5	张轩乡、司徒乡	西→东	1973~1979 年新开
39	三荡河	张轩乡农技站	张轩乡东角村	6.65	6~10	-1.0	1:1.5	张轩乡、一沟乡、二沟乡	西→东	1976~1979 年新开
40	十里长河	汉留镇京汉村	汉留镇富南村	4.1	6	-1.0	1:1.5	汉留镇、江都市东汇镇、立新农场	西→东	老河
41	大溪河	张轩乡兴旺村	张轩乡通荡河	7.5	6	-0.5	1:1.5	马棚乡、周山乡、张轩乡	西南→东北	老河
42	向阳河	送桥张公渡、菱塘乡姚庄	天山粮站、送桥兵操闸至坝丰收闸、菱塘姚庄	25.4	3.5~24	2.5	1:2	郭集镇、送桥镇、天山镇、菱塘回族乡		1978 年~1982 年新开
43	天菱河	天山镇尹河村	菱塘乡备荒村	12.6	100~130（深弘 9）	2.7	1:2	天山镇、菱塘回族乡	南→北	老河 1966 年拓浚

高邮乡级骨干河道基本情况统计表

序号	乡镇	河道名称	长度（公里）	起止地点		途 经 村 名
				起点	止点	
合　计			803.32			
1	车逻	砖场河	2.9	砖场村	太丰村	砖场、太丰
2		中闸河	6.2	闸河村	黄厦村	闸河、太丰、黄厦
3		藏粮河	3.2	上庄村	黄厦村	上庄、黄厦、
4		备战河	1.8	黄厦村	袁庄村	黄厦、袁庄
5	武安	老勤王河	1.7	管伙东庄	勤王光明	管伙、勤王
6		备战河	1.9	南关干渠	南关大沟	凤凰、渠南、勤王
7		丁庄河	3.7	沿河口	南澄子河	沿河、丁庄、凤凰、高谢
8		浩芝河	1.6	丁庄	凤凰	凤凰、丁庄
9	东墩	一支排河	5.79	清水潭村	昌农村	清水潭、太堡、北太平、昌农
10		二支排河	5.3	灯塔村	昌农村	灯塔、太堡、东墩、昌农
11		四支排河	4.7	腰圩村	腰圩村	腰圩、杨桥
12		五支排河	2.93	杨桥村	花王村	杨桥、花王
13		六支排河	3.02	花王村	花王村	花王
14		十号河	6.8	腰圩村	昌农村	腰圩、东墩、昌农
15		五号河	8.55	花王村	北太平	花王、杨桥、腰圩、东墩、灯塔、太堡、清水潭、北太平
16	张轩	通荡河	4.8	白马9组	兴北8组	白马、兴北
17		跃进河	2.5	白马8组	林渔站	白马、林渔站
18		林场引水河	2.7	唐墩11组	友谊6组	林渔站、友谊、唐墩
19		兴南中心河	3.9	兴南2组	强民9组	兴南、强民
20	一沟	东风河	3.9	龙潭1组	双庙7组	龙潭、佛塔、龙澄、双庙
21		马垛河	2.6	红马5组	兴南4组	红马、兴南
22		朱庄河	2.8	一沟9组	陈庄1组	一沟、陈庄
23	马棚	三号河	5.35	横泾河	六安河	十桥、塔院
24		六号河	3.4	横泾河	跃进河	十桥、阳沟
25		八号河	3.4	横泾河	跃进河	东湖、钱厦、阳沟
26		跃进河	4.4	干渠	六号河	塔院、阳沟
27		立新河	5.94	干渠	盐城河	塔院、阳沟
28		幸福河	6.92	干渠	双垛	塔院、十桥、阳沟

（续表）

序号	乡镇	河道名称	长度（公里）	起止地点		途经村名
				起点	止点	
29	马棚	迎荡河	5.8	金唐村	一沟张轩村	清水潭、太堡、北太平、昌农
30		兴旺河	4.27	横泾河	跃进河	东湖、钱厦、阳沟
31	甘垛	红旗河	7.8	甘前村	路家村	甘泉、甘中、荷花、渔海、志强
32		荷花河	3.6	荷花村	九元村	荷花、九元
33		前进河	3.2	沈团村	顾周村	沈团、甘泉、甘北、顾周
34	平胜	平胜河	5.5	河口村	南宋村	河口、子明、启南、启北、南宋
35		联兴河	3.8	花李村	耿家村	花李、北韩、耿家
36		横沙河	3.4	横铁村	沙贯村	横铁、渔业、沙南、沙贯
37		西川河	5.0	横铁村	野徐村	横铁、北王、义和、一心、野徐
38		东川河	6.9	河口村	南宋村	河口、子明、启南、启北、南宋
39		沙耿河	4.4	沙贯村	耿家村	沙贯、李家、耿家
40		振兴河	3.9	沿河村	振兴村	沿河、振兴、东平
41		西钱河	3.5	西钱	横铁	西钱、北王、横铁
42		中心河	8.2	渔海村	东平村	渔海、横铁、兴盛、东平
43	横泾	东北分河	1.2	良种场	镇北村3组	良种场、镇北
44		化工厂河	1.8	三郎庙7组	化工厂	三郎庙、镇北、化工厂
45		周罗后河	4.8	沿荡村4组	水产村6组	沿荡、水产
46		西北分河	4.9	温姚村6组	镇北村9组	温姚、中兴、水产、镇北
47		胡家斜河	5.0	银河村2组	长街村5组	银河、长街
48	武宁	秦季新河	7.0	柳南二组	柳北五组	柳南、武宁、少游、柳北
49		洛阳河	7.5	第三沟	大卢河	联北、武宁、少游、柳北
50		同心河	7.2	第三沟	人字河	柳南、联南
51		漕港河	4.3	联南村	柳南村	联南、柳南
52	三垛	春生新河	2.9	春生	瓦庄	春生、瓦庄
53		林阳新河	3.6	潘岔	林阳	潘岔、荡楼、林阳
54		林阳排河	7.9	小泾沟	长林沟	瓦庄、春生、东楼、荡楼、林阳
55		五里河	4.0	五里	联北	五里、联南、联北
56		一号河	3.0	三百六	三百六	三百六
57	二沟	俞洞河	3.1	俞胡	冯厦	俞胡、冯厦
58		跃进河	5.8	剑鸣	左卿	剑鸣、永中、保安、左卿

（续表）

序号	乡镇	河道名称	长度（公里）	起止地点		途 经 村 名
				起点	止点	
59	二沟	红旗河	6.1	剑鸣	左卿	剑鸣、保安、冯夏、左卿
60		冯家河	5.9	冯家	二沟	冯家、二沟
61	司徒	司徒河	8.3	司徒4组	邓家7组	司徒、曹张、西城、兴联、邓家
62		六号河	6.9	高柘6组	倪庄1组	邓家、严吉、兴联、家厂、倪庄
63		老横泾河司徒段	7.3	大吉7组	柘垛6组	严吉、米仓、兴联、西城、柘垛
64		官垛河	5.8	官垛3组	高柘6组	官垛、邓家
65		耿严河	4.9	耿庭7组	严沭5组	耿庭、邓家、兴联、严吉
66		一号河	2.5	米仓9组	倪庄6组	米仓
67		徐邵河	2.0	徐邵9组	徐邵6组	米仓
68		二号河	4.0	西城5组	耿庭3组	西城、龚张、耿庭
69	八桥	港西河	2.6	八桥村	金港村	八桥、金港
70		勤丰河	1.6	勤丰村	金沟河	勤丰、金沟
71		金沟河	1.8	金沟村	金港村	金沟、金港
72		补水站河	2.7	张余村	八桥村	张余、李庄、八桥
73		恒丰河	2.2	关河村	恒丰村	关河、恒丰
74	甸垛	大寨河	4.45	甸垛村	跃进村	甸垛、小吴、跃进
75		二号河	2.6	跃进村	跃进村	松林、南逊
76		联谊河	3.9	友好村	京汉村	友好、富南、北吴
77		东红旗河	4.3	甸垛村	苏杨村	小吴、蔡庄、跃进
78		西红旗河	3.5	四异村	苏杨村	四异、林家、保证
79	汉留	五号河	6.9	兴汉村	甸垛村	李浦、汉留、爱联、决心
80		六号河	2.9	兴汉村	甸垛村	甸垛、决心
81		曾钰河	3.9	年合村	曾钰村	爱联、和合、曾钰
82		汉留港河	4.4	兴汉村	姚费村	郭李、汉留、姚费
83		富南河	3.5	富南村	富南村	富南、何家
84		向阳河	2.5	京汉村	京汉村	京汉
85	沙堰	张郑河	2.5	长林沟	沙埝河	潘季、西屏、南屏
86		沐沙河	4.9	北澄子河	丹阳河	陵溪、兴业
87		段滕沟	4.7	北澄子河	丹阳河	兴业、北屏
88		沙埝河	8.3	丹阳河	斜丰港	常新、兴业、沙埝、中屏、南屏

（续表）

序号	乡镇	河道名称	长度（公里）	起止地点		途 经 村 名
				起点	止点	
89	沙堰	娄中河	2.5	沙埝河	斜丰港	中屏、东屏
90	汤庄	南邱河	7.6	北澄子河	南澄子河	联谊、韩王、陵西、余富
91		丹阳河	2.2	沐沙河	缦阳七组	常新、北屏、缦阳
92	龙奔	绿洋河	4.45	北澄子河	十里	周庄、十里
93		中市河	5.23	北澄子河	南关干渠	周邮墩、华东
94		蒋马河	4.32	北澄子河	华东	三新、华东
95	卸甲	冯一沟	3.78	北澄子河	南龙北徐	郭楼、南龙
96		硬塘沟	11.9	北澄子河	八桥分界河	郭楼、一平、南龙、孙陈、伯勤
97		界沟河	5.2	北澄子河	南关干渠	北戴、潘阳、大庵
98	伯勤	龙港河	4.7	南澄子河	八桥分界河	兴胜、金家、在和
99	界首	新安排河	5.34	德标朱桥	如祯杜家	德标、龙翔、如祯
100		七里排河	6.27	德标四里	如祯东风	德标、应龙、如祯
101		胜利排河	5.45	大昌胜利	应龙应龙	大昌、应龙
102		向阳排河	3.6	张任新兴	老人桥向阳	张任、大昌、老人桥
103		五星排河	4.71	六安红星	品祚红胜	六安品祚
104		塘河	5.53	界首副业	维兴戎强	界首、永安、界北、维兴
105		南北河	9.97	界北何庄	品祚品祚	界北、永安、如祯、龙翔、应龙、老人桥、品祚
106		竹林沟	2.75	塘河	二里大沟	维兴、如祯
107	临泽	临西河	3.2	韩夏9组	临西10组	临西、韩夏
108		临中河	8.6	韩夏8组	养殖场	韩夏、蒋颜、临东、朱堆、洋汉、法青
109		临东河	5.7	蒋颜高桥组	泰山蔡龙组	泰山、蒋颜、临东、朱堆
110		东风河	5.5	金桥匡介组	合心8组	合心、临东、朱堆、金桥、法青
111		跃进河	5.4	韩夏1组	临东7组	韩夏、蒋颜、临东
112	川青	川东河	7.6	东荡北荡组	小葛渔业组	东荡、瓦港、中华、川东、小葛、董潭
113		川西河	4.7	泰山蔡龙组	侯王8组	西河、西安、东沟
114		川中河	8.1	瓦港10组	董潭川南	瓦港、中华、西安、东沟、董潭、
115		五号河	8.0	西河临南组	川东朱元组	西河、西安、东沟、中华、瓦港、川东、东荡
116		十号河	8.8	董潭5组	小葛10组	董潭、小葛
117		竖二十号河	2.7	川东蒋庄组	川东蒋庄组	川东
118	周山	东风河	3.6	龙华村	龙河村	龙华、志光、长宁、龙河

（续表）

序号	乡镇	河道名称	长度(公里)	起止地点		途 经 村 名
				起点	止点	
119	周山	黎河排河	7.3	双河村	龙河村	双河、志光、龙河
120		志光河	3.9	龙华村	志光村	志光、龙华
121		光荣河	3.85	狄奔村	双河村	双河、狄奔
122		竹林河	4.1	狄奔村	居河村	狄奔、万福、居河
123		吕垛河	3.0	龙河村	龙胜村	龙华、长宁、龙胜
124		东大河	3.4	龙华村	龙胜村	龙河、长宁、龙胜
125		周山河	6.0	双河村	龙河村	双河、志光、龙河
126		机关河	1.9	龙华村	志光村	龙华、志光
127		花枝电站河	2.8	万福村	龙华村	万福、吴堡、龙华、狄奔
128	周巷	一号河	3.76	双沟	新马	双沟、新马
129		二号河	3.98	双沟	新马	双沟、新马
130		备战河	4.07	胡荡	新马	胡荡、新马
131		箸笼口河	1.97	陈甸	周巷	陈甸、周巷
132		四号河	6.94	钱境	周巷	薛北、周巷
133		五号河	3.09	钱境	周巷	钱境、周巷
134		六号河	2.75	薛北	陈甸	薛北、陈甸
135		七号河	2.4	薛北	陈甸	薛北、陈甸
136		新河排河	8.41	双沟	陈甸	双沟、胡荡、钱镜、薛北、陈甸
137		立新排河	5.54	新马	周巷	新马、胡荡、周巷
138		周临河	2.9	箸笼口河	二里大沟	周巷、钱境
139	营南	花关河	4.0	营南太平	钱境扬圩	营南、钱境
140		向阳河	2.7	营中戴坝	营东西桥	营中、营东
141		蒲荡河	2.82	营西黎沟	营北葛庄	营西、营北
142	湖滨	湖滨排涝河	8.5	新助剂厂	新民曙光	大桥、珠湖、湖滨、新民
143	郭集	东排河	10.5	毛港闸	皮套闸	盘塘、邵庄、毛港、孙巷
144		西排河	8.8	甘露排涝站	郭集柏庄	郭集、槽坊、德华、邵庄、孙巷
145		沈全河	6.3	向阳河	盘塘张庄	槽坊、郭集、盘塘
146		大营河	6.2	槽坊占庄	大营金沟	槽坊、郭集、盘塘、大营
147		朝阳河	5.0	朝阳闸	槽坊唐庄	槽坊、德华、邵庄、大营
148		邵庄河	5.7	向阳河	邵庄马头庄	德华、邵庄

（续表）

序号	乡镇	河道名称	长度（公里）	起止地点		途 经 村 名
				起点	止点	
149	郭集	平安河	5.2	德华黄庄	马头排涝站	德华、邵庄、毛港
150		德华河	4.7	德华排涝站	毛港曹庄	德华、毛港
151		长沟河	3.0	盘塘	郭集	盘塘、郭集
152		十字港河	5.0	毛港张庄	东排河	毛港、孙巷
153		陆桥大排河	3.2	孙巷夏庄	孙巷李庄	孙巷
154	送桥	黄圩引排河	5.5	黄圩斗坛组	常集潘庄组	黄圩、常集
155		唐营引排河	1.7	社区	送桥刘庄	社区、送桥
156		徐桥引排河	2.5	张公渡合兴	准提王庄	张公渡、准提
157		团结冲	4.5	平牌南王组	准提王庄	平牌、送桥、准提
158		马桥引排河	1.3	张公渡刘庄	张公渡张庄	张公渡
159		万庄冲	2.3	天山夏庄	官路牛庄	官路
160		明庄冲	2.1	李古冯庄	官路新民	李古、官路
161		平牌冲	4.2	平牌张庄	送桥刘庄	平牌、送桥
162		李桥引排河	2.5	准提村李庄	准提陆庄	准提
163	天山	林庄生产河	1.8	马圩桥	林庄引水河	北茶
164		林庄引水河	1.9	团结引水洞	林庄一级站	北茶、神居山
165		五星冲	5.5	殷河王庄	庙家王庄	殷河、庙家
166		黄楝冲	5.0	大巷桥	黄楝常庄	黄楝、庙家
167		红旗冲	2.5	肖祠8队	肖祠2队	肖祠
168		蔡家冲	2.5	送桥万庄	神居山谈庄	肖祠、神居山
169		茆家菱沟河	1.34	天菱河	桥头桥	北茶
170		东灯坎引水河	1.35	天菱河	窑厂	殷河、北茶
171	菱塘	佟桥引水河	1.92	佟桥引水洞	佟桥一级站	佟桥
172		杨家涧	3.15	常集桥	菱塘周庄	佟桥、高庙、菱塘
173		磨子桥河	1.78	振兴桥	红卫桥	骑龙、高庙
174		骑龙排水河	4.75	骑龙稽庄组	骑龙排涝站	骑龙
175		养殖场河	6.7	养殖场	王姚	养殖场、王姚
176		备荒引水河	6.1	备荒引水洞	备荒六队	备荒圩内
177		龚家涧	3.45	高邮湖	长征坝	龚家
178		双庆河	2.38	集镇	窑厂	菱塘、三里

（续表）

序号	乡镇	河道名称	长度（公里）	起止地点		途 经 村 名
				起点	止点	
179	菱塘	小埝港	1.4	高邮湖	东大路	王姚
180		备战排河	8.3	备战二队	备战七队	备战圩内

1969~1990 年高邮县水利投资公路桥梁工程表

公路（线路）	桥名	河名	孔数	全长（米）	桥面宽（米）	结构形式	荷载标准	地点	建桥日期	造价（万元）
邮汤	黄渡大桥	沿河	3	70	9	梁板	汽-15	龙奔黄渡	1984	
邮汤	胜利桥	六洋	单	14	5	桁架拱	汽-10	六洋	1975.10	0.80
邮汤	前进桥	中市	单	21.5	5.3	桁架拱	汽-6	甘垛中市	1975.10	0.80
邮汤	西厦桥	硬塘沟	单	36	3	桁架拱	汽-8	卸甲张邵	1980.10	1.14
邮汤	车汉大桥	三阳河	3	108	5	桁架拱	汽-15挂80	汉留镇	1976.10~1977.9	15.00
邮汤	南澄子河桥	南澄子河	单	49	7	二交肋拱	汽-15挂80	甸垛乡	1977.10~1978.5	17.87
樊三	汉留港桥	汉留港	单	28	7	二交肋拱	汽-15挂80	汉留镇	1977.3~1977.9	2.50
樊三	汉留港桥	汉留港	单	16	7	二交肋拱	汽-15挂80	甸垛乡	1977.3~1977.9	4.00
邮兴	澄潼河桥	澄潼河	单	30	7	桁架拱	汽-18	一沟陈总兵庄	1980	5.30
邮兴	一沟大桥	北澄子河	3	81.24	7.1	单悬臂梁	汽-20挂100	一沟	1988.12~1989.5	49.72
邮兴	二沟大桥	北澄子河	3	81.24	4.5	单悬臂梁	汽-15履带50	二沟	1988.12~1989.5	41.92
邮兴	三垛西桥	北澄子河	单	60	4.56	桁架拱	汽-8	三垛镇西侧	1988.12~1989.5	32.00
邮兴	河口桥	北澄子河	3	81.24	4.5	单悬臂梁	汽-15履带50	平胜河口	1988.1~1990.12	47.20
邮平	南宋大桥	东平河	3	90	4.5	桁架拱	汽-10	平胜南宋	1969.11	5.00
邮横	强民二桥	唐柏河	单	27.2	3.2	桁架拱	汽-10	张轩强民	1983.10	0.87
邮横	三郎庙大桥	横泾河	3	61	4.5	双曲拱	汽-10	横泾三郎庙	1971	4.20
邮轩	营东桥	东平河	单	24	3.74	桁架拱	汽-7.8	张轩朱家	1976.10	1.35
邮川	联合桥	澄潼河	单	45	5.4	桁架拱	汽-10	周山吴堡东	1982	3.00
邮川	王庄桥	新六安河	单	35	4.1	双曲拱	汽-10	王庄	1976	1.5
邮川	二里大沟桥	二里沟	单	25.7	5.7	桁架拱	汽-10	周巷乜虾	1975.05	0.20
邮川	川西桥	川西河	单	26	5.7	桁架拱	汽-10	临泽临南	1979	1.28
川临	川青桥	临川河	单	34	5.8	桁架拱	汽-10	临泽临南	1977	1.50

（续表）

公 路（线路）	桥名	河 名	孔数	全 长（米）	桥面宽（米）	结构形式	荷载标准	地点	建桥日期	造 价（万元）
川南	南荡桥	川东河	单	34	5.5	桁架拱	汽 –10	川青南荡	1984	2.96
邮营	黎沟桥	二里大沟	单	28	3	桁架拱	汽 –6	营南黎沟	1975.04	0.55
邮营	南庵桥	二里大沟	单	34	5.4	桁架拱	汽 –10	马棚南庵	1987.04	2.70

第七章　农田水利

　　新中国建立以前,高邮西部湖区常受淮河洪水侵扰,尤其是大水年份,千里淮水任意肆虐高邮、邵伯两湖及周边地区;运河东部属里下河地区,地势低洼,因运河堤经常溃决和开放归海坝,淮河洪水多次泄入里下河地区,使里下河成了"水柜子",被人们称为"水晶宫"。低洼耕地由于常年泡在水里,形成了有名的垛田和老沤田。农民种田主要依靠一些小圩埝挡水,由于圩口小、圩堤矮,且渗漏严重,一般雨涝年份,在 2.0 米以下的农田经常受淹;较大雨涝年份,在 2.0 米以上的农田亦毫无保障,群众称为"望天田"。秧一栽下去,人们关门闭户去江南打短工,到秋天才回来收割,粮食产量低而不稳,群众生活极其贫困。20 世纪 60 年代,高邮县大力加固培修圩堤,发展自流灌溉,大搞机电排灌,积极治理塘坝。70 年代,在全国北方地区农业会议的推动下,全县掀起以建设高产稳产、旱涝保收农田为中心的治水改土热潮。1975 年,各乡镇制定农田基本建设"五·五"规划和分年实施计划,并绘制水利建设原状图、现状图、规划图和分年实施图。在工程实施上,实行三级治水,属于一个乡范围内的骨干工程由乡统一组织劳力施工,属于一个村范围内的骨干工程由村统一组织劳力施工,田间一套沟工程由生产组组织劳力施工。在政策措施上,实行有劳出劳、无劳出钱、推磨转圈、先后受益。全县每年完成土方任务都在 1000 万立方米以上,投入劳力 10 万人以上。1982 年以后,全县水利工作重点转移到管理上,农田基本建设保持着稳步向前发展的势头。1986 年以后,高邮县连续四年以加圩、浚河、中低田改造和自灌改造为重点,坚持不懈大搞农田基本建设,连续四年获省、市农田基本建设一、二等奖,1989 年被水利部授予"全国水利建设先进县"称号。

第一节　自流灌区治理

　　清末,高邮有近万亩致用书院农田,丰水年份引里运河水自流灌溉。民国时期,子婴河两岸农民在运堤上埋置木涵、毛竹管引水灌溉低洼农田,但很不稳定。沿运地区农田灌溉用水一般用人力、风力、畜力水车提水上田。人力车水,要用 32 匹水车,6 人~8 人车轴,对班轮流踏车,一些高地需 2 级~3 级翻水才能上田,劳动强度大、费用高。农民中流传有"车口不住敲,家中不住烧,路上不住挑,心里不住焦,打点粮食跟水漂"的民谣,往往是灌溉无资,禾苗枯竭,粮食产量低而不稳。

　　1951 年,车逻区委在八里松洞下利用原有河道建造 4 座小闸,抬高水位,放水灌溉。

　　1952 年,苏北行署水利局决定利用火姚闸水源,在车逻乡进行自流灌溉典型示范工程。县政府也布置车逻、马棚、周山区在有条件的地区试办自流灌溉,组织沿运群众在老河上分筑节制闸坝、蓄水自流上田。是年,虽然梅雨来得晚,雨量少,但自流灌溉显示出优越性,单车逻区正常自流灌溉就达 700 公顷。周山、马棚交界区从永丰洞引水,改变了缺水灌溉的被动局面。临泽区利用子婴河水源建节制闸坝,抬高水位,进行自流灌溉,不仅解除了较严重的千步沟旱情,还扩种水稻 200 公顷。

　　1953 年,高邮县沿运地区自流灌溉工程规划经县人民代表大会、区委书记、区长会等会议通过,全县掀起了兴修农田水利、抗旱治水运动。并成立县建闸委员会,在原有河道基础上,全县加筑圩岸和兴建小型闸洞 33 座,从北至南设子婴闸、界首小闸、永丰洞、通湖桥洞、琵琶洞、南关闸、八里松洞、车逻闸等 8 处小型灌溉区,自流灌溉面积发展到 1800 公顷。

1956 年冬~1957 年,第一期运河整治工程对自流灌区发展有较大推动作用。工程从高邮镇国寺塔到界首二里铺 26.5 千米为新开运河,废除运河老东堤上原有的通湖桥洞、头闸、邵家沟洞、永平洞、庆丰洞、永丰洞、看花洞等 1 闸 6 洞,在新东堤上建新头闸,开新头闸大干渠,北起清水潭,东到牛缺嘴,第二年又延伸至三阳河;新建周山洞,开新周山大干渠,北起二里铺,南到清水潭。1957 年冬~1958 年春,新开南关大干渠,实现北澄子河至南澄子河之间的自流灌溉。1958 年,新开车逻大干渠,实现南澄子河至绿洋湖之间的自流灌溉。兴建牛缺嘴、人字河、黄家渡、小泾沟、张叶沟等干渠过水木渡槽;兴建香沟、十里尖、龙师沟、硬塘沟、大港河、八桥张叶沟等地下排水涵洞;兴建陆庄、临泽、六安、二沟、大李庄等节制闸。加上原有小型灌区,通过整合提高,至此自流灌溉初具规模。全县有 15 个公社实现自流灌溉,共设车逻、南关、头闸、周山、子婴 5 大自流灌溉区,自灌面积 2.45 万公顷。

20 世纪 60 年代初,自流灌区主要任务是提高、改造,兴办和改建一批配套建筑物,把临时性过水工程改为永久性灌溉设施;将牛缺嘴、人字河、黄家渡、小泾沟、卸甲张叶沟等木结构渡槽改为钢筋混凝土结构地下引水涵洞;将十里尖、八桥张叶沟地下排水涵洞改为地下引水涵洞;将龙奔等节制闸改建为砼结构节制闸,废除二沟、大李庄节制闸。1965 年 4 月,经县人民政府批准,5 个自流灌区分别成立专管机构,常年管理,自灌面积发展到 3.68 万公顷。1970 年,周山、子婴两个灌区合并为周山灌区。

20 世纪 70 年代中期,自流灌区重点是改造老灌区,建设吨粮田。土方工程以调整水系布局,新开或改造支渠,大力开挖斗、农渠,结合土地方整化,主攻渍害,大挖田间一套沟。建筑物工程重点配套支渠内部的地下洞、节制闸和斗、农渠渠首,做到灌有渠、排有沟、控制有涵闸。1977 年,江都水利枢纽 4 座抽水站建成后,提江水入运河达 480 立方米/秒,则自灌水源为江淮并用。随着淮北发展水稻生产,江水北调后,自灌水源逐年紧张。为解决干旱年份淮北地区用水问题,按省规划,自流灌区尾部改为提灌。1977 年、1982 年,在自流灌区腰部兴建 7 座补水站,共 42 台机组、2662.5 千瓦,提水 38 立方米/秒,以补充自灌水源不足。

1977 年冬~1979 年春,各灌区先后进行科学用水、节水高产的灌溉试点。新建灰土地下渠道 61 千米,控制面积 1200 公顷;引进喷灌设备,试办农田喷灌;全面推行干、支渠的计量灌溉,典型支渠试点按方收费;在龙奔西楼进行高标准、高质量的田间工程配套试点,并研制一套适合田间工程配套的装配式田间工程建筑物,在县内外、省内外推广,均收到很好的使用价值,使田间工程配套提高到一个新水平;渠道衬砌防渗断漏、暗灌、暗排、降渍试点亦相继展开。从 1980 年起,自流灌区组织力量开发自动化技术在水闸管理上应用。1982 年南关洞安装 3 台光电式水位计,代替人工启闭闸门和观测水位。1983 年,又研制成水闸智能控制仪,次年通过鉴定。

1980 年以后,自流灌区全面推广龙奔西楼田间工程配套的模式,每个乡水利站兴建装配式田间工程建筑物预制加工场,大搞田间排灌水系和建筑物工程配套,使每块田灌排各立门户,互不干扰,做到沟深、渠实,工程达到能灌、能排、能降、能控、能交、能调度的要求。

到 1990 年,高邮县自流灌区共兴建干、支、斗、农各级渠道 9936 条,总工长 3786.04 千米,兴建闸、洞、桥、涵各类建筑物 8403 座,基本建成一套完整的灌排水系,达到深沟密网、土建配套、灌排分开、防渗断漏、绿化成林的要求。

水源主要来自京杭大运河,沿运 9 座闸洞每年从运河中引水 5.2 亿立方米~7 亿立方米(内含少量机泵补水方),包括车逻、南关、头闸、周山共 4 个灌区,涉及 19 个乡镇、2 个场、318 个村、2990 个生产队、8.44 万农户。全县灌区总面积 6.72 万公顷,四至范围为:西临京杭大运河,东至三阳河,南到江都、高邮县交界处,北抵高邮、宝应两县界河——子婴河。有效自流灌溉农田面积 4.2 万公顷,占全县农田总面积的 44.77%。

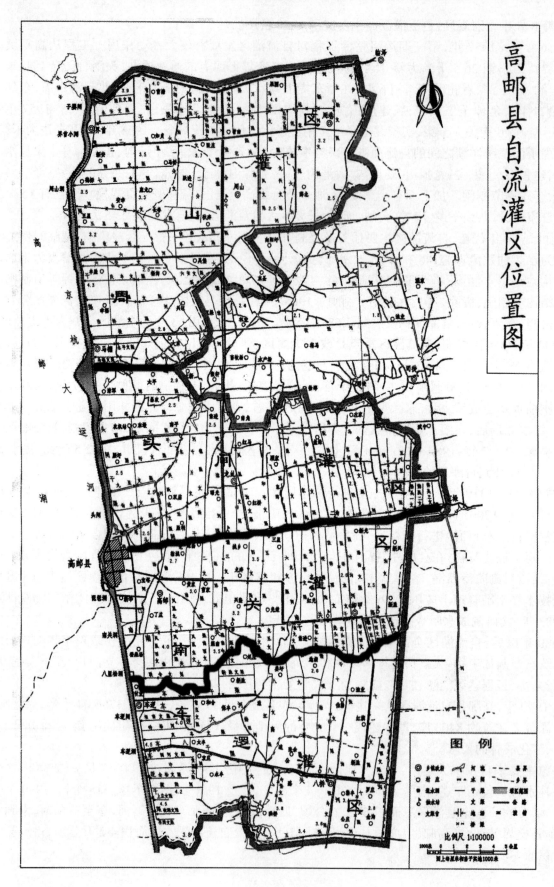

1990年高邮县自流灌区位置图

灌区布局

车逻灌区　该灌区灌溉范围西起大运河,东至小泾沟,南临淤溪河、绿洋湖,与江都县相邻,北到南关大沟。含车逻乡、伯勤乡、八桥乡等3个乡镇的农田,自灌面积近1万公顷。从车逻洞、车逻闸引水灌溉,共有干渠2条,工长30.0千米;支渠19条,工长61.7千米;斗渠658条,工长357.05千米;农渠1664条,工长247.9千米;配套建筑物共1660座,其中干渠建筑物22座、支渠首19座、斗渠首658座,三级配套达100%,相对应的排水系统亦配套齐全。该灌区的水利设施基本能满足区内农业生产发展供水、排水、降渍的需要。

南关灌区　该灌区灌溉范围西起大运河,东至三阳河,南临南关大沟,北到北澄子河。含高邮镇、武安乡、龙奔乡、卸甲乡、甸垛乡等5个乡镇以及蚕桑场农田,自灌面积0.9万公顷。从南关洞、八里松洞、琵琶洞引水灌溉。有干渠1条,工长17.6千米;支渠35条,工长105.55千米;斗渠932条,工长458.3千米;农渠414条,工长163.7千米;配套建筑物共1757座,其中干渠建筑物18座、支渠首34座、斗渠首931座,三级配套99.9%,相对应的排降水系亦配套齐全。该灌区在科技开发创新和节水试验方面成效显著,为发展农业生产提供了优越的水利条件。

头闸灌区　该灌区灌溉范围西起大运河,东至三阳河,南临北澄子河,北到清水潭。含东墩乡、一沟乡、二沟乡农田和三垛镇、武宁乡、张轩乡的部分农田,自灌面积1万公顷。从头闸引水灌溉,共有干渠1条,工长29.5千米;支渠24条,工长108.65千米;斗渠959条,工长489.97千米;农渠1233条,工长267.1千米;配套建筑物共1497座,其中干渠建筑物22座、支渠首24座、斗渠首915座,三级配套达95.5%,与各级渠系相对应的河沟配套齐全。灌、排、降的条件能适应农业生产持续发展的需要。

周山灌区　该灌区灌溉范围西起大运河,东至千步沟、周临河和周巷、周山荡边一线,南临清水潭,北到子婴河,与宝应县相邻。含马棚乡、界首镇、营南乡、周山乡、周巷乡等5个乡镇和果园场农田,自灌面积1.4万公顷。从子婴闸、界首小闸、周山洞引水灌溉,共有干渠3条,工长34千米;支渠44条,工长172.35千米;斗渠1039条,工长541.25千米;农渠2908条,工长701.42千米;配套建筑物共3488座,其中干渠建筑物19座、支渠首44座、斗渠首1015座,三级配套达97.7%,排降水系布置合理。

渠系结构

自流灌区渠系结构大部分为干、支、斗三级渠系灌溉到田,约占70%;少数四级渠系灌溉到田,约占25%;个别乡五级渠系(末级毛渠多为临时渠道)灌溉到田,约占5%。渠系布置多采用"双非"灌排,少数为"单非"灌排。灌区共有干渠7条,工长111.1千米;支渠122条,工长448.25千米;斗渠3588条,工长1846.57千米;农渠6219条,工长1380.12千米;斗(农)渠以下为农田一套沟;排水沟与斗(农)渠相间配置,各自间距约200米。

干渠

支渠

斗渠

农渠

龙奔田间建筑物预制场

防渗渠道

干、支、斗、农渠的标准符合设计要求,能适应相应的流量和农村交通,但也时常发生扒翻渠坡种植,导致渠床淤积、杂草滋生、渠道质量下降的现象。

涵闸配套

民国时,农田灌溉多半用"三车"(见提水排灌章节)提水入沟,再用木质涵洞或毛竹管引水,在田埂开缺放水上田。50年代,主要在干渠上新建5座干渠过水木渡槽、7座地下排水涵洞和7座节制闸。60年代,将木结构节制闸改为砼结构,将木渡槽改为钢筋混凝土地下洞,让出老河,改善航运交通。70年代,改造老灌区,调整灌排渠系,着重配套支渠内部的地下洞、节制闸和斗、农渠渠首。80年代,大力推广渠系装配式建筑物。至1990年,干、支、斗渠道三级建筑物配套面积达98%,总计8403座。其中干渠建筑物有81座,支渠建筑物686座,斗渠建筑物4365座,农渠建筑物3271座,平均每万公顷近2000座,渠系建筑物尚属安全。但经多年运行,工程设施普遍老化,闸门启闭不灵,或不断漏;有的缺启闭机、缺闸门;有的洞小、桥短,阻水现象严重。

1953~1990 年高邮县自流灌溉面积发展情况统计表

单位：万公顷

年度	有效灌溉面积	实际灌溉面积	年度	有效灌溉面积	实际灌溉面积	年度	有效灌溉面积	实际灌溉面积
1953	0.2	2.69	1966	3.81	3.81	1979	3.39	2.80
1954	0.3	4.57	1967	3.33	2.33	1980	3.39	2.67
1955	0.44	0.44	1968	3.40	2.47	1981	3.39	2.70
1956	0.92	0.92	1969	3.40	2.67	1982	3.39	2.76
1957	1.08	1.08	1970	3.87	3.33	1983	3.39	2.73
1958	2.45	2.45	1971	3.67	3.09	1984	3.39	2.81
1959	2.38	2.38	1972	3.67	3.20	1985	3.38	2.85
1960	2.87	2.87	1973	3.71	3.64	1986	3.33	2.78
1961	2.43	2.43	1974	3.73	3.64	1987	4.20	3.32
1962	2.93	1.70	1975	3.73	3.37	1988	4.20	3.28
1963	3.58	2.43	1976	3.40	2.86	1989	4.20	3.29
1964	3.53	3.46	1977	3.43	2.83	1990	4.20	3.29
1965	3.68	3.6	1978	3.46	3.04			

1953~1990年高邮县自流灌区干渠主要建筑物工程概况表

建筑物名称	工程地点	兴建年份	国家投资（万元）	设计水位（米）上游	设计水位（米）下游	长度（米）	孔数	孔径（米）上宽	孔径（米）下宽	高度（米）	最大流量 立方米/米	闸顶真高（米）	闸底真高（米）	胸墙底真高（米）	设计灌溉效益（万公顷）
头闸节制闸	头闸干渠	1958	—	—	—	—	2	2.5	—	2.7	12	5.2	2.5	—	0.23
袁庄节制闸	车八干渠	1958	—	—	—	—	3	2.58	3.18	3.6	23	6.0	2.4	2.4	0.93
龙奔节制闸	南关干渠	1959	—	—	—	—	3	3.0	—	3.0	12	5.0	1.8	1.8	0.33
卸甲地下洞	张叶沟	1961	5.22	3.60	3.50	47.89	2	1.8	—	2.7	9	4.5	1.8	1.8	0.30
牛缺明地下洞	老横泾河	1963	24.32	4.80	4.6+0	45.2	3	2.0	—	2.5	20	5.5	-0.5	2.0	0.68
人字河地下洞	人字河	1963	10.00	3.60	3.50	47.89	1	1.8	—	2.7	9	4.0	-0.5	2.5	0.30
头闸送水闸	头闸干渠西堤	1965	6.40	4.2	2.33 2.60	6	1	3.5	—	3.0	21 27	5.5	1.0	4.0	—
十里尖地下洞	十里尖河	1966	16.17	5.00	4.85	46.70	2	2.8	—	2.8	17.25	5.0	-0.5	2.0	0.61
八桥地下洞	张叶沟	1975	11.07	4.50	4.40	47	2	2.2	—	1.55	7.55	4.0	14.8	1.8	0.33
六安节制闸	周山干渠	1975	—	—	—	—	1	3.5	—	2.75	10	5.3	1.8	4.55	0.27

高邮县1990年自灌溉渠系建筑物情况表（一）

单位：公里，万亩

单　位	干渠 条	干渠 工长	支渠 条	支渠 工长	斗渠 条	斗渠 工长	农渠 条	农渠 工长	特斗 条	特斗 工长
合计	7	107.8	122	448.25	3231	1719.1	6219	1380.12	357	127.47
车逻灌区	2	30	19	61.7	514	326.6	1664	247.9	144	30.45
车逻			12	21.2	279	149.6	1487	167.9	126	10.75
八桥			3	15	74	76.1	149	64.4	15	14.3
伯勤			4	25.5	161	100.9	28	15.6	3	5.4
南关灌区	1	17.6	35	105.55	887	441.5	414	163.7	45	16.8
城东			8	22.1	126	61.1	44	15.7	22	5.4
龙奔			10	34.5	344	190.9	370	148	12	4
东风镇			14	42.55	376	165.3			11	7.4
城镇			1	2	12	6				
蚕场			1	2	17	11				
汉留			1	2.4	12	7.2				
头闸灌区	1	29.5	24	108.65	854	437.8	1233	267.1	105	52.17
东圩			7	30.1	125	99.4	823	164.6	19	8.9
一沟			6	30.8	203	127.8	35	12.4	27	21.5
二沟			6	33.1	410	157.1	303	64.4	27	9.97
三垛			5	6.25	55	14.6			24	9.4
三阳				6.3	44	27.1	16	5.8		
张轩				2.1	9	5.8	16	4.9		
太山				6	8	6	40	15	8	2.4
周山灌区	3	30.7	44	172.35	976	513.2	2908	701.42	63	28.05
界首			10	41	236	109.9	706	104.95	22	8.7
马棚			6	33.7	253	124.13	780	336.47	12	13.8
周山			6	43.3	199	91.87	801	165.3		
周巷			6	24.4	86	83.9	577	78.1	2	2.4
营南			16	26.95	187	97.1	24	14.4	26	2.7
果林场					15	6.3	20	2.2	1	0.45
张轩				3						

高邮县1990年自灌溉渠系建筑物情况表（二）

单位：座

单位	合计	干渠					支渠							斗渠					特斗						农渠洞
		小计	地下洞	节制闸	退水闸	桥梁	小计	渠首洞	地下洞	排河桥	节制闸	退水闸	桥梁	小计	渠首洞	地下洞	节制闸	桥梁	小计	渠首洞	排河桥	地下洞	节制闸	桥梁	
合计	8403	81	11	10	2	58	686	121	167	96	87	18	197	3860	3155	312	389	4	505	364	5	86	49	1	3271
车逻灌区	1660	22	2	6	0	14	162	19	28	20	28	11	56	662	514	66	78	4	200	144	5	25	25	1	614
车逻	1072	12	1			11	98	12	11	7	25	8	35	340	279	12	49		153	126		5	22		469
八桥	278	9		6		3	15	3	6	4	1		1	104	74	24	2	4	33	15		14	3	1	117
伯勤	310	1	1				49	4	11	9	2	3	20	218	161	30	27		14	3	5	6			28
南关灌区	1757	18	3	1	0	14	187	34	22	15	22	2	92	1050	886	73	91	0	56	45	0	6	5	0	446
城东	297	6	1			5	29	8	5	1	2	1	12	129	125	2	2		22	22					111
龙奔	786	4		1		3	58	10			12		36	467	344	47	76		17	12			5		240
东凤	605	8	2			6	87	14	16	14	3	1	39	398	376	22			17	11		6			95
城镇	21	0					5	1			2		2	16	12		4		0						
蚕场	30	0					5	1			2		2	25	17		8		0						
汉留	18	0					3		1		1		1	15	12	2	1		0						
头闸灌区	1498	22	4	2	1	15	165	24	71	38	14	2	16	902	803	95	4	0	172	112	0	52	8	0	237
东讦	419	7	1	2	1	3	44	7	19	12	5	1		147	125	22			43	19		19	5		178
一沟	398	7	1			6	36	6	15	9	3		3	276	229	47			50	34		13	3		29
二沟	492	3	1			2	52	6	18	13	5		10	362	340	22			45	27		18			30
三垛	104	4	1			3	19	5	9	4		1		55	55				26	24		2			
三阳	51	0					7		7					44	44				0						
张轩	25	0					7		3					18	10	4	4		0						
太山	9	1				1	0							0					8	8					
周山灌区	3488	19	2	1	1	15	172	44	46	23	23	3	33	1246	952	78	216	0	77	63	0	3	11	0	1974
界首	1292	9	1	1	1	6	30	10	10	9	1		9	239	237	1	1		26	22			4		988
马棚	605	3				3	52	6	13	9	8		16	268	253	8	7		21	12		2	7		261
周山	911	0					43	5	15	8	10		5	378	199	41	138		0						490
周巷	433	3	1			2	25	6	6	6	1	3	3	168	82	16	70		2	2					235
营南	230	4				4	20	17			3			180	171	9			26	26					
果林场	12	0					0							10	10				2	1		1			
张轩	5	0					2		2					3		3			0						

备注：1.车八干渠工长21公里，车逻分干渠工长9公里，子婴干渠工长17.5公里，界首、二里分干渠工长4.2公里，周山干渠工长9公里；2.建筑物合计数不含运引水闸涵。

自流灌溉治理典型——龙奔西楼片　龙奔西楼片位于南关自流灌区的三支渠两侧,耕地383公顷。1977年,该片根据灌排分开、水旱分开、高低分开、控制地下水位的要求,制定沟渠田林路统一安排的全面规划。片内沟深网密,生产河间距600米,深3.2米;排水沟间距200米,深1.5米;隔水沟间距60米,深1.2米,每两块田1条。导渗沟深1米,与隔水沟呈丁字形布局,拖拉机能到每块农田。"三沟"达到条条通、节节畅。主林带间距600米,副林带间距200米。到1981年,共完成土方133.4万立方米,占计划的80%;装配式建筑物配套率达62%,投资8.1万元,每公顷225元,使田间工程达到能灌、能排、能降、能控制、能交通、能调度的要求。由于灌排分开,三埂断漏,出现三水三层三色,即上层灌溉渠里的江水是黄色,中层田里的肥水是浑泥酱色,下层隔水沟、导渗沟、排水沟里的水是清色。1981年,粮食产量3400吨,年递增率5.6%。1980~1983年,每公顷产粮分别达9.23吨、9.77吨、10.32吨和10.38吨,位于全县自流灌区之首,获得国内外专家的赞誉。

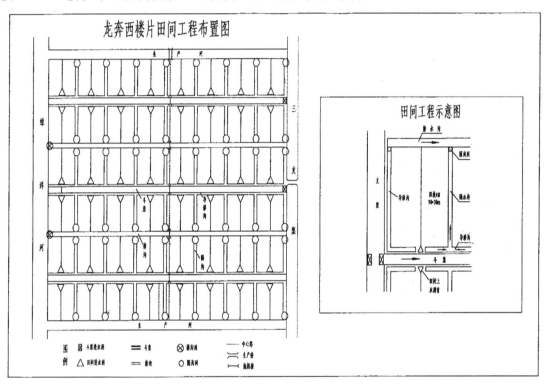

龙奔西楼片田间工程布置图

第二节　圩区治理

早在古代,高邮人民在长期和大自然作斗争的过程中,就懂得利用地形开挖河沟,或沿自然河道堆土做圩,防御洪、涝水,并在圩内开挖沟河蓄水滞涝进行耕种,形成圩区。至1990年,高邮县圩区总面积有12.2万公顷,其中耕地面积7.04万公顷。

从境内地形上看,可分为里下河圩区、沿湖圩区、半山半圩区三种圩区。其中,里下河圩区耕地面积占90.66%,为碟形洼地,地势四周高、中间低,海拔一般在2米左右,最高的近4米,最低的只有1.6米。内部湖荡较多,河港稠密,地下水位高,汛期雨水汇集,"四水归塘",涨水极快,易受涝渍威胁。由于采取了一系列措施,由加修圩堤到并口建闸,由清除暗坝、疏通河网到大引、大排、大调度,由车水提水、机电灌排到自流灌溉,由平田整地、三沟配套到格田成方,使其防洪排涝能力显著提高,灌溉质量获得改善。渍的危害经减轻,基本上达到内河水位3.09米可以挡得住,长江有水保灌溉,阴雨连绵渍害轻,日雨 150 毫米不受涝。沿湖圩区耕地面积占 9.34%,位于高邮湖西,地势较为平坦,一般海拔 5.0~8.0 米,最低的 5.0 米。圩内河道少、小、浅,汛期洪水封门,排无出路,洪涝为害,撇洪能力差。高地雨水下压,排无出路,圩内低洼地极易受淹。经过多年的治理,圩内农田基本建设情况和里下河腹部圩区基本相似。

圩堤　清嘉庆十年(1805 年),高邮州始筑坝下护城堤。光绪十四年(1888 年),建有谢家圩、太平圩、聚谷圩、车逻大圩、王琴大圩、恒丰圩、庆丰圩、张四娘圩、广生圩、大老圩、和尚圩、匡家庄后圩等。"一般圩高三尺五寸,容田一千五百亩。大者保城圩,护堤圩高一丈二三尺,容田十余万亩;小者按九里、十里、十一里零星小圩不下百余,高二尺不过田埂之大。容田仅数十亩。右南乡建有十七个圩口,容田三万一千七百四十七亩。圩有董官,专司管圩。"1949 年前,全县共有圩口 2063 个,但圩身低矮单薄,御洪能力差,一遇雨涝水位,即漫决成灾。解放后,经过逐年的加固培修,联圩并圩,缩短了防涝战线,增强了防洪能力。

20 世纪 50 年代,重点是加高培厚原有圩堤,填塘固基。要求圩堤顶高超出历史最高水位 0.3 米,顶宽 1 米;少数联圩并口,增强了防涝能力,共完成土方 778 万立方米。

50 年代末期至 60 年代中期,重点是联圩并圩缩短防涝战线,提高御涝标准,改变历史上圩口小、面积少的状况,共完成土方 1469.82 万立方米。1958 年起,普遍将零星分散的鱼鳞圩堵口筑堤,修涵建闸,联并成大圩。到 1965 年,将 2063 个小圩口联成 336 个圩口,保护农田面积近 7 万公顷,有 30% 面积能防御兴化水位 3.1 米洪涝灾害,缩短防涝战线 2524.8 千米。由于圩堤高度仍然较低,1962 年三垛水位 3.04 米时,大部分低洼圩区沉圩。是年冬季,省拨 500 吨主粮给兴化、宝应、高邮、江都、泰县等 5 县,实行以工代赈,全面复堤修圩,堤顶高程达 3.6 米,完成土方 297 万立方米。

60 年代中期至 70 年代末,重点是实行"四定":圩口定型、河道定线、闸站定位、居住定点。根据各圩地形条件并考虑到排、降、滞等因素,同时结合河道治理,因地制宜实行联圩分圩。一般圩口以 333 公顷为宜。川青乡采取挖新河圈新圩,通过开挖临川河、五号河、十号河、川东河、川中河、川西河,将原来 150 个小圩合并成 12 个圩口。汤庄乡通过开挖友谊河将汤庄、韩家两个大圩 1375 公顷农田分成 4 个圩口。到 1979 年,将 336 个圩口联成 225 个圩口。圩堤长 2004.78 千米,缩短防涝战线 201 千米,御涝能力提高。在建设圩堤时还大力推行绿化植树。凡是绿化好的圩堤堤身壮,"六口少",无种植,管得好;凡是绿化差的圩堤则是雨淋坍塌,挖翻种植,损坏严重。绿化品种主要采取堤顶植杉,堤坡栽柳,临近水面插杞柳。全县绿化圩堤 1581 千米,完成土方 1915.41 万立方米。

甘垛镇荷花生产河

80 年代,重点是建设高标准圩堤,做到"四个统一、两个结合、三成一落实"。即统一规划、统一标准、统一放样施工、统一验收发证;结合取土开挖鱼池,结合筑堤绿化;做到堤成、绿化成、鱼池成;管理责任制落实。按照防御兴化水位 3.5 米要求做足"四三三"式,即堤顶真高 4 米,顶宽 3 米,内坡 1:3,外坡 1:2,青坎距堤脚 5~8 米,堤顶栽树,内坡栽桑。取土方式:一是浚河取土做圩;二是在圩内距堤脚 5 米以外开环圩沟(河)取土做圩;三是结合开挖精养渔池,取土做圩;四是结合平田整地、旧庄基改造,取土做圩;五是乡村规划,重新方整,开新河筑新圩。1984年冬,二沟乡动员近万人,按"四三三"标准,加高培厚87.3千米圩堤,并结合开挖鱼池12公顷,在扬州市首创全乡圩堤达标的先例,推动了里下河圩堤达标建设的开展。1986~1987年,一沟乡、甘垛乡圩堤也先后达到"四三三"式标准,其它各乡也分别制订各圩口分年达标的实施计划并组织实施。截至1990年,里下河圩口总数217个,总耕地6.2万公顷,圩堤总长度2044.09千米。其中能防兴化3.5米水位的圩口有135个4.3万公顷,防3.1米水位的圩口有78个1.87万公顷,不能防3.1米水位的圩口有4个333公顷,共完成土方6957.91万立方米。

1990年高邮县运东圩堤防涝能力概况表

镇别	总面积（平方千米）	总耕地		圩内水面积（平方千米）		挡真高3.5米水位			挡真高3.1米水位			不能挡真高3.1米水位		
		公顷	平均海拔（米）	合计	其中：荡滩	圩口（个）	圩堤长（千米）	圩内面积（公顷）	圩口（个）	圩堤长（千米）	圩内面积（公顷）	圩口（个）	圩堤长（千米）	圩内面积（公顷）
合计	1119.85	61826.67	1.4~6.0	71.92	6.65	135	1581.85	4219.33	78	434.97	18700	4	27.27	333.33
车逻乡	56.18	2966.67	1.8~4.2	1.40	—	7	107.98	2966.67	—	—	—	—	—	—
高邮镇	3.60	160	3.6	0.23	—	2	9.1	160	—	—	—	—	—	—
武安乡	29.60	1420	3.6	1.33	—	4	55.2	1213.33	2	4.40	206.67	—	—	—
龙奔乡	38.76	2346.67	2.6	2.76	—	4	43.9	1473.33	2	22.70	873.33	—	—	—
一沟乡	45.50	2513.33	2.4	2.82	—	6	73.48	2513.33	—	1.0	—	—	—	—
东墩乡	40.04	1946.67	1.9~2.5	3.87	—	4	56.78	1946.67	—	—	—	—	—	—
马棚乡	33.80	1953.33	2.50	1.69	0.32	10	75.03	1860	1	4.79	93.33	—	—	—
八桥镇	40.30	2426.67	1.5~4.1	2.87	—	3	55.50	1520	2	4.30	906.67	—	—	—
伯勤乡	39.10	2420	2.40	2.23	0.093	4	48.70	966.67	8	32.31	1453.33	—	—	—
卸甲乡	48.84	2493.33	2.2~3.1	—	—		44.60	—	6	20.40	2493.33	—	—	—
二沟乡	37.95	2286.67	2.20	—	—	11	87.30	2286.67	—	—	—	—	—	—
周巷乡	33.95	1880	1.3~4.7	—	—	4	42.39	1433.33	4	22.28	446.67	—	—	—
营南乡	26.90	1380	3.76	—	—	6	51.30	1380	—	—	—	—	—	—
周山乡	54.75	2993.33	1.5~4.0	—	—	5	71.95	1233.33	14	57.25	1760	—	—	—
界首镇	48.60	2793.33	2.2~4.0	—	—	3	52.30	2626.67	2	12.30	166.67	—	—	—
蚕种场	2.40	53.33	2.2~4.2	—	—	1	5.70	53.33	—	—	—	—	—	—
果园	1.60	153.33	2.8~3.0	—	—	1	5.50	153.33	—	—	—	—	—	—
汉留乡	36.26	2066.67	2.1~3.1	2.89	—	2	41.22	1173.33	2	7.24	893.33	—	—	—
甸垛乡	28.78	1553.33	2.0~2.8	2.33	—	5	47.63	1553.33	—	4.91	—	—	—	—
沙埝乡	43.75	2486.67	1.8~3.8	3.00	—	6	72.27	2280	3	13.20	340	—	—	—
汤庄乡	28.60	1800	2.0~2.2	2.54	—	4	35.87	1340	3	19.66	460	—	—	—
张轩乡	38.93	1833.33	2.00	5.77	2.08	5	53.97	1260	4	26.47	646.67	1	6.08	60

（续表）

镇别	总面积（平方千米）	总耕地		圩内水面积（平方千米）		挡真高 3.5 米水位			挡真高 3.1 米水位			不能挡真高 3.1 米水位		
		公顷	平均海拔（米）	合计	其中：荡滩	圩口（个）	圩堤长（千米）	圩内面积（公顷）	圩口（个）	圩堤长（千米）	圩内面积（公顷）	圩口（个）	圩堤长（千米）	圩内面积（公顷）
武宁乡	35.40	1966.67	2.0~2.5	4.41	—	6	60.67	1726.67	1	4.96	240	—	—	—
司徒乡	59.86	2920	2.0~2.4	5.38	0.76	8	86.70	2106.67	3	18.44	686.67	2	7.40	126.67
横泾镇	51.85	2853.33	1.7~2.0	0.66	—		26.03	—	6	46.20	2706.67	1	8.09	146.67
甘垛乡	26.80	1646.67	1.7~2.2	3.64	—	4	44.61	1646.67	—	—	—	—	—	—
平胜乡	54.20	3213.33	1.9	3.50	—	2	61.25	1373.33	3	17.95	1840	—	—	—
临泽镇	49.00	2853.33	2.2	2.86	3.5	4	34.90	706.67	10	26.60	2146.67	—	—	—
川青乡	53.28	2460	1.7	2.71	—	10	89.20	2120	2	10.2	340	—	—	—
农科所	0.16	8	1.8	—	—			6.67	—	—	—	—	—	—
良种场		16	1.90	—	—			1693.33	—	—	—	—	—	—
养殖场	0.03	3.53	1.70	—	—			0.01	—	—	—	—	—	—
三垛镇	31.08	1693.33	1.3~3.2	2.51	—	4	40.70	2.54	—	7.75		—	—	—

圩口闸　1966 年，全县共有圩口沟门 1801 道，其中敞口沟门 1228 道。

1966~1969 年，兴建圩口闸 36 座。其结构形式主要是平底板、八字墙、钢筋混凝土整浇一字门（或采用叠梁门）。兴建的原则主要是在较大的圩口，需要常堵常开而土源缺乏的沟门。每座闸国家投资 2000 元。

1970~1979 年，兴建圩口闸 470 座。主要结构形式是倒拱底板、八字墙、钢筋混凝土拼装门或钢丝网薄壳门。重点兴建在真高 2.0 米以下较大的圩口，开堵频繁的沟门上。每座国家投资 4000 元~5000 元。

1980~1990 年，兴建圩口闸 125 座。前一阶段兴建的圩口闸，受材料、经费的限制，加之缺乏实际经验，设计标准低，施工质量差，不少地方由于闸身渗浸长度不足，而发生事故。如 1980 年 7 月，武宁乡柳北圩、甘垛乡北大圩、二沟乡南丰圩连续发生 3 起倒闸事故。事后总结经验，对新建圩口闸要按设计要求对闸身增加护担，加长底板长度，并加做反滤层。为避免闸门碰撞损坏，门型采用人字门并增设门库。1986 年后，改进推广悬搁门圩口闸，该闸分砂土、粘土地基，设计水位差

甘垛镇甘泉村圩口闸

2.0 米,校核水位差 2.5 米。每座国家投资 8000 元~10000 元。至 1990 年底共建成圩口闸 631 座,其中套闸 11 座,单闸 620 座,国家投资 103.7 万元。

灌排降水系

灌排渠系　1958 年以后,随着自流灌溉和机电排灌设备的发展以及治渍的要求,逐步建立灌溉渠系工程。沿运自流灌区大都是干、支、斗、农四级渠系配套,东部圩区大都是干、支、斗三级渠系配套。1961 年,东部圩区以 1 个联圩整体建 1 个排灌区。1967 年,因筑渠土方任务大,挖压土地与交叉建筑物多,输水损失大,工程效益低,改为 1 圩多站,大站统一排涝,小站分片灌溉。1978 年,横泾乡的姜陆圩、司徒乡的合兴圩、川青乡的马东圩与柳林圩,以联圩为单位,实行"统一排、分框降、小灌区",采取大圩统排、分框预降、小块灌溉。至 1990 年,运东圩区 3.1 万公顷农田均实行机电灌溉。

渍害治理　20 世纪 60 年代,重视治理明涝,但暗渍尚未被认识。1965 年,进行沤改旱,采取开沟降水、抬田种麦,是治渍的开始。70 年代初,按照"四分开,一控制"的要求,通过开沟筑渠、建筑物配套,全面开展渍害治理工作。是时,普遍开挖"三沟",但标准不高、不全、不深、不密,有的就田挖沟,埂不顺向,田不成方。到 1975 年,约有 50% 的农田开挖"三沟",真正符合标准的仅占 40%。1976 年,根据圩内河网建设和治水治到土壤中的要求,坚持"三沟"标准,注重"三沟"质量。按照"一方田块、两头出水、'三沟'配套、四面脱空"的要求,对挖"三沟"采取改造与利用相结合,以圩口为单位,统一规划、统一标准,同时明确专人管理用好"三沟"。一般每年秋季、春季各清挖一次,并结合田间方整,大搞平田整地。1978 年,在提高"三沟"标准的基础上,发展固定暗灌暗排。先后在东墩、龙奔、武安乡共 900 公顷农田中发展灰土渠道。1983 年,在武宁乡季阮村 6.7 公顷农田中发展水泥土管暗塍。在东墩、龙奔乡 13 公顷农田中发展暗排。由于固定暗灌、暗排造价高(平均每公顷灰土渠道 450 元,水泥土暗管 307.5 元,暗排 330 元),难以推广。1979 年,横泾乡在西南圩 133 公顷农田中创新土暗沟,采取上明下暗、上下两层楼的隔水沟。各地的内外"三沟"相互成网,沟渠建筑物配套成龙,工程效益得到提高。1979 年,在司徒合兴圩、龙奔西楼村搞降渍试验,为治渍提供了科学数据。由于土暗塍,易于坍塌,加之出口处亦无建筑物控制,灌溉期间渗漏水严重,1981 年后逐步被淘汰。根据司徒合兴北圩做降渍工程对比试验,田块用暗降工程降水速度快。1982 年 4 月 25~26 日,降雨 27.7 毫米,对照田块地下水位 28 日达高峰,29 日开始消退,5 月 5 日开始还原。用水泥土暗管加鼠道的田块地下水位,27 日达高峰,28 日开始消退,5 月 4 日开始还原,均提前 1 天。用地下排水田块产量明显增加:1982 年,采取水泥土管加鼠道措施,每公顷产小麦 5.1 吨,水稻 6.84 吨,而未采取此项工程措施的每公顷产小麦 4.05 吨,水稻 5.93 吨。

附:(1)田间一套沟模式

田内沟:一般指竖塍、横塍、腰塍,属临时性工程。竖明塍挖深 30 厘米,主明塍、腰塍挖深 40 厘米,横塍挖深 50 厘米。暗塍挖深 60~70 厘米,与竖明塍相间排列,一般塍宽 4 米。竖塍通横塍,横塍及腰塍通外三沟。

田外沟:指田间隔水沟、田头排水沟(或生产河)、灌渠两旁导渗沟。

田间隔水沟:沙土四块田一条(80~100 米),粘土两块田一条(50~60 米),挖深 1.0~1.2 米,底宽 0.2 米,坡度 1:0.5~1:0.8。

田头排水沟:挖深 1.5 米,底宽 0.3 至 0.5 米,坡度 1:1(挖生产河的挖深 2 米,底宽 2 米,边坡 1:1)。

导渗沟:沿灌渠两测开挖,深 1.2 米,暗渠不挖导渗沟。较短的农渠则以边塍代替导渗沟。

导渗沟通隔水沟,隔水沟通排水沟,排水沟通生产河(或主排沟)。

(2)暗降降排模式

三排脊瓦暗管:一方田块三排脊瓦,间距 8.5 米,埋深 1.2 米。

两排脊瓦暗管:一方田块两排脊瓦,间距 13 米,埋深 1.2 米。

水泥土管：水泥土多用 1:5~1:8 的水泥和沙土拌和夯实。间距 13 米，埋深 1.0 米。1982~1983 年在东墩腰圩、龙奔西楼、司徒孙童等地施工 200 多亩。

鼠道：又名"丰产洞"，洞截面积呈椭圆形，高 7~9 厘米，宽 5~6 厘米，间距一般 3~5 米，埋深 60~80 厘米。1981 年从无锡购回 1 台悬挂式鼠洞犁，配套动力 30 马力拖拉机，平均每小时可打暗洞 3 亩。1983 年在张轩强民圩、横泾姜陆圩、龙奔西楼推广 2000 亩。

深线沟：用 40~50 马力拖拉机配套牵引线沟犁，在田块内划出深 0.3~0.4 米，宽 1 厘米左右的深线沟，间距 0.5~1.0 米，可以打破滞水的犁底层。它给耕层滞水造成 1 个通道，使滞水汇入深线沟，再流入与它垂直的明沟或暗管，排出田外。一般工效 6~12 亩 / 小时。

圩区治理典型　川青乡，该乡有 22 个村、188 个组，2.57 万人口，面积 63.1 平方千米，0.25 万公顷耕地，0.1 万公顷荡滩。三面环荡，地势低洼，且高低起伏较大，海拔 1.2~2.5 米，低洼面积占 70%。历史上水系紊乱，沟河淤塞。新中国建立前，这里曾流传民谣："川青是个大水缸，遇雨遍地水汪汪。旱涝灾害年年有，糊口度日闹饥荒。"洪、涝、旱、渍、碱等灾害年年发生。

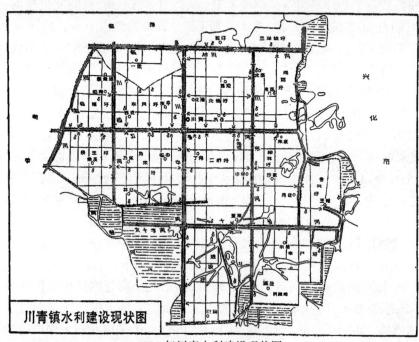

1990 年川青水利建设现状图

1968 年秋，县、公社在合心圩进行水利建设改造。1970 年，制定改造老河网、建设新水系的全面规划，提出农田水利治理的原则为：长远规划，分年实施，按劳出工，以亩负担，坚持政策，发扬风格，集中领导，轮流转圈，负责到底。经过 20 年的艰苦奋斗，出工 20 万工日，完成土方 1900 万立方米。开新河填老河，新开骨干河道 8 条、生产河 91 条，把原有的 105 个小圩口合并成 12 个能防御兴化 3.5 米水位的大圩口。建成防涝圩堤 98.75 千米，顶高 4.5 米，顶宽 3~5 米；将圩内土地按照统一标准重新方整化，建成方整田 0.17 万公顷，占总耕地 67%；建设圩口闸 38 座，骨干河道桥梁 41 座，兴建机电排灌站 49 座 1873 马力，基本达到"百日无雨保灌溉，日降 150~200 毫米雨量不受涝"的要求，建成高产稳产、旱涝保收农田 0.21 万公顷。

随着水利条件的不断改善，粮食产量逐年上升。1987 年，该乡粮食总产 2.37 万吨，比 1970 年增产 1.11 万吨，单产上升 95%。办起了蚕桑、林业、家禽、养殖、园艺五大基地，并植胡桑 80 公顷，造林 237 公顷，植树 400 多万株，平均每人 160 株，建鱼池 140 公顷。改造后的川青乡田成方，河成网，林成行，闸站桥配套。人们深有感触地说：农田水利改旧样，旱涝保收鱼米乡。人民生活步步高，农副工业齐兴旺。

司徒合兴北圩，该圩地面真高 1.7~2.1 米。1975 年 10 月，圩堤定型，圩内总面积 14.25 平方千米，其中耕地面积 873 公顷，圩长 15.8 千米。原圩内水系紊乱，后经整治，圩内形成东西向骨干河 1 条，底宽 5 米，河底真高 -1.0 米；南北向中心河 2 条，底宽 4 米，河底真高 -0.5 米；中心河之间有 1 条交通大道，东西向生产河间距 250 米，底宽 2 米，河底真高 -0.0 米；2 条生产河之间有 1 条机耕路，路两侧开沟，沟深 1.2 米；田块南北向，一般田块长 110 米，宽 25 米，每隔 4 块田开挖 1 条深 1.0 米隔水沟。

在此水利设施的基础上,合兴北圩按照每 26.7 公顷为 1 小框,生产河两头建圩内小闸,1 座小电站,实行大框排、小框降,排、灌、降自成体系,形成"一方田块、两头出水、三沟配套、四面脱空"的格局。

1979 年,该圩被列为扬州市水利局里下河地区降渍试验点。埋设了地下水位观测井,观测不同水位与农作物的关系。设立了小气象站,观测小气候与农作物的关系。采取多种形式进行降渍对比试验,主要有:埋设粘土脊瓦排水,深 1.2 米,间距 8 米;埋设水泥土管排水,深 0.7 米,间距 13

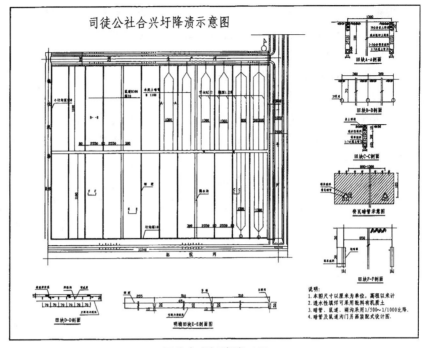

司徒合兴圩降渍工程

米,加深线沟深 0.3 米,间距 0.7 米;打鼠道排水,深 0.7 米,间距 3 米,加深线沟深 0.3 米,间距 0.7 米;鼠道加明墙、明墙加线沟等等。通过暗管暗降的试验,粮食作物能够长期高产稳产,尤其是小麦更为显著,比正常田块一般增产二成以上。通过小气象能够了解庄稼生长的光照、温度、湿度及土壤的含水率水平,所以深受农民欢迎。

沤改旱　高邮县有各种沤田 5 万公顷,均以种植旱籼稻为主;少数田在旱籼稻收割后,栽一季晚水茨菇或荸荠,单产很低,土地利用率不高,就是碰到好年景,每公顷水稻也不过 3.375 吨。种沤田很艰苦,秋春耕耘六交,靠人拉犁进行耕耘,以促进稻草等有机质的腐烂分解,借以恢复和维持地力。新中国成立后,为改革传统耕作习惯,充分利用水土资源,挖掘农业生产潜力,在大搞治水改土为中心的农田基本建设同时,进行沤改旱,不但增加复种指数,而且还提高粮食单产。到 1967 年,基本上将一熟老沤田改成稻麦两熟田。

据史载,张轩乡何庄村周仲明、周宏生、周宏水等户在民国 18 年(1929 年)大旱年因河荡干涸,利于种麦,沤改旱 0.8 公顷,平均每公顷收小麦 1.23 吨、水稻 3 吨。接着周宏生于民国 26 年(1937 年)又沤改旱 0.32 公顷,每公顷平均产小麦 1.8 吨、水稻 3.75 吨。民国 30 年(1941 年),何庄沙家圩农民集体沤改旱 4.7 公顷,冬作麻菜,每公顷平均收 1.13 吨,秋作水稻每公顷平均收 3.38 吨,年单产 4.51 吨,要比一熟田水稻每公顷多 0.75 吨 ~1.5 吨左右。随着治淮等流域性工程的治理,归海坝不再向里下河泄洪,这就为大面积沤改旱创造了条件。

1949~1965 年,这 15 年间共沤改旱 1.15 万公顷。1955 年 8 月,在马棚区张轩乡进行沤改旱的典型调查,拟定改沤田的措施,指导各地沤改旱的工作。1956 年冬,沤改旱 0.14 万公顷。但由于对沤改旱政策宣传教育不够,加上沤改旱措施不力,排水系统未能统一规划,抗御涝渍灾害的能力不强,致使不少沤田改旱后粮食减收。因此沤改旱步伐不快,1961~1964 年间回沤 1815 公顷。后来为了认真总结经验,1965 年秋,又在张轩乡唐墩圩的张轩、卞阳、何庄、张庄等 4 个村搞 93.3 公顷农田进行沤改旱试点,动员 1100 多人进行加圩、挖河、开沟、筑渠,配套田间排灌水系。通过以点带面,全乡沤改旱运动迅速全面推开,是年沤改旱农田 0.1 万公顷。1966 年,全县就沤改旱 0.81 万公顷。通过典型示范,总结出沤改旱的具体措施是建立高标准排水系统,创造良好的沤改旱条件。具体要求是外河水挡得住,墙沟水排得出,地下水降得低。具体做法是:首先是在稻未割前蟹黄色时,将田里水放出,割后进行耕翻。第二是挖好田间三墒(横墒、竖墒、腰墒),开挖环圩沟和田间排水沟,达到一深、二通、三配套。一深,即田头横墒深于竖墒;二通,即墒通沟,沟通河;三配套,即田内有墒沟,田头有横沟,靠水田边有隔水沟。这样就能达到暴雨不积水,阴雨不受渍。第三是要排除田间积水,沤改旱需大片整块的改,防止零星分散抽心的改,免受邻田渗水,影响三麦生长。第四是农业措施跟上,主要是增施肥料,改良土壤,改进耕作栽培技术等。

1966~1970 年,本着先改地势高的上框田,后改地势低的下框田;先改靠近沟河排水快的田,后改排水困难的塘心田的原则,做到有计划、有部署的成片实施。到 1970 年底,沤田基本上都改成稻麦两熟田,达 3.56 公顷。

1971~1975 年,一方面巩固沤改旱成果,另一方面将零星分散的沤田全部改成稻麦两熟田,共完成沤改旱 1040 公顷。至此,祖祖辈辈人拉犁的历史结束了,为发展农业机械化开辟了广阔的道路。

1950~1975 年高邮县沤改旱面积统计表

单位:公顷

年 份	沤改旱面积	回沤	年 份	沤改旱面积	备 注
1950	61.33	—	1971	回沤(331.6)	
1951	1518.33	—	1972	633.80	
1952	1881.67	—	1973	321.93	
1953	1356.73	—	1974	回沤(37.07)	
1954	2911.47	—	1975	82.13	
1955	352.87	—			
1956	1347.20	—			
1957		回沤(242.20)			
1958	841.53	—			
1959	1411.13	—			
1960	1713.67	—			
1961		回沤(76.13)			
1962		回沤(193)			
1963		回沤(1007.67)			
1964		回沤(538.07)			
1965	2407.80	—			
1966	8092.13	—			
1967	6519.60	—			
1968	5010.07	—			
1969	9716.47	—			
1970	6228.33	—			

第三节　丘陵地区治理

　　自第四纪以后,由于堆积侵蚀,逐步形成了高邮西部地区的低丘平岗地貌。丘陵地区地形复杂,地面起伏较大,岗冲相间,田块零乱,地高水低,供水困难。丘陵地区总面积为69.68平方千米,其中耕地面积3420公顷。地面海拔从边缘8米到分水岭高达20~25米,岗冲高差5~15米。位于天山乡的最高土山——神居山,海拔44米,面积8万平方米。

　　新中国成立前,丘陵地区引水条件差,灌无渠,排无沟,迳流难蓄,水源紧张,全靠塘坝蓄水解决生产、生活用水。农业生产多以旱作为主,主要种植山芋、豆类、小麦等。只有围绕蓄水塘的四周种植了600多公顷水稻。当地流传着"有塘有水就有粮,满塘满收,半塘半收,空塘无收"之说,是一个十年九旱,有地不收粮的穷地方。

　　新中国成立后,县政府组织相关乡村对丘陵地区全面治理。坚持以蓄为主,以引(提)补蓄,山、水、田、林、路综合治理,洪、涝、旱、渍兼治的方针,采取开塘扩塘、治冲治坝、扎根长江、开河引水、修建渠道、机电翻水、平田整地、配套三沟、绿化造林,保持水土的措施,使旱田变水田,低产变高产。到1990年,建成高产稳产农田2000多公顷,占丘陵地区耕地面积的62.1%。

蓄水工程

　　塘坝治理　清代和民国初期,丘陵地区全靠塘坝蓄水灌溉。塘坝小、浅且分布不均,蓄水量少,共有塘坝3312个,面积602公顷,仅蓄水658万立方米。在20世纪50年代,丘陵地区修塘成为冬季农业生产的重要内容,发动群众挖塘浚塘,解除塘坝个体经营的束缚,主要包括扩塘加埂,建塘浚塘。蓄水塘少的地区新建塘,对塘少田多的穷乡,国家还给予贷款支持。60年代,随着旱改水和灌溉条件逐步改善,对塘坝蓄水的要求越来越高,又普遍进行扩塘、浚塘,切角整方,并在集水面积大而塘坝少的地区进行建新塘,达到小塘变大塘,浅塘变深塘;对集水面积小的地区通过开截洪沟、拦蓄迳流入塘入库,相互调蓄。到1969年,有塘坝3759个,面积685.4公顷,蓄水888万立方米。70年代,根据农田基本建设规划,对山、水、田、林、路、渠的布局重新规划,整治塘坝。一是对上角塘的治理。这类塘集水面积较小或无集水面积,主要靠电灌水蓄塘来灌溉岗田。对分布不均的一般以扩塘为主,建塘为辅。二是对下角塘的治理。这类塘集水面积较大,对蓄水量大的塘则在塘边建站和兴建灌溉渠道灌溉农田,做到随用随蓄,有条件的还供给下游地区用水。有些塝田范围内下角塘容量很小,而且远离一级站提水,为解决小秧用水开大机送水的浪费现象,这类塘就进行挖深扩大。三是对无水可蓄或影响渠道、道路、村庄建设的部分塘坝,允许退塘还田。70年代后期,随着机电事业的发展,注重动力提灌,忽视塘的建设,有的为降水种麦,干塘取肥、取鱼,有的填塘还田,治塘速度缓慢,3年间就毁塘80多个。1978、1979年连续两年发生大旱,使人们认识到塘坝蓄水,灌溉及时,管理方便,成本低,在发展大中型蓄水、引水工程同时,不能放松塘坝的建设,从而制止废塘改田的错误做法。各地根据地形、耕地面积,本着先易后难的原则,逐步扩建或兴建1口~2口容量万立方米以上的当家塘、当家库。为节约土地,有些塘挖深到4米以上,要求新建的塘,根据来水面积(以丰水年份蓄水量)考虑挖塘面积。到1990年,共有塘坝3633个,蓄水面积1011公顷,蓄水量1089.4万立方米,平均每公顷3180立方米,较新中国成立前每公顷增加1260立方米。

　　冲涧治理　新中国成立前,由于山丘区岗冲交错,地势起伏很大,其间分布着很多冲涧,加之地形分割,各自成为独立的水系。冲涧弯曲浅狭,雨水溢洪冲坏苗,旱年枯底断了水。一些群众在冲涧上筑土坝蓄水灌溉,往往山洪暴发来不及开,影响排洪而漫溢成灾。新中国建立后,随着以治水改土为中心的农田基本建设运动的深入开展,从单一规划发展到按水系全面规划,由单项治理发展到综合治理。从20世纪60年代就开始冲筑坝,小挖小治,层层拦蓄。70年代,按自然冲系,统一规划与改造冲田相结合,实行以冲定向,以路划框,大框带小框,进行旱、洪、渍综合治理。即冲洼建库,库下治冲,冲心筑坝,坝边建站,塝坡梯田、建筑物、沟、路、渠、树配套。这一时期共治冲涧 7 条,蓄水达 52.5 万立方米。80年代,随着农业生产发展,治冲标准的要求进一步提高,重点放在搞好建筑物配套、建坝建桥、加固除险上,并对重点冲进行治理。70 年代末、80 年代初,治理来水量面积大、蓄水量多,灌溉范围广的有 3 条大冲涧。一是黄楝冲,全长 2800 米,上游来水面积 5.2 平方千米,库容 8 万立方米。于 1979 年 11 月治理,动员 7000 人,施工 20 天,完成土方 18 万立方米。二是五星冲,全长 1.1 万米,上接夏庄、红星水库,集水面积 3.7 平方千米,库容 13 万立方米。于 1977 年 11 月治理,动员 7000 人,施工 20 天,完成土方 20 万立方米。三是杨家涧,全长 3250 米,上游来水面积 4 平方千米,库容 7 万立方米。于 1983年 10 月治理,组织 2500 人,施工 20 天,完成土方 12 万立方米,共拆迁房屋 52 间,挖压土地 10 公顷。

20 世纪 70~80 年代高邮县湖西丘陵地区冲涧治理情况表

| 乡别 | 冲涧名称 | 冲长（米） | 总面积（平方千米） | 耕地（公顷） | 滚水坝 | | 农桥（座） | 治理时间 |
					个数	库容（万立方米）		
菱塘	杨家	3250	8.64	246.67	2	7.0	1	1983 年 10 月
	路庄	500	5.67	164.53		1.0	–	1978 年
	庙庄	1500	0.64	30.73		1.5	–	1980 年
	曾庄	1600	1.38	44.20		2.4	–	1984 年
天山	五星	11000	9.67	531.20	10	13.0	10	1977 年 11 月
	黄楝	2800	7.67	428.07	5	8.0	5	1979 年 11 月
	红旗	3000	5.87	334.67	2	4.0	2	1976 年
	金庄	2000	9.33	506.33	1	3.0	1	1976 年
送桥	万庄	3000	2.82	212.93	3	6.0	–	20 世纪 70 年代
	唐营	4000	5.64	331.33	2	18.0	–	20 世纪 70 年代
	徐桥	4000	7.33	366.20		24.0	1	20 世纪 70 年代
合计		34650	64.66	3196.67	28	87.9	20	

水库治理 1962 年 10 月,天山乡开始治理许巷水库。20 世纪 60 年代末至 70 年代初,该乡又治理红星、夏庄、向阳、佟桥水库。80 年代初,该乡又对水库进行两方面的挖潜改造:一是对红星、夏庄水库进行除险加固。主要是原有水库大坝真高不足,溢洪道断面偏小,蓄水行洪不安全。按照蓄水行洪设计要求,对水库进行了加固措施。二是对向阳、佟桥水库进行挖潜改造。采取了切滩、清埂、加堤等续建改造措施。天山乡在实施中通过灌溉渠系布置,把站、库、塘、坝等单项工程联成整体,形成塘库相连、库站相接的灌溉网。1982 年,经省、市核定,根据库容与防洪保安标准,夏庄、红星水库为小(二)型水库。

夏庄水库 该水库位于天山乡夏庄村。1969 年 11 月开始治理。1979 年冬,又动员 1000 人扩大库容 0.41 公顷,挖深 3 米,完成土方 3 万立方米,增加蓄水量 4 万立方米。该水库集水面积为 2.8 平方千米,库区面积约 6.67 公顷,总库容为 40 万立方米(包括养殖库容在内)。设计水位 17.3 米,校核水位 17 米。坝顶真高 18.6 米,坝顶宽 3 米,坝顶长 1220 米,溢洪道原为 5 孔闸门,闸底真高为 15.6米,闸门孔径为 2 米,能泄洪 30 立方米/秒。1982 年冬,采取防洪除险加固措施,改建侧堰式组合溢洪道。按 30 年一遇洪峰标准设计,300 年一遇洪峰水位低于坝顶 0.8 米校核。在原有溢洪道前 5 米处,加建一侧堰式溢洪道,总长 30 米,底真高 15.6 米。在原有 5 孔溢洪道一侧处加 2 孔,每孔 2.5 米,其溢洪道底真高为 14.5 米,将原 5 孔溢洪道底真高从 15.6 米降至 14.5 米。原有陡坡宽度从 15.6 米扩建至 21.6 米。在迎水面增做干砌块石块护坡 400 米,耗用水泥 38.3 吨,钢材 1.26 吨,木材 2.18 立方米,投资 3 万元。由夏庄村组织 400 人施工,完成土方 1.5 万立方米,增加蓄水量 5000 立方米,灌溉面积 120 公顷。

红星水库　该水库位于天山乡红星村北,与夏庄水库相连。1971 年 11 月开始治理。1979 年又动员 800 人扩大库容 1.3 公顷,完成土方 1.5 万立方米,增加蓄水量 2 万立方米。集水面积 210 公顷,库区面积 2.8 公顷,总库容 12.6 万立方米。设计水位 18 米,校核水位 18.4 米。大坝高度 19.2 米,顶宽 3 米,坝长 1446 米。溢洪道 5 孔 8 米,堰顶真高 16.1 米。灌溉农田面积 87 公顷。

向阳水库　该水库位于天山向阳村西侧。1968 年开始治理。该库区间汇水面积 1030 公顷,库区面积 8.67 公顷,治理后总库容 15.7 万立方米,灌溉农田面积 66.67 公顷。坝顶真高 14.6 米,顶宽 3 米。坝长 1872 米,设计水位 13.8 米,汛控水位 11.7 米,溢洪道 6 孔 9 米,堰顶高 11.7 米。1982 年 11 月,又组织 3000 人续建改造,完成土方 8 万立方米,增加蓄水量 5.2 万立方米。

许巷水库　该水库位于天山乡许巷村。1962 年 10 月开始治理。集水面积 1050 公顷,总库容 13.7 万立方米,设计水位 20.5 米,汛控水位 20 米。坝顶真高 21 米,顶宽 3 米,坝长 1165 米,可灌农田面积 104 公顷。1982 年冬,又动员 2000 人加坝,完成土方 4.3 万立方米,增加蓄水量 4.5 万立方米。1985 年,增建 12 米单孔溢洪道一座,坝顶真高 21 米,堰顶真高 20 米,造价 1.6 万元。

佟桥水库　该水库位于菱塘乡佟桥村。新中国成立前,为朱家十二大塘。1969 年 10 月,联塘建库成为佟桥水库。1980 年 11 月,又组织 2000 人续建改造。该库汇水面积 330 公顷,库区面积 5.67 公顷,总库容 17 万立方米。设计水位 18 米,汛控水位 17.3 米。大坝真高 18.6 米,顶宽 3 米,坝长 550 米。溢洪道 3 孔 4.35 米,堰顶真高 17.3 米,可灌农田面积 113 公顷。

夏庄水库

夏庄水库滚水坝

灌排降渠系工程

20 世纪 50 年代初期,农田灌溉全靠水车提水,但因旧式戽水工具提水量少、扬程低,正常年景多数用 1~2 道手利用塘坝水源提灌,如遇干旱年份就需要用 3~4 道手塘翻塘、沟翻沟,翻水灌溉。据统计,50 年代末共有水车 5356 部。60 年代随着机电动力发展,脚车逐步淘汰。70 年代,开始结合合理布置塘、库,再以渠道把站、库、塘、坝等工程联成整体,遇到干旱年份即提水补库、补塘、补坝,保证适时栽插。丘陵区岗塝田干支渠一般以分水岭定向布置,斗农渠一般垂直于分水岭,顺两侧塝坡而下。平岗地区斗农渠一般是灌排分开,塝坡田则按坡降布置涵跌水,分级控制,灌渠也可结合排水。

丘陵地区重视抗旱,普遍忽视排水降渍。1975 年以前,还未被人们重视,都认为地势高,有自然的排水条件,渍害轻。但岗塝地带,土壤为黄粘土和灰白土,肥力低,粘性大,通透性差,持水性强,常形成上层滞水。特别是梯田坎下 3~5 米的土地受上级梯田潜水的不断补给,土壤长期潮湿,以致三麦产量低,麦粒品质差。另外,塘边田、库边田、冲边田地势低洼,排水不良,成为冷浸田,处于长期受渍现象,粮食产量低而不稳。1976 年以后,逐步将治理涝渍,挖好农田一套沟,作为丘陵地区秋冬水利的重要内容。到 1990 年,丘陵地区兴建干渠 59 条,65.41 千米,支渠 180 条,74.37 千米,干渠节制闸 73 座,地洞 6 个,支渠渠首 163 个,节制闸 36 个,地洞 4 个。

农田一套沟包括田外一套沟和田内沟。田外一套沟包括坎沟、导渗沟、田头沟、隔水沟、冲心沟、撇洪沟,是永久性沟系,要常年疏浚;田内沟包括竖墒、横墒、腰墒。

坎　沟　在高低田之间挖。深 0.6~0.8 米,底宽 0.2 米,1 梯 1 沟,一端或两端通田头沟,排降上梯田地下水和涝水,灌本块梯田。

田头沟　在岗塝田两端挖。深 1.0~1.2 米,底宽 0.2~0.5 米,沟旁为机耕路。

撇洪沟　在山圩之间挖。视来水面积确定标准,一般挖深 2~3 米,底宽 1~2 米。

隔水沟　在丘陵平原两块田间挖。沟深 1.2 米,底宽 0.3 米。

导渗沟　沿干支渠两侧开挖,或沿塘四周开挖,或沿冲田四周开挖。导渗沟标准一般与隔水沟标准相同,对冲面开阔的则挖"丰"字沟或"月"字沟,挖沟的标准与田头排水沟标准相同。

田内沟　由竖墒深 0.3~0.4 米,间距 3~4 米;横墒深 0.4~0.5 米,田块两端各 1 条;腰墒深 0.4~0.5 米,田面中间垂直于竖墒。80 年代后,逐步健全一套沟,建筑物配套。挖好农田一套沟的农田面积 3280 公顷,建筑物基本配套的农田面积 1500 公顷,使丘陵地区渍害大大减轻。

水土保持　新中国成立前,丘陵地区未采取有效措施制止水土流失,致使大面积农田跑水、跑土、跑肥。新中国成立后,采取治坡为主、沟坡兼治、工程治理与管理防护相结合的措施建设水平梯田。起初只是在坡耕地上筑田埂,改顺坡作为横向耕作制,在这个基础上进而整修成缓坡梯田,大大减少了水、土、肥的流失。70 年代后,又大搞梯田方整化,方整促平整,共改造坡耕地 2000 公顷。开好撇洪沟、坎下沟、冲心沟,解决山圩分开的问题,使山洪归槽,保水保土,共开挖撇洪沟 58 条,长 85 千米。又大搞建筑物配套。70 年代后,重点搞好冲坝配套,田间排洞、渠首跌水配套,共建冲坝 29 座,田间建筑物配套面积达 50%。大力推广植物防护。管理防护工作从 70 年代开始,将库、冲、塘、堤、埂植树插柳,制止乱伐树木,植树 48 万株,插柳 14 万平方米,以控制水土流失。

丘陵地区治理典型——天山黄楝冲　该冲位于天山镇东南部。流域面积 767 公顷,耕地面积 440

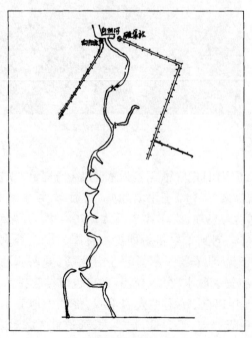

黄楝冲原状图

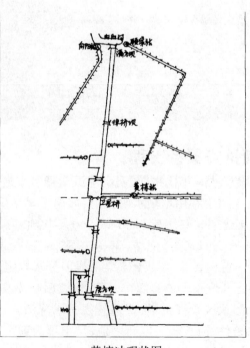

黄楝冲现状图

公顷,区内有 3 个行政村、38 个组。主冲长 5 千米,上游与仪征大巷接壤。其中有 2 条支冲长 1.2 千米,真高 8~28.4 米。该流域地形起伏较大,田块零乱狭小,水土流失严重,粮食产量低而不稳。

从 1977 年开始,每年组织 7000 人,采取人机并举方式,大力整治该冲。从开塘、浚库、治涧入手,结合平田整地,填废塘、老庄地、老涧槽,将原先 4000 多块大小不一的田块平整为长 80 米、宽 20~25 米的标准田块,增加土地复垦面积 7.3 公顷,土方 142.6 万立方米。在冲涧上新建滚水坝 4 座、农桥 4 座,改建电站 2 座;在沟渠上新建机械桥 68 座、撇洪洞 36 座;在田间埋设装配式小闸洞、跌水等 1760 座,总投资 185 万元,其中国家投资 90 万元。通过工程治理,增加水土保持面积 200 多公顷,改善灌排条件 300 多公顷,提高林木覆盖率 3%,有效地改善了农业生产条件和流域小气候。

第八章　提水排灌

　　清代以前,境内农业生产使用的农田排灌工具主要是人力、风力、畜力水车。民国以后,才开始使用少量机器戽水。

　　新中国建立后,随着农田机械排灌逐步发展,从小型动力机械发展到大马力机器。1951年,全县农村有小型柴油机(1.5匹~8匹)110台、404千瓦,重点分布在地势较高的车逻、一沟、八桥等地。到1960年,全县农村排灌机械动力发展到461台、4115千瓦。1961年,开始兴办电力排灌工程。20世纪70年代后期,境内机电排灌占主导地位,基本上淘汰了人力、风力、畜力等旧式提水工具。至1990年底,高邮县拥有机电排灌固定站813座,装机容量8.12万千瓦(其中柴油机3.66万千瓦、电动机4.46万千瓦),其他喷灌动力112千瓦;机电排灌面积6万公顷,占耕地面积的82.5%;国家投资1137.22万元。从此,机电排灌设施成为抗旱、排涝、灌溉的主要工具。

第一节　提水工具

　　水车　又名龙骨车,系东汉灵帝建宁年间(168~171年)毕岚所创造,北宋时盛行于长江流域。水车有三种,简称"三车":用人力脚踏的称脚车,用风力带动的称风车,用牛拉的称牛车。境内地势较高的沿运地区和湖西丘陵地区,多半用脚踏水车。根据地势的起伏(即提水扬程的高低),分别使用四人轴、六人轴、八人轴车;湖西丘陵地区则用几级水车连续翻水提灌。但效率不高,农本偏大,每部脚车只能灌溉1~1.67公顷。风车适用于地势平坦的空旷地区,大多分布在县境里下河低洼圩区和高邮湖西沿湖圩区。利用风力转动水车提水,一般有三级风即可。每部风车可灌溉4~4.67公顷,只需一个劳力看管,经济效益较好。牛车费用高,效益亦低,一般为有耕畜的农户兼置,在县内使用量很少,使用期也不长。1954年,全县脚车拥有量5.68万部。1955年,全县牛车拥有量1162部,1957年只剩75部,1958年后淘汰殆尽。1961年,全县风车拥有量6207部,

　　鉴于原水车机械动力基础较差,县政府组织水车技术改革,辅助农民维修现有提水工具和大量添置风车与脚车。1965年,高邮遭受13号台风袭击,里下河地区雨涝灾害严重,除从外地组织一部分机电动力抢排积水外,主要依靠发扬"三车六桶"精神排除内涝。

　　随着自流灌溉的发展,特别是电力排灌工程的兴起,风车、脚车和牛车逐步被闲置、淘汰。至1985年,风车、牛车基本绝迹,脚车亦不多见。

1949~1984年高邮县风车、脚车发展情况统计表

单位:部

年份	风车	脚车	年份	风车	脚车	年份	风车	脚车
1949	1505	39642	1961	6207	15176	1973	1348	11757
1950	1599	40482	1962	6152	15303	1974	908	12013
1951	1926	41734	1963	6031	14104	1975	—	—
1952	1683	46277	1964	5780	13533	1976	266	10316

（续表）

年份	风车	脚车	年份	风车	脚车	年份	风车	脚车
1953	1820	47622	1965	5574	13393	1977	161	9739
1954	2063	56800	1966	5139	12665	1978	63	8160
1955	2449	52418	1967	5035	12752	1979	90	7531
1956	2323	46600	1968	4695	12685	1980	27	6380
1957	3224	45314	1969	4264	13160	1981	27	6380
1958	5319	30450	1970	3640	12625	1982	4	3986
1959	5978	22426	1971	2812	12552	1983	2	3554
1960	5774	18654	1972	1892	12158	1984	—	3128

机械排灌　沿运地势较高,历来灌溉困难,戽水栽秧时尤甚。民国初年,扬州南郊马姓商人,携带3马力内燃机到车逻包田戽水,利用机械动力拖带水车,日夜抽水灌溉,效率高,费用省,群众称为洋龙,此为高邮机灌之始。

民国14年（1925年）,高邮人孙石君转入工商界,办起利农社,专业经销上海慎昌洋行美制万国牌3马力~5马力煤油内燃机（亦称火油机）。不少农户相继购置,用于戽水灌田和加工粮食。1926年以后,美制万国牌机器生产厂家停产,后改由上海大隆铁工厂和新中公司仿造,并加以技术改进,机器功率由3马力提高到10马力,由此开始使用国产机器戽水。在经营方式上,有一户购买的,也有三四户合资购置的,并为邻近农户包田作业。因机器适用范围大,以动力拖带水车逐步发展为拖带水风箱（水泵）,每小时出水量为180立方米,可灌田10公顷,提高农田灌溉效益。由于该机泵设备笨重,运输安装不便,里下河水网圩区不少农户改岸机为船机,将机泵设备安装在木船上流动抽水,以提高机泵设备利用率。所用动力燃料最早为火油（煤油）,继而改为柴油。1939年10月2日,日军侵占高邮后,油源缺乏,且价格高昂,少数农户以酒带油,大部分农户改用木材、大糠作燃料,机械排灌的发展受到严重的影响。国民党统治时期,依然如此。

1950~1953年,国民经济恢复时期,境内农民经济实力薄弱,机械排灌发展较慢。至1951年,机械排灌设备仅有110台404千瓦,且大部分是小马力机器（1.5~8马力）,以拖带水车为主,少数拖带离心泵,多半在车逻、八桥等地使用。至1953年底,全县共有排灌动力206台809千瓦。1954年,随着农业生产合作化运动的开展,排灌机械有较快的发展。1955年,经县人民政府批准,成立高邮灌溉管理所,隶属县水利科（1957年县水利科改为县水利局后,即隶属县水利局）,负责指导农业机械使用、管理、维修、保养等工作,并经营县公产管理处的8台74千瓦机器（包括管理所自购的机器）。

1956年,县政府组织车逻地区部分机器到地势较高、灌水困难的营南乡建立季节性的机灌站,供需双方签订合同,帮助解决农田灌溉用水问题。

1957年底,全县机械排灌动力发展到472台2425千瓦。随着初级农业生产合作社升为高级农业生产合作社,大部分私营排灌机器主带机入社,也有部分农户将自有排灌机器折价入社。

1958年初,江苏省政府、扬州专署主管部门支持高邮煤气机（22.5~30马力）19台292千瓦,每台配用8吨木船1条,在菱塘区的谈桥、闵塔区的闵桥各建营机灌站1座,此为建固定站之始。谈桥机站共配备机器动力8台165千瓦,其中30马力机器2台,拖带12吋离心泵建固定站1座;6台121千瓦机器,拖8吋~12吋离心泵用机船流动打水,灌溉面积1600公顷。1958年4月,闵塔区划给宝应县,闵桥机灌站及设备全部随之划给宝应县管辖使用。

1958年9月,全县各乡镇实行人民公社化,私营排灌机器全部折价入社,产权归集体所有。平时在生产队使用,遭遇雨涝时,则由公社统一调度安排。此后,各公社、大队逐步淘汰新中国成立初期的小马力机,不断增加新的排灌机械。

1962年,受14号台风袭击,里下河圩区灾害极为严重,省、专区安排高邮县机泵70台1429千瓦,投入抗台排涝斗争。年底,成立扬州专区高邮抗旱排涝站,产权属省、专区直接管理。1963年,成立县抗旱排涝队,配备机器58台1132千瓦。1967年,专区抗排站的动力设备下放给地方,与县队合并,更名为高邮县抗旱排涝队。该队拥有机器动力144台2643千瓦,产权属县,由县统一调配使用,参加农村社队抗旱排涝。

从20世纪60年代起,由于受电源和设备器材的限制,电力排灌工程建设速度赶不上农田灌溉的需要。因此,每年还要递增1500千瓦~2000千瓦机械排灌动力,主要是增加12马力配用6吋~8吋混流泵的船机和建立20马力~80马力配用20吋~32吋的轴流泵、圬工泵的固定机站。至1984年底,机械排灌动力高峰期拥有量为4018台42104千瓦。

1985年后,全县电力排灌工程迅速发展,机械排灌动力逐年下降。除沿运自流灌区的补水机站和部分圩区大泵排涝站保留机械动力排灌外,大部分机站改为电站。至1990年底,全县有机械排灌动力3640台36604千瓦,其中固定机站22座,装机容量94台4850千瓦;流动机队,装机容量3546台31754千瓦。排灌面积1.43万公顷,占全县机电排灌面积的24%。

电力排灌 20世纪60年代初,高邮县机电排灌办公室成立。1960~1961年春,兴建第一批电力灌溉工程。江苏省电力局投资128万元,在泰山桥南建火力发电厂1座,容量为1500千瓦,于1961年6月8日正式发电。在三垛、送桥建35千伏变电所各1座,各配1000千伏安主变1台。两座变电所共架设35千伏线路27.1千米,其中三垛变电所引用高邮电厂电源,由泰山桥南架线至三垛镇西19.8千米;送桥变电所引用扬州湾头电厂电源,由邗江公道镇架线至送桥镇南7.3千米。两座变电所还架设10千伏线路55千米,兴建电力排灌站18座,装机容量为63台2028千瓦。其中,东部圩区8座(三垛2座、甘垛2座、汤庄1座、司徒3座)34台782千瓦,装配电船12条;高邮西部丘陵地区10座(菱塘3座、送桥谈营3座、常集1座、天山3座)29台1246千瓦。共发展电力排灌面积6430公顷。为此,完成渠道土方41.81万立方米,建筑物226座,国家投资185.2万元。电力排灌设备在是年先旱后涝的情况下,发挥了巨大的抗灾作用。特别是西部丘陵地区,首次一次性地把高邮湖水翻上10多米高的岗田,解决了2333公顷农田夏栽、4667公顷农田水稻灌溉用水问题。

1962~1963年,全县电力排灌工程建设主要结合1962年专署分配给高邮的抗旱动力设备,在三垛建茆吴、三百六、新联、汤顾、东楼、潘岔站,在汉留建甸垛、汉留、四异、富南、三舍站,在郭集建陶沟、新河站,在送桥建常集(二级)站、徐桥一级站、徐桥二级站、勤丰站、送驾站。以上18座站增加电动设备72台1835千瓦,其中包括砍自灌尾巴与西部抗旱翻水动力30台768千瓦,架设10千伏线路122.1千米,增加电力排灌面积6767公顷。

1964年后,全县电力排灌工程主要是以调整配套为主,重点增做渠道土方和建筑物配套工程,部分地区调整站址布局和输变电工程,充实原电灌区的动力设备,进一步加强管理,扩大工程效益。在西部丘陵地区的菱塘、天山两个灌区,进行站址布局调整。因在建站初期受电网和水源条件的限制,这两个地区站址过于集中,灌区范围过大,送水路线过长,灌溉效益低,故此次在菱塘灌区北部增建薛尖(一级~二级)提水站,在灌区南部增建桃园,龚家(一级~三级)提水站;在天山灌区北部增建林庄(一级~三级)提水站,在灌区南部增建夏庄三级提水站。在里下河圩区,着重提高灌溉效益。由于河网密布,圩口分散,渠系配套工程量大,土方和建筑物工程一时难以跟上,建电站只能适应排涝需要,灌溉效益仅占计划的10%~30%。此次除增做必要的土建配套工程外,主要是调整灌区布局,划大灌区为小灌区(灌区面积控制在67~100公顷),改大站为小站,并在小灌区增建部分流动电船,采取固定站和电船相结合,以提高灌排效益。

1963~1966年,共增做渠道土方160万立方米,新建分散建筑物600余座,增建电站12座,电船13条,发展电动设备26台753千瓦,扩大排灌面积3333公顷。截至1966年底,拥有电力排灌站45

座 148 台 4296 千瓦,占机电排灌总动力的 37%;电力排灌面积增至 1.28 万公顷,占机电排灌总面积的 40%,使西部丘陵地区的灌溉和里下河部分低洼圩区的排涝问题,初步得以解决。

1966~1967 年,江苏省、扬州地区供电部门先后从江都县黄思和兴化县陈家两座变电所架设 35 千伏线路 17 千米,与三垛变电所联网。从此,高邮接通大电网电源,奠定电力排灌和增加工农业生产用电的基础。

1967 年,全县电力排灌工程进入发展阶段,重点解决了东部地区和西部沿湖圩区的涝害,增强了排涝抗灾能力。成立高邮县机电工程办事处,以调整配套为中心,推行泵型改革,发展输变电和电力排灌站工程。机电排灌工程担负着灌溉、排涝、降渍三重任务,而排涝是圩区的重点。在工程设施上以现有固定圩口为阵地(圩内控制面积 300 公顷 ~450 公顷),按日降雨量 200 毫米计算排涝模数(两日排完),每 670 公顷耕地面积为 8 立方米 / 秒 ~10 立方米 / 秒。采取一圩多站,大、小泵站相结合的方法。大泵站配苏二、苏四圩工泵或 28 吋、32 吋轴流泵,每台出水量为 1 立方米 / 秒 ~2 立方米 / 秒,以排为主,灌排结合。小泵站配 14 吋、20 吋轴流泵,每台出水量为 0.35 立方米 / 秒 ~0.5 立方米 / 秒,以灌为主,灌排两用。

当年扩建三垛和送桥变电所,增加主变容量 3150 千伏安。在受益的三垛、汉留、横泾、司徒、甘垛、平胜、沙堰、汤庄、郭集、送桥、菱塘、天山等乡镇,兴建电力排灌站,增加电动设备。在临泽镇西北建 35 千伏变电所 1 座,主变容量为 1000 千伏安,并从兴化陈家 110 千伏变电所架设 35 千伏输电线路 31.4 千米至该所,帮助子婴自流灌区尾部供水不足的临泽、川青和周巷部分地区改自灌为电灌,砍掉自灌面积 0.27 万公顷。

1969~1971 年,在自灌腹部地区先后新建吴堡和伯勤变电所,增加主变容量 2000 千伏安。改善周山、界首、马棚、张轩、一沟、伯勤、八桥、卸甲、车逻、龙奔、城东等 11 个乡镇易涝易旱地区的排灌状况。至此,农村基本上普及使用电力排灌和农村工副业用电。

1975~1982 年,随着农村工农业用电量的逐步增加,原有输变电工程布局和配备的主变容量已不相适应。为减少 10 千伏和 35 千伏线路迂回供电,提高电网供电质量,于是调整供电线路和主变容量,增建沙堰、司徒、车逻、界首等 4 座变电所,并逐年充实各供电区电力排灌站的动力设备。至 1982 年底,共建 35 千伏变电所 10 座,主变容量为 15 台 4200 千伏安,其中送桥变电所 1 座 2 台 9450 千伏安。拥有电力排灌站 749 座,流动电船 862 条,共有电动设备 1714 台 34229 千瓦,占机电排灌动力总和的 46%;电力排灌面积达 3.15 万公顷,占机电排灌总面积 59%。

1982 年以后,在抓机电排灌技改和管理工作的同时,对里下河圩区和湖西沿湖圩区,继续发展电力排灌站,增加电动设备,以提高该地区的抗灾能力。至 1990 年底,全县拥有电力排灌站 791 座,流动电船 1487 条;共有电动设备 2385 台 44609 千瓦,占机电排灌动力总数的 55%;电力排灌面积 4.52 万公顷,占机电排灌总面积 76%。

机电排灌动力的迅速发展,使抗御自然灾害的能力得到大大增强。全县 7.21 万公顷耕地抗旱能力基本上达到百日无雨保灌溉;排涝能抗御 200 毫米降雨量的耕地面积有 5 万公顷,抗御 150~200 毫米降雨量的有 1.19 万公顷,抗御 110~150 毫米降雨量的有 0.8 万公顷,抗御能力小于 110 毫米降雨量的仅有 0.27 万公顷。

1951~1990 年高邮县机电排灌工程概况表

年份	固定站						流动机				输变电线工程					受益面积（万公顷）
	电动机			柴油机			电动机		柴油机		变电站			输电线路（千米）		
	座	台	千瓦	座	台	千瓦	台	千瓦	台	千瓦	座	台	千伏安	10千伏	35千伏	
1951									110	404						
1952									120	441						
1953									206	809						
1954									412	1757						0.318
1955									418	1695						0.616
1956									433	1913						1.222
1957									472	2425						1.352
1958									412	2120						1.156
1959									451	2686						0.798
1960									461	4115						1.4
1961	18	51	1860				12	168	602	5580	3	3	3800	55.0	27.1	1.898
1962	31	93	3138				29	405	712	7556	3	4	5600	187.5	27.1	2.846
1963	36	101	3388				34	475	421	6785	3	4	5600	177.1	27.1	3.736
1964	39	99	3423				40	548	413	6676	3	4	5600	211.1	27.1	3.345
1965	41	101	3552				41	562	428	6971	3	4	5600	363.1	59.4	2.704
1966	45	106	3720				42	576	451	7313	3	5	7950	397.0	59.4	2.931
1967	65	120	4037	29	29	576	42	576	418	5951	4	6	9750	454.0	59.4	3.657
1968	93	145	4522	27	47	908	42	576	573	8787	4	6	12750	506.0	90.8	3.583
1969	125	125	4735	56	56	1029	88	773	582	8746	5	7	13750	537.0	90.8	3.733
1970	180	180	6043	85	85	1820	71	585	579	8243	5	7	14550	562.8	106.7	4.12
1971	258	258	7967	111	111	2240	61	474	650	7737	6	8	15550	605.3	116.1	4.066
1972	352	352	10734	102	102	2059	65	552	777	8797	6	8	15550	612.2	133.3	4.577
1973	390	387	11626	115	122	2478	77	654	1010	10635	6	9	20250	619.3	133.3	4.448
1974	466	528	14593	107	99	2051	248	2185	1393	15289	6	9	20250	619.9	135.5	3.648
1975	524	591	16590	85	89	2043	349	2615	2455	23794	7	11	25266	697.7	138.1	4.221
1976	572	643	18429	68	75	1939	337	2285	2455	23737	7	11	25200	776.2	138.1	4.048
1977	621	692	20349	76	102	3707	722	6051	3000	28332	8	13	30200	814.5	138.1	5.096
1978	666	759	22882	57	116	4386	897	7317	3209	29970	8	13	31000	851.2	148.3	4.342
1979	707	800	24320	70	121	4860	516	4239	3620	33243	8	12	33700	1008.6	156.0	5.108

（续表）

年份	固定站						流动机				输变电线工程					受益面积（万公顷）
	电动机			柴油机			电动机		柴油机		变电站			输电线路（千米）		
	座	台	千瓦	座	台	千瓦	台	千瓦	台	千瓦	座	台	千伏安	10千伏	35千伏	
1980	712	816	25271	72	102	4073	465	3374	3491	32241	9	13	36900	1051.1	136.8	5.573
1981	744	824	25846	68	111	5029	556	4689	3765	34490	9	14	40200	1099.0	136.8	4.84
1982	749	852	26652	55	117	5889	862	7577	3693	33551	10	15	42000	1184.5	130.4	5.375
1983	779	872	27271	43	118	5862	1168	10743	3610	33948	10	16	50500	1233.6	130.4	5.474
1984	777	879	28363	33	106	5509	1196	10409	3912	36595	10	17	53700	1323.6	133.4	5.982
1985	802	881	28524	33	117	5669	1057	9782	3859	35183	10	17	59700	1350.1	139.5	5.635
1986	808	898	28946	26	111	5371	1371	14814	3728	33670	10	18	63650	1386.1	133.5	5.65
1987	785	888	28885	24	105	5178	1390	14003	3526	33434	10	19	63650	1413.7	133.1	5.748
1988	792	896	29382	20	91	4861	1067	10512	4116	36684	10	18	55450	1427.1	133.1	5.786
1989	794	904	29807	22	93	4897	1439	14175	3737	32945	10	18	63650	1436.8	133.1	6.023
1990	791	898	30006	22	94	4850	1487	14603	3546	31754	10	18	63650	1444.3	133.1	5.955

第二节 自流灌区补水站

　　20世纪70年代中期，随着徐淮地区旱改水面积的扩展和淮水、江水北调任务逐年加大，境内自流灌区的水源日渐紧张。为解决自流灌区灌溉用水，经省、地水利部门批准，1977~1982年，分两期兴建补水站7座，总投资167.73万元，提里下河水补充水源。装机容量42台2661千瓦，补水38立方米/秒，补水农田面积2万公顷，结合排涝面积0.51万公顷。

　　周山灌区周巷补水站、周山补水站　该两处补水站建于1977年初~8月。在周巷乡的新河、周山乡的黎河各建补水站1座。周巷站设址在新河支渠西侧，从新河提二里大沟水源，直接向子婴干渠补水，可灌溉范家支以东地区农田0.2万公顷，并结合排除二里大沟以北、范家支以东内涝面

一沟补水站

积 433 公顷。周山站设址在新开机关河西,引用周山河和六安河的水源,向沈家支渠补水,可灌溉沈家支渠以东到范家大沟以西地区农田 0.17 万公顷,并可结合排涝面积 433 公顷。

头闸灌区一沟补水站　该补水站建于 1977 年初 ~8 月。在澄潼河边与头闸干渠相交处建站,定名一沟站。从澄潼河引水,可灌溉农田 0.37 万公顷,结合排涝面积 0.12 万公顷。

南关灌区卸甲补水站　该补水站建于 1977 年初 ~8 月。在卸甲乡的邵庄建站,定名卸甲站。提引硬塘沟水源,可灌溉龙师沟以东到三阳河以西地区农田 0.37 万公顷,结合排涝面积 0.12 万公顷。

车逻灌区八桥补水站　该补水站建于 1977 年初 ~8 月。在八桥乡西李家建站,定名八桥站。提引硬塘沟水源,可灌溉农田 33 公顷,并结合排涝面积 867 公顷。

上述 5 座补水站于 1977 年 8 月竣工验收,共新建站房 38 间 1086 平方米,管理及生活用房 34 间 1008 平方米,完成配套建筑物 33 座,其中:排涝引水闸 7 座,干、支渠退水闸 5 座,干、支渠节制闸 3 座,支渠地下洞 4 座,引水河闸 5 座,拖拉机桥 9 座,投资 116.12 万元。

周山灌区营南补水站　该补水站建于 1982 年 3~8 月。在营南乡沈家分干渠首以西 150 米处,通过拓浚澄潼河一段长 1.3 千米,引用二里大沟水源,向子婴干渠补水,并在干渠范家沟和竹林沟处各建节制闸 1 座,与周巷、界首两乡镇灌水分开,灌溉面积 0.33 万公顷。

南关灌区龙奔补水站　该补水站建于 1982 年 3~8 月。在龙奔乡中市河南端建龙奔站,距十里尖地下洞以东 200 米处,灌溉范围西至十里尖地下洞,东至龙奔节制闸,灌溉面积 0.2 公顷,结合排涝面积 0.1 万公顷。

上述 2 座站于 1982 年 12 月竣工验收。共建机房 15 间 432 平方米,管理及生活用房 13 间 273 平方米,完成配套建筑物 5 座,其中干渠桥 3 座,干渠节制闸 2 座,投资 51.61 万元。

第三节　喷灌

固定式喷灌　1978 年春,县农业、农机、水利等部门联合在三垛公社三百六大队建农业高产试验区。以水利部门为主在该大队第四生产队二号河北岸建固定喷灌站 1 座,拥有 2×2 米平房 1 间,配备 22 千瓦电机和高压离心泵(4BA—8A)1 台套。沿河北大路(东西方向)埋设主管道(4 吋塑料管)1 条,全长 152 米。在主管道北侧(南北方向)铺设支管道(2 吋塑料管)6 条,全长 552 米,用异型三通与主管道联接。每条支管按 20 米间距设 1 吋立管 5 根,各安装喷头 1 只,每只喷头可控制面积 0.06 公顷。共 30 只喷头,按设备能力可灌溉农田 3.33 公顷。因管道器材供应不足,实灌 1.67 公顷。投资 0.8 万元,每公顷投资平均 4800 元(不含线路、变压器设备经费)。开始时试灌效果良好,群众满意。

经过一季水稻灌溉实践,喷灌在水稻返青期、分蘖期、拔节抽穗期以及干旱无雨高温季节,发挥作用最大。水稻泡田、深灌用水仍需机电动力提灌。在稻麦田地区,需要两套灌溉设施才能适应,势必投资多,农本大。加上初期建站使用的设备、材料质量差,管理不善,常发生管道、喷头故障。因此,这项工程使用不到一年的时间就停止了,未能继续推广。

1979 年秋,又在城镇公社蔬菜园田区搞喷灌工程试点,分别在公园、高丰、新华大队,各建固定喷灌站 1 座,配备 30 千瓦电机和高压离心泵(4BA—8A)各 1 台套。三站共埋设主管道 3 条长 610 米,支管道 40 条,总长 2068 米。按动力设备能力,可灌溉 13.33 公顷。因管道材料不足,实际灌溉 8.33 公顷,其中公园大队 4.67 公顷,高丰大队 2 公顷,新华大队 1.67 公顷。三站共投资 5.09 万元,其中县筹 2 万元,自筹 3.09 万元,平均每公顷投资 5280 元(不含线路、变压器工程经费)。上述三处喷灌工程,于 1980 年 3~6 月先后投产受益。通过实践,喷灌的出水量相当于中雨程度。每座站只需 1 人 ~2 人负责管理,1 天可灌溉 2 公顷。与过去人工担水灌溉(每公顷要用 30 个工作日)相比,不仅可以节水、省工,还大大地减轻了人工劳动强度。但是这项工程使用一年后,喷灌面积逐年缩小。至 1982 年底,三座喷灌站不再使用。主要原因是:建站初期缺乏管理经验,蔬菜品种布局不统一,作物需水量和喷灌时间要求不一致,有的要灌,有的不要灌;铺设的管道和设备材料质量差,经常破裂漏水,修补用工量大,不能及时修复使用,影响群众使用喷灌的积极性。加之1982年以后,由于农业生产体制的变化和城市建设征地等因素,致使该镇固定式喷灌工程被逐步取消。

移动式喷灌　1978~1980年,三垛、城镇、东墩、马棚、川青、郭集、菱塘等公社,先后发展移动式喷灌机,配套金山12—C和泰州8Y—80高压离心泵各5台套,喷灌面积23.33公顷,投资1.5万元,平均每公顷750元。由于这种喷灌形式不需要建固定站和铺设管道,移动方便,喷水范围大,造价低,适合蔬菜园地的灌溉,受到各地青睐。

1978~1980年高邮县喷灌工程建设统计表

| 站名 | 作物布局 | 动力设备 | | | 水泵 | | 铺设管道(条/米) | | 灌溉面积（公顷） | 投资经费（万元） | | | 建成年月 |
		型号	台	千瓦	型号	台	干管	支管		合计	县筹	自筹	
合计			4	112		4	4/762	46/2620	10	5.89	2.80	3.09	
三百六	稻麦田区	J02-71-2	1	22	4BA-8A	1	1/152	6/552	1.67	0.80	0.80	—	1978.06
公园	蔬菜田区	J02-71-2	1	30	4BA-8A	1	1/210	20/468	4.67	1.84	0.70	1.14	1980.03
高丰	蔬菜田区	J02-71-2	1	30	4BA-8A	1	1/200	10/700	2	2.00	0.80	1.20	1980.04
新华	蔬菜田区	J02-71-2	1	30	4BA-8A	1	1/200	10/900	1.67	1.25	0.50	0.75	1980.06

第九章　防汛防旱

在高邮历史上，境内常遭受洪、涝、旱、渍等多种自然灾害的严重威胁，特别是洪水威胁最大。据清《高邮州志》载，约在公元前 22 世纪，"大禹排淮注江道出于邮（高邮）"，是境内治水的最早记载。此后，境内水旱灾情和治灾情况记述不断。据江苏省水利厅编《江苏省近两千年洪涝旱渍灾害年表》的不完全统计，在明朝嘉靖三十五年（1556 年）至 1948 年的 393 年中，境内共发生水旱灾害 147 次，其中洪水 114 次，涝年 17 次，旱年 16 次，平均每三年就发生一次水灾；在 1949~1990 年的 42 年中，境内共发生大洪水年份有 5 年（高邮湖水位超过 8.5 米以上），中等洪水 12 年（高邮湖水位 7.6 米以上）；大涝 4 年（兴化水位 2.8 米以上），中等涝水 5 年（兴化水位 2.5 米以上）；较大干旱 4 年。洪水平均 2.5 年一遇，涝水平均 4.7 年一遇，干旱平均 10 年一遇，渍害 2 年一遇。

每遇水旱灾害，高邮人民都进行了不屈不挠的斗争。尤其是在新中国建立以后，虽有水旱灾害发生，全县人民在县委、县政府领导下做到有组织、有计划、有措施地开展抗灾斗争，有效地保障了工农业生产的快速发展和人民生命财产的安全。

第一节　水旱灾害

水灾　据地方史料记载，自西晋咸宁四年（278 年）至 1990 年，境内共发生洪涝灾害 194 次。其中，较大的水灾有：

西晋咸宁四年（278 年），秋，大水伤稼。

唐贞元八年（792 年），江淮大水，漂没人，淹庐舍。

北宋治平元年（1064 年），大水。

北宋熙宁十年（1077 年），淮为河壅，潴于洪泽，横灌高、宝诸湖。

南宋嘉泰三年（1203 年），里运河决清水潭，郡守吴铸坚塞之。

元大德二年（1298 年），大水，伤人民，坏庐舍。

明永乐元年（1403 年），高邮州北门至张家沟湖岸冲决。

明成化十四年（1478 年），大水，高、宝诸湖堤决。

明嘉靖十一年（1532 年），大水，无麦禾。

明嘉靖三十五年（1556 年），大水，庐舍淹没。

明嘉靖三十六年（1557 年），秋，大水，河堤决。

明嘉靖四十年（1561 年），七月，大水，河堤决。

明隆庆三年（1569 年），黄、淮、沂、沭四河河水并涨，里运河黄浦决口，高邮等地溺死人畜不可胜计，水患数前最烈。

明隆庆五年（1571 年），黄、淮并涨，水注高邮西部各湖，里下河一片汪洋，漂溺人畜无数。

明万历三年（1575 年），黄、淮并涨，泗水南下，水注高邮西部各湖，清水潭、丁志口堤被冲决，里下河悉为巨浸。

明万历四年（1576年），黄、淮泛决，高、宝运河堤决清水潭、八沟等处，里下河一片汪洋。

明万历八年（1580年），江、淮并涨，城南、鼓楼之北运河堤决，里下河大水。

明万历十年（1582年），黄、淮并溢，高、宝运河堤决，高、宝、兴、盐为壑，民罹昏垫。

明万历十八年（1590年）五月，黄、淮涨溢，淮扬水患，高、宝尤甚。十一月，开东水关泄水。

明万历十九年（1591年），黄、淮决溢，水溢泗州，江都淳家湾石堤、邵伯南坝、高邮中堤、朱家墩、清水潭皆决，筑塞仅竣，山阳堤亦决，里下河大水。

明万历二十一年（1593年），黄、淮并涨，水注高邮湖，时决二十八口，通湖桥堤圮，康济河水漫老堤，冲决东堤。

明万历二十三年（1595年），黄、淮并涨，决中堤七棵柳，旋并筑塞，高、宝水涨二尺，兴化大水。

明万历二十八年（1600年），黄、淮并涨，界首小闸口堤决。

明万历三十一年（1603年）五月，黄河决溢，决北关小闸口，旋塞。

明天启元年（1621年），黄、淮泛决，九里北堤决，高、宝大水。

明崇祯四年（1631年），黄、淮交溃，下雨五六尺，堤决南北共三百余丈。南门市桥闸崩，城市行舟，人多溺死。

明崇祯五年（1632年），黄、淮交溃，并决淮安及高、宝一带漕堤，里下河无不被淹。

清顺治四年（1647年），黄河泛溢。六月，决漕堤，大水。

清顺治六年（1649年），黄、淮并涨。七月，决开南北漕堤数百丈，里下河及沿湖圩区一片汪洋。

清顺治十六年（1659年），黄、淮泛决，灌高、宝诸湖，溃漕堤。

清康熙元年（1662年），黄、淮并涨。南河分司吴炜擅开周桥，淮大泄，其水东注高宝湖，堤决。禾无收，民饥。

清康熙四年（1665年），黄、淮、沂、沭四河并涨。七月初三，飓风大作，湖水涨，漕堤决，城里水涌丈余，成为一片泽国。

清康熙七年（1668年），黄、淮泛决。秋，周桥未闭，清水潭堤决，环城水高二丈，水通城。乡民溺死无数。

清康熙八年（1669年），黄、淮泛决，秋，冲决清水潭，民田被淹。

清康熙九年（1670年）五月，黄、淮泛决。十三日，清水潭、头闸、茶庵堤决，乡民溺死无数。

清康熙十年（1671年），淮水涨，清水潭堤复决。

清康熙十一年（1672年），黄、淮泛决，四月，清水潭堤复决。

清康熙十二年（1673年），黄、淮、沭并涨，清水潭西堤将竣复决。

清康熙十五年（1676年），黄、淮并涨，漕堤溃决，陆漫沟、大泽湾、清水潭多处决口，共决三百余丈，上下河俱淹。

清康熙十九年（1680年），黄、淮并涨，泗州城陷没，移治盱山。清水潭两堤并决，南水关亦决，城内水深四五尺。至二十一年，水未退，田禾尽没。

清康熙二十四年（1685年），黄、淮、沂、沭并涨。七月十八日至二十一日，大风雨。二十七日，复大风雨，二十里铺、三十里铺河堤俱决，北门外水深数尺，上下河田尽淹，溺死人畜无数。

清康熙二十六年（1687年），二十里铺河堤并决。

清康熙三十五年（1696年）七月，黄、淮大涨，清水潭两堤决。二十四日，飓风淫雨，水暴涨二丈余，又决南水关，冲断北门外街市，上下河相连，里下河田禾尽没。

清康熙三十六年（1697年），黄、淮水涨，城南减水坝尽开，居民半在水中。至九月，势犹未杀，无麦禾。

清康熙三十八年（1699年），黄、淮并涨。五月，西风大作，损运河东西堤。七月初一，又决城北九里堤等处，酌开二坝。

清康熙三十九年(1700年),黄、淮南注,运河水涨,东堤一片汪洋,水由(高邮)城南大坝而出,汹涌泛溢。浮尸触舟,比比皆是,秋季无收。

清康熙四十四年(1705年)五月,淮河水涨。二十三日,大雨连绵一月不休,堤上水高数尺,上下河田尽淹。

清康熙四十七年(1708年),两淮大水。七月八日,风雨兼旬不止,水暴涨,开各坝,田禾尽淹。

清康熙五十八年(1719年),两淮大水,挡军楼迤南决口。

清康熙六十年(1721年),里运河大水,开各坝,时力保中坝,民得有收。

清雍正五年(1727年)秋,大水,田地被灾者十之九。

清乾隆六年(1741年),黄、淮并涨,决挡军楼,秋水成灾。

清乾隆七年(1742年),淮决高堰古沟。七月十五日,启放三坝及昭关坝,上下河田尽淹,百姓皆居河堤城头。

清乾隆十一年(1746年),黄、淮、沐、运并涨,启放南关、车逻二坝。七月十五日,大风拔木。秋,水成灾者十之七。

清乾隆十八年(1753年),黄、淮并涨,里运河大水。高斌力持封守邮坝,奈水势壅阏,湖河水日涨数寸,启放邵伯迤北二闸,遂至冲溃。高、宝运河临湖石工塌卸一千四百余丈,六漫闸、界首西堤居民被冲二百余户,并决开车逻坝封土。诸坝齐开,上下河田尽淹,屋庐漂淌无算。

清乾隆十九年(1754年),黄、淮并涨。五月中旬,大淫雨,田尽淹。七月五日,昼夜雨尺数,早禾尽沉,车逻、南关坝过水,中高田亦淹。

清乾隆二十年(1755年),江、淮并涨,南关、车逻坝水高出石脊二尺余。六、七月,启放车逻、南关二坝,上下河田尽没,民食草根、树皮、石屑。

清乾隆二十五年(1760年)夏,雨不止,损青苗,农田全无收。

清乾隆二十六年(1761年)七月,洪湖盛涨,坏里运河两堤砖石工四千余丈。二十日,西风大作,挡军楼堤决,楼亦被冲毁。前后开坝四座,下河大水,田禾尽没。

清乾隆四十三年(1778年)秋,洪湖水涨,运河水涨五六寸,里运河西堤尽圮,挡军楼堤工危急城门及南北水关尽塞。前后开四坝,各坝过水六七尺,上下河田尽没。

清乾隆五十一年(1786年)六月,大雨如注。七月,黄河决口,洪泽湖水涨,开决高堰五坝和里运河五坝,高、宝民田被淹。

清乾隆五十二年(1787年)六、七月,启放高堰五坝。八月初,运河水涨,西堤通身漫水,坏临湖砖石工,里下河大水。

清嘉庆十年(1805年)五月,黄、淮并涨,启放车逻、南关、新坝。六月,启放五里坝、昭关坝。里下河大水,堵塞东西城门及半,以防进水。

清嘉庆十一年(1806年),黄河决口。五月,洪泽湖水涨,掣卸高宝运河西岸石工四千余丈,启放南关、车逻坝,里下河大水。

清嘉庆十三年(1808年),黄、淮决溢。六月,启放归江各坝及归海五坝,里下河大水。

清嘉庆十七年(1812年),洪湖水涨,开决湖堤。七月,启放车逻、南关二坝,里下河淹没受灾。

清嘉庆二十四年(1819年),黄河决溢,开决湖堤、运堤各坝,里下河一片汪洋,田舍荡然,人畜漂没。

清道光二年(1822年)七月,启放仁、义、礼、智、信五坝;立秋后,启放四坝;秋分后,启放昭关坝,里下河尽为水灾。

清道光四年(1824年),洪湖水涨,决高堰十三堡、周桥等处,运河日涨水二三寸,掣卸迎湖石工三百四十一段,启放归海五坝。

清道光六年(1826年),黄、淮并涨,启放仁、义、礼、智、信五坝。六月,启放归江各闸坝。水仍上涨,启放车逻、南关、中、新四坝,不得又启放昭关坝。兴化舟行于市。

清道光八年(1828年)七月初,洪湖之涨,启放信坝。风暴掣通高、宝运河西堤一千数百丈,河湖相连,启放车逻坝,又启放南关、中、新三坝。

清道光十一年(1831年),淮河水涨,开决湖堤各坝。六月中旬,运河水漫决马棚湾及迤北张家沟,两处过水共三百余丈,水深三四丈,启放车逻坝。

清道光二十四年(1844年)九月十日,运河东堤七棵柳堤工塌损过水。秋后,启放车逻、中、新三坝,水不为灾。

清道光二十八年(1848年)六月,洪泽湖溢林家西坝。运河水涨,启放车逻、新、中三坝,又启南关坝,运堤决清水潭。七月下旬,启昭关坝,里下河大水。

清同治五年(1866年),洪泽湖盛涨。六月,启放车逻、南关两坝,"里运河清水潭决口一百八十六丈,东西岸皆漫塌,西堤漫塌四百五十七丈,东堤漫塌二百七十九丈。里下河平地水深丈余,境内田庐被淹殆尽,人畜漂溺无算"。

清宣统二年(1910年),两淮大水,造成涝灾。七月,开车逻坝,下河田多淹没。

民国5年(1916年),淮河大水,洪水由洪泽湖大部分出三河,三河口实测最大泄量为8400立方米/秒。8月1日,启放车逻坝,境内东部大部分地区受淹,尤以晚秋无收。

民国10年(1921年)伏秋,洪泽湖水异涨。8月16日,忽遇西风大作,里运河东堤漫水十余处。22日起,开启车逻坝、南关坝、新坝。开坝后,里下河地区一片汪洋,受淹面积达1万平方千米以上,晚稻遂无收。9月,运水更涨,水位最高达9.39米。

民国20年(1931年),江、淮、沂、泗并涨。因受江水顶托,高宝湖、邵伯湖水位迭涨不已,漫入里运河。8月,启放车逻坝、新坝、南关坝。25日、26日,西北风大作,里运河东堤决口26处,总长达2.91千米。里下河地区一片汪洋,有88万公顷农田颗粒无收,倒塌房屋213万间,受灾58万户,约350万人,逃荒外流140多万人,死亡约7.7万人,其中被淹死的1.93万人。仅高邮挡军楼一处,就死伤失踪1万多人,其中在泰山庙附近捞起死尸2000多具。

民国27年(1938年)6月初,国民党军队炸开黄河花园口大堤,纵使黄河洪水向南遍地漫流,再由涡、颍两河达淮入洪泽湖。是月,日军决苏北运堤,里下河遂成泽国。又遇秋水,8月启放车逻坝、新坝,境内墙倒屋破,里下河一片汪洋。

1949年,雨天过久,排水无出路,造成灾害,尤以临泽、官垛、横泾和三垛各区北部最严重。沿荡圩堤淹没,境内受灾田约5万公顷,损失稻谷约20万吨。因退水缓慢,低洼地区未能种麦。

1950年,淮河上游发生洪水,高宝湖及里运河水位猛涨,7、8月降雨233.6毫米。境内成灾农田约0.5万公顷,减产粮食1.13万吨;灾民达17.8万人,有5万人断炊无食。

1954年,淮河上中游连续暴雨。由于江水顶托,高邮湖水位9~9.29米持续29天,受灾农田4万公顷,灾民5.31万户21.02万人。湖西有的地方破圩,冲毁与受损房屋6054间。

1956年入夏后,连降大到暴雨,5、6月降雨量达636.2毫米,出现烂麦场,境内受灾农田3万公顷。

1959年,境内先旱后涝。7月27日~8月13日,干旱无雨,受旱农田1.13万公顷,其中农作物枯萎的有0.2万公顷。9月1、2日,受台风袭击,最大风力达十级左右,受涝农田2.3万公顷,有0.4万公顷农作物遭倒伏。

1962年9月1日晚~2日,受13号台风影响,降暴雨70毫米以上,2.7万公顷农田受涝,粮食受潮5000吨。6日早晨~7日上午,又受14号台风影响,降雨166.1毫米,4万公顷农田受涝,其中近1万公顷农田基本无收。

1965年7月1~22日,降雨449毫米,局部降雨600毫米以上。从8月19日起受13号台风影响,连降暴雨200多毫米,积水成涝农田面积达3.33万公顷,其中基本无收的有0.14万公顷。又遇三河闸泄洪,河湖水位陡涨,湖西破圩11处,0.15万公顷农田被淹。

1969 年 7 月 1~18 日,降雨达 551 毫米,为历史所罕见,受涝农田 5 万多公顷,其中成灾 0.33 万公顷。

1980 年 1~9 月,降雨 1228.4 毫米,梅雨 43 天,雨量 618.9 毫米,比常年多 2~3 倍。6 月 27 日,遭受台风冰雹袭击,受灾面积 0.82 万公顷。7 月 26 日凌晨,又突然遭受十级台风袭击,农田受涝 4.3 万公顷,受重灾 2.14 万公顷,失收 448 公顷。

旱灾　据地方史料记载,自西晋咸宁四年(278 年)至 1990 年,境内共发生旱灾 42 次。其中较大的旱灾有:

宋绍兴二年(1132 年),旱。

宋淳熙六年(1179 年),旱,冬大饥,民食草木。

宋绍熙二年(1191 年)七月,旱。

明弘治十六年(1503 年)秋,大旱。

明嘉靖二年(1523 年)一月至六月,不雨,禾稼枯死。

明嘉靖三十八年(1559 年)三月,大旱。

清顺治九年(1652 年),田苗尽枯,民有被渴死的。

清康熙四十一年(1702 年)夏,大旱。

清乾隆四十年(1775 年)夏,大旱,七里湖可徒徙。

清乾隆四十三年(1778 年)春、夏,旱,早晚禾尽萎。

清乾隆四十七年(1782 年)四、五月,不雨,运河水浅,民田被旱。

清乾隆五十年(1785 年),大旱,七里湖涸见底。

清咸丰六年(1856 年)五月至八月,不雨,运河水竭,全省大旱灾情之重甚于乾隆四十七年。

清同治十二年(1873 年)夏、秋旱,湖西水涸。

民国 6 年(1917 年)4 月,大旱,桃汛后,里运河水涩,沿运闸洞断流,堵闭王港截水入运河。

是年,南丰乡照旧于火姚闸南挑筑裹头蓄水,于华严寺前加筑裹头一道束水,仅留金门丈余分灌南乡。子婴、界首等闸,昼闭济商,夜启济农(因水源缺乏,无济于事)。

民国 17 年(1928 年),旱。

民国 18 年(1929 年)春至夏,雨泽稀少。3 月,里运河水涩,堵束王家港坝口,截水入运河。5 月,旱,运河将涸,在马棚湾北首运河内堵筑拦河草坝一道,蓄水灌田。坝筑成后,坝北水位反较坝南为低,随即铲除。里下河连续两年大旱,灾情较民国 6 年为重。里下河水乡所有河港湖荡大部分见底,北澄子河河底可以拉人力车到兴化。

1953 年,干旱。6 月 19 日,三垛最低水位 0.28 米,农田受灾面积达 4.35 万公顷,其中成灾面积 0.3 万公顷。

1978 年,遭遇到 50 年未遇的大旱。5~9 月,降雨仅 272 毫米,河湖枯竭,高邮湖水位最低仅 3.59 米,旱、中稻受旱面积达 3.35 万公顷,占全县水稻总面积的 58%。

第二节　防灾抗灾组织

高邮历史上均未设专管的防汛机构,而是由有关管理机构和各级行政领导兼管。民国时期由业务部门主管。新中国成立后,每年都成立防汛防旱指挥部(总队部),指挥部成员由县政府领导担任指挥,由县政府办、水利、民政、计委、经委、农办、供电、邮电、交通、商业、供销、物资、粮食、财政、农业、农机、气象、广电、人武部等部门负责人参加,统一指挥,分工负责。指挥部下设办公室,办公室主任由县水利部门负责人兼任,防汛防旱日常事务由县水利局工程管理科(股)办理,农水科(股)协助。办公地点设县水利局内,日夜值班。大灾之年,县水利局机关干部全力以赴。中国人民解放军驻高邮部队和县人武部均积极、主动地参加抗洪和抢险。

每年汛期,区(片)、公社(乡、镇)人民政府均成立防汛防旱大队部(分指挥部),指挥部成员由有关部门负责人组成,党政负责人任大队长(指挥),领导全区(片)、公社(乡、镇)的防汛、防旱、救灾工作。沿运河和沿湖大堤村、组(生产大队、生产队),根据离堤远近、劳力强弱情况,以民兵建制建立三个梯队,即巡逻队、抢险队和预备队,划段包干,落实岗位责任制,听候调用。每逢大灾之年,各级领导均亲临第一线指挥抗灾抢险。里下河和沿湖圩区的圩口,以所在地乡镇为单位,建立圩长防汛责任制,分段防守,组织巡逻、抢险专业队伍;跨乡、镇的圩口实行联防联管。圩口闸的启闭、河口的堵闭和排涝站的开机排涝,都实行责任到人。沿运自流灌区以灌区成立灌溉管理委员会,管委会主任由县政府任命,管委会成员由县水利局负责人、乡镇分管农业的副乡(镇)长参加,干渠、支渠均设联管小组,明确专人负责,统一用水管理,协调用水矛盾。

县防汛防旱指挥部坚持以防为主、防重于抢的防汛工作方针,认真贯彻执行国家防汛防旱总指挥部、省和市防汛防旱指挥部有关政策与决定,每年制定防汛防旱工作计划,落实防汛预案,组织汛前安全大检查,发现问题,及时采取有效措施,除险加固,清除行洪障碍;筹集必备的防汛抢险的物资、设备;及时掌握雨情、水情、工情和水情调度;如出现险情,及时组织力量,全力抢救,以减少灾害损失,确保安全度汛。

1950~1990年高邮县防汛防旱组织机构及负责人概况表

年份	机构名称	建立日期	总队长或指挥	政委或政治部主任	副总队长或副指挥
1950	高邮县防汛总队部	7月17日	冯坚	杜文白	郑鹏飞
1951	高邮县防汛总队部	7月5日	吴越	冯坚	郑鹏飞
1952	高邮县防汛总队部	7月6日	吴越	—	郑鹏飞
1953	高邮县防汛总队部	7月6日	郑东里	夏雨	田增贵　郑鹏飞 钱增时　束鸿
1954	高邮县防汛总队部	7月6日	郑东里		钱增时
1955	高邮县防汛总队部	7月6日	钱增时		王光明
1956	高邮县防汛总队部	6月1日	钱增时	洪坚	刘少卿　马炳兴 郑鹏飞
1957	高邮县防汛总队部	6月3日	钱增时	—	孙惟德　郑鹏飞 束鸿
1958	高邮县防汛总队部	6月26日	王光明	夏雨	孙惟德　徐进
1959	高邮县防汛总队部	6月	王光明		盖桐芳　孙惟德
1960	高邮县防汛总队部	6月8日	王光明	—	盖桐芳　郑来甫 张忠　徐进
1961	高邮县防汛总队部	6月	辜长佐	—	盖桐芳　郑来甫
1962	高邮县防汛总队部	5月25日	辜长佐	郑来甫　盖桐芳　张忠	蒋丹
1963	高邮县防汛总队部	5月17日	董连庆	王光明　盖桐芳　张忠	蒋丹
1964	高邮县防汛总队部	4月	王光明	盖桐芳　张忠	—
1965	高邮县防汛防旱指挥部	5月25日	顾逊礼	盖桐芳　张忠	—
1966	高邮县防汛防旱指挥部	4月28日	顾逊礼	盖桐芳　张忠	孙惟德

（续表）

年份	机构名称	建立日期	总队长或指挥	政委或政治部主任	副总队长或副指挥
1967	高邮县防汛总队部	3月22日	熊振环	盖桐芳 袁宝全	—
1968	高邮县防汛总队部	4月24日	熊振环	王春义 孙惟德	—
1969	高邮县防汛总队部	5月25日	朱栋成	王春义 孙惟德	—
1970	高邮县防汛防旱指挥部	6月28日	朱栋成	任金富 金余	—
1971	高邮县防汛防旱指挥部	6月11日	查长银	嵇权 朱栋成	—
1972	高邮县防汛防旱指挥部	5月	查长银	嵇权 朱栋成	—
1973	高邮县防汛防旱指挥部	5月7日	查长银	颜正云 任金富	—
1974	高邮县防汛防旱指挥部	5月7日	查长银	嵇权 钱增时	—
1975	高邮县防汛防旱指挥部	5月29日	嵇权	孙坚 钱增时	—
1976	高邮县防汛防旱指挥部	6月1日	嵇权	孙坚 钱增时	—
1977	高邮县防汛防旱指挥部	5月27日	查长银	嵇权 钱增时 任金富	—
1978	高邮县防汛防旱指挥部	5月5日	任金富	嵇权 钱增时 孙坚 赵元珍	张志钧
1979	高邮县防汛防旱指挥部	4月14日	任金富	孙坚 钱增时 刘鹏远 郭衡	—
1980	高邮县防汛防旱指挥部	5月14日	任金富	钱增时 郭衡	刘宜炤
1981	高邮县防汛防旱指挥部	5月13日	任金富	钱增时 郭衡 刘宜炤 姚鸣九	姚鸣九
1982	高邮县防汛防旱指挥部	5月25日	任金富	钱增时 郭衡 刘鹏远 姚鸣九 刘宜炤	姚鸣九
1983	高邮县防汛防旱指挥部	3月28日	任金富	钱增时 王子和 刘鹏远 李进先 刘宜炤 姚鸣九	姚鸣九
1984	高邮县防汛防旱指挥部	4月19日	陈立增	戴有斌 李乃祥 刘鹏远 杨春淋	姚鸣九
1985	高邮县防汛防旱指挥部	5月17日	陈立增	戴有斌 李乃祥 刘鹏远 杨春淋 占岫琪	姚鸣九
1986	高邮县防汛防旱指挥部	5月2日 7月28日	陈立增 孙龙山	戴有斌 李乃祥 刘鹏远 杨春淋 占岫琪 王振严	耿越
1987	高邮县防汛防旱指挥部	5月12日	孙龙山	戴有斌 吴维松 范太金 杨春淋 李乃祥 姚鸣九	姚鸣九
1988	高邮县防汛防旱指挥部	5月25日	戴有斌	杨春淋 吴维松 范太金 姚鸣九 李乃祥	姚鸣九

（续表）

年份	机构名称	建立日期	总队长或指挥	政委或政治部主任	副总队长或副指挥
1989	高邮县防汛防旱指挥部	6月10日	戴有斌	杨春淋　夏元新 李寿桃　李进先 范太金　姚鸣九 刘金鳌	张志钧
1990	高邮县防汛防旱指挥部	5月30日	史善成	杨春淋　刘金鳌 范太金　王宝才 李寿桃　李进先	张志钧

第三节　水情测报

清乾隆二十二年（1757年），经乾隆皇帝爱新觉罗·弘历御批，于高邮城北御码头处置"水则"一座。此为高邮设水文站之始。民国2年（1913年），江淮水利测量局在高邮御码头设立高邮水位站，始有水文资料保存，该站至1938年停办。1950年，恢复高邮水位站并被确定为三等水文站，负责观测高邮湖、大运河水位。1962年10月，高邮水文站被扬州地区水利局上收与管理。1954年，增设三垛内河水位站，于1955~1959年暂时停办。随后，又增设界首水文站（1970年左右停办）、临泽雨量站等。在高邮水文站被上收期间，每年汛期，由县水利局明确专人观测收集高邮湖、运河、北澄子河水位和雨量。在汛期，增设菱塘、郭集（马头庄）、八桥、司徒、张轩、周山等临时水情网点，并借助兴化水文站水情和江都抽水站的水位及开机排涝情况，部署境内里下河圩区排涝工作；积极主动了解省、地（市）防指的防汛信息、指示和决策，了解淮河入江水道一线蚌埠闸、三河闸、高邮湖、邵伯湖、万福闸、京杭运河一线淮安翻水站运南闸、江都抽水站等处的水位、开（闸）机流量，以及宝应、高邮、江都沿运各站点的水情与各闸洞下泄流量，协助扬州水文站巡测运河界首流量等，为抗洪斗争、南水北调及自灌用水管理工作服务。

高邮湖站水位预报方案是根据三河闸流量与高邮湖水位、库容关系来预测的，并绘制成关系曲线图，以利查找。同时，做好防汛信息的资料搜集、整理、归档，上传下达。凡遇重要情况以书面材料报告给指挥部负责人，以适时决策和处置。

第四节　水情控制与调度

在历史上，高邮湖水情一向无控制。运河堤上的归海坝，常因保运河航运而堵坝、保坝，为排洪而开坝。里下河地区除沿运极少数农田靠运河水灌溉外，绝大多数依赖降雨，利用湖荡沟河蓄水抗旱。丘陵区暴雨后则漫冲排洪，灌溉则靠小塘坝小涧蓄水，基本上靠天吃饭。

新中国建立后，随着淮河入江水道整治、运河治理、江都站兴建、干河治理和农田水利的兴修，境内逐步形成防洪、排涝、灌溉、降渍、调控等水利工程体系。汛期通过水情调度，充分利用水利工程，减轻自然灾害。

淮河入江水道　1954年，在苏皖两省协商形成的《洪泽湖蓄水位问题研究会议纪要》中，洪泽湖蓄水位暂定为12.5米。1981年，在国务院召开的治淮会议上，确定洪泽湖蓄水位由12.5米提高到13.5米。后经水电部与苏皖两省商定，首期先提高到13.0米，灌溉蓄水量增加10亿立方米，超过蓄水位即下泄高邮湖。1980年，淮河入江水道整治后，汛期排洪达到12000立方米/秒。洪泽湖蓄泄均由省控制调度。高邮湖蓄水位 5.5~5.7 米,邵伯湖蓄水位 4.0~5.0 米,超过上限水位即南泄入江,均由扬州市防汛防旱指挥部控制调度。

灌溉期,淮水北调后,洪泽湖有余水则由苏北灌溉总渠输入京杭运河,供沿运自流灌区灌溉农田;不足则由江都抽水站提水入运河。除自流灌区用水外,还向北送水,为徐淮地区旱改水提供水源。通过漫水闸,将高邮湖水输入邵伯湖,维持邵伯湖水位不低于 4 米。必要时,江都抽水站经运盐闸向邵伯湖补水,保证邵伯湖灌区灌溉用水。高邮湖水位到 4.8 米时,高邮湖控制线上各闸关闭,蓄水留给高邮西部沿湖圩区和丘陵区自用。

汛期,淮河入江水道高邮段防汛对策主要取决于三河闸泄量。三河闸泄量达到 6000 立方米/秒时,沿湖中小圩即注意防风防浪,力争不破圩。圩内预降水位,防止雨涝出现。运堤巡逻队上堤巡险,抢做防浪工程,迎接更大洪水。三河闸泄量继续增大,高邮湖水位达到 8 米时,湖滨庄台即做好人、畜转移准备,1.3 千米庄台圩的南北两端控制线开口排洪。三河闸泄量达到 8000 立方米/秒时,沿湖大圩除留防汛抢险人员外,老弱病残和重要物资全部转移,安置在安全地带,并及时清除一切行洪障碍,运河一线及时备足抢险器材。三河闸下泄量达到 10000 立方米/秒时,沿湖大圩力争不破。高邮湖水位达到 9 米时,运河大堤增加防汛人员,日夜值班巡逻,发现险情,立即妥善处理,确保堤防万无一失。三河闸下泄量超过 10000 立方米/秒时,一切服从防汛,一方面请省控制三河闸泄量,使高邮湖水位不超过 9.5 米,一方面防守运河西堤,确保东堤安全。

沿运自流灌区　该区用水按省分配的流量执行,实行计划用水。市、县成立管水小组,巡回检查,严格管理沿运闸洞,确保向淮北送水计划。

灌溉高峰期,邵伯船闸至淮安船闸的运河水位都不得低于 6 米,以保证运河航运。如江水不能保证沿运自流灌区用水时,则启动自流灌区补水站,抽里下河水补给自流灌区用水。当兴化水位超过 2.5 米时,则关闭沿运闸洞,加强田间保水措施,减轻里下河地区的排涝压力。

里下河地区　冬春季,引江水,保证里下河地区兴化水位不低于 1.0 米。灌溉期,保证兴化水位在 1.1~1.3 米,超过 1.3 米则停止引入江水。汛期控制兴化水位在 1.2~1.3 米,超过 1.4 米则请省用江都抽水站结合灌溉送水,抽排里下河地区涝水。

里下河地区原有荡滩面积 1.02 万公顷,至 1990 年荡滩被围垦 0.77 万公顷,减少 3/4,滞涝库容大幅度减少,雨后水位上涨迅猛,从过去下一涨三,发展到下一涨五、涨六,局部地区发展到下一涨八。为此,制订副业圩破圩滞涝计划,当兴化水位超过 2.5 米仍继续上涨时,有计划地分三批破圩滞涝,力争农业圩不遭灾。

里下河地区四周高,中间洼,每遇暴雨涨得快、退得慢。根据这个特点,各乡镇在防汛预案中对圩口闸与口门都指定专人负责,适时关闸和堵闭,严防外水倒灌,并预降内河水位,迎战更大雨涝,低洼圩区排涝设备基本上能拉得出、打得响、排得快。对 2.8~3.5 米高程农田,重视解决排涝动力不足或无排涝设施,暴雨后反易受涝的问题。

第五节　防灾物资与经费

物资　防汛物资主要有木材、钢材、铁丝、水泥、毛竹、块石、草包、编织袋、芦席、照明设备、运输工具等。新中国建立后,每年汛前,省、市(地区)县都储备和安排一定数量的防汛物资。凡国家计划统配的物资,由省、市(地区)计划主管部门予以安排,一般物资由县、乡(镇)和群众就地筹集。省储备的防汛物资用于流域性水利工程的抢险,县储备的防汛物资用于区域性水利工程的抢险。省、市的防汛物资由省、市、县水利储运站仓库储备及物资、商业、供销等部门代储。高邮水利器材储运站、县供销社每年都代储木材 40 立方米、草包 10 万只、编织袋 30 万只、木桩 1000 根和杉木板等。京杭运河管理处在运河中、西堤上储备防汛积石 5000 吨以上。凡储物资，专材专用，未经批准，不得擅自动用。乡（镇）和群众筹集的防汛物资由各地自行使用。防汛物资的计划、供应、调运、储备、保管等都建立防汛物资责任制。汛后，对代储单位给予适当的保管费和贴损，对群众筹集的抢险物资，用后给予适当补助。

经费　防汛、排涝、抗旱经费本着自力更生为主、国家支持为辅的原则，当遇到严重水旱灾害，集体和群众无力负担时，由省、市（地区）、县财政拨款，由县防汛防旱指挥部统一掌握使用。

江苏防汛储备仓库——高邮八里松库

防汛防旱经费属特种资金，主要用于：一是防汛防旱急办工程、小水库除险加固工程、行洪河道清障工程，以及水毁工程经费等；二是抗旱、排涝中的机电设备调运和修理、油耗和防汛物资消耗费用等；三是县防汛防旱办公费用补贴。据统计，1950~1990 年共支出防汛防旱经费 1611.62 万元，平均每年 39.31 万元。

1950~1990 年高邮县防汛防旱经费使用统计表

单位：万元

年份	合计	其中		
		防汛	排涝	抗旱
合计	1611.62	1063.00	229.68	318.94
1950	19.04	19.04		
1951	0.24	0.24		
1952	0.84	0.84		
1953	5.91	5.91		
1954	143.82	142.27	1.55	
1955	1.86	1.78	0.08	
1956	65.76	59.73	6.03	
1957	2.61	2.31	0.30	
1958	27.30	20.80	6.50	
1959				
1960				
1961	5.51	5.51		
1962	117.93	0.99	57.31	59.63

（续表）

年份	合计	其中		
		防汛	排涝	抗旱
1963	64.00	58.56	5.44	
1964	30.66	29.98	0.41	0.27
1965	87.93	22.23	65.66	0.04
1966	9.64	5.98		3.66
1967	3.47	3.47		
1968	28.89	28.89		
1969	20.19	20.19		
1970	10.73	10.73		
1971	27.91	27.91		
1972	6.05	6.05		
1973	17.64	17.64		
1974	19.90	11.13	2.00	6.77
1975	26.36	26.36		
1976	20.81	20.81		
1977	98.20	18.28		79.92
1978	67.44	35.34		32.10
1979	118.31	26.19		92.12
1980	58.77	20.31	15.99	22.47
1981	79.94	19.47	57.71	2.76
1982	99.51	93.51		6.00
1983	47.38	42.06	0.30	5.02
1984	48.17	29.59	10.40	8.18
1985	14.40	14.40		
1986	37.00	37.00		
1987	38.10	38.10		
1988	30.10	30.10		
1989	37.90	37.90		
1990	71.40	71.40		

第六节　抗灾纪实

民国10年大洪水　民国10年(1921年),江、淮、沂、泗齐涨。5~7月,先后启放归江坝六处。8月,淮、运大涨。16日,西风大作,运河水位骤涨1米有余,里运河东堤漫水有十余处。高邮城通湖桥地段,河水漫堤,幸在白天,当即民众自行上堤抢险施救,临时得以无恙。地方教育界、工商界人士自发组成防汛队伍,协议分人分段防守,日夜梭巡不歇。18日傍晚,又发生水警,即由高邮商会垫款,抢筑子堰四五尺高,幸有土牛济用,抢护平稳堤乃获全。22日,运河水位一丈七尺三寸,开车逻坝。又大雨三日,上下游均涨水六寸。24日,开南关坝,水势仍增。26日,开新坝,综合三坝金门宽约二百丈,如此坝口宽度,宣泄运河之水,其水位不但不降,反而逐渐上升。9月,高邮湖水位高达9.39米。

地方人士建议,以运河堤加高,亦不过扬汤止沸,开昭关坝才是釜底抽薪之计。当即电请运河督办张謇开放昭关坝,张回电不准。高邮地方代表董仲薪等10人仍前往南通,当面向张呼吁,请张到高邮察勘水势,张专程到高邮,仍不允所请。

是年,里运河最高水位为一丈九尺八寸,较民国5年大水高近1米。运河堤高仅一丈八尺,水位高于堤高度,诚数百年来所未有也。开坝后,里下河地区一片汪洋,受淹面积达1万平方千米以上,晚稻无收。

民国18年抗旱　民国18年(1929年),自春至夏,雨泽稀少,栽秧前后,近三个月时间未下雨。由于民国17年后连续两年干旱,大运河水位很浅,一般水深约在1.7~1.8米之间,最深的只有2米左右,水面宽约3米。运河里轮船、大船都不好通行,一般船只都停在界首的七里裏、四里铺以北,从高邮向北运输物资都是车运。高邮湖水位很浅,在腰圩对面湖滩向南挖一条沟,结果未能引入水。到农历四月间,运东河港湖荡大部见底。较深地段残存底水,久经渗透曝晒,水味变咸。兴化得胜湖前后干枯80余天,湖底能行人,在北澄子河底可以拉人力车从高邮到兴化。

三月,堵闭王家港坝口,截水入大运河。五月,运河将涸,堵闭江都西湾坝。又于月初挖二里铺西堤,引湖水入大运河闸洞,以济农田。在马棚湾北首大运河内堵筑拦河草坝一道,蓄水灌田。但坝北水位反较坝南为低,随即被拆除。当时大运河沿线人民连生活饮水都发生困难,从氾水到宝应,近40华里运堤,架设水车近千部,还不能满足沿运地区人畜饮水的需要。

运东地区因内河水位低,盐城马尾坝决,自农历五月十五日到十一月十五日,发生卤潮倒灌,受害农田全部无收。六月,挖开土山坝,引江水济里下河灌溉。七月,被江潮冲开,重行堵筑。车逻乡菱湖村村民薛荣的父亲,为不错过栽秧时节,雇30个人分4道车赶着踩水泡田。刚踩一天,河里就没有水,结果花去七八担小麦,田还是没有拗上水。小秧没法栽,只好改种芝麻、黄豆,但到后来,连芝麻、黄豆也未收到。是年,除靠近闸口的洼田因事先做蓄水工程能收一些稻谷外,其余全部改种旱谷作物。但由于旱灾、蝗虫肆虐,改种的旱谷收成也很低,民大饥,多徙亡。

民国20年特大洪水　民国20年(1931年),在春汛之期,桃花水即大,清明前后又雨水较多,梅雨季节以及伏汛期间,连绵暴雨50余天。6、7月份淮河流域连降三次大暴雨,第一次6月17日~23日,主要发生在淮河上游的浉河、竹竿河一带,雨量均在200毫米以上。第二次7月3日~12日,发生在淮南山区及高邮湖一带,雨量在400毫米以上。第三次7月18日~25日,仍发生在淮南山区及高邮湖一带,雨量均在300毫米以上。

7月下旬,高邮湖河水位开始上涨。7月25日,高邮御码头水位达到一丈六尺一寸(8.39米),水平东堤堤顶,人站在运河堤上可踏水洗脚,但仍猛涨不已。江苏省水利局来高邮龙王庙设立办事处,进行运堤培修工作。当时,高邮人请求开坝,兴化县长及地方代表来邮面求保坝,接着里下河其他各县代表陆续来邮,反对开坝。经江苏省府委员兼建设厅厅长孙鸣哲提议,7月28日,省府第420次会议作出决议:"水位至一丈七尺三寸时车逻坝启土,分两次开放,先开一半,如水仍涨,再开一半。"会议之后,上下河人民对归海坝之启闭争执渐趋严重。高邮县长王龙要求开归海之车逻等坝以泄水,而兴化县长华振及各团体代表等则亲率妇孺食卧于该坝之上,双方对峙,形势紧张。7月30日,高邮御码头水位达一丈七尺八寸(8.90米),上游来量仍见增涨,运堤形势益急,省建设厅驻工人员钱家骧30日中午开坝未成,星夜回省报告。8月2日高邮御码头水位达一丈八尺八寸(9.15米),运堤险段虽经民夫极力抢护,仍岌岌可危,江苏省水利局驻邮办事处于凌晨2时奉省府电令开坝受阻。下午3时,忽然西南风骤起,河水陡涨,运堤危险万分,各县、局长即带领军警前往开坝,于下午4时启放车逻坝。4日午后,忽西风猛雨,直赴东堤,办事处遵省府电令,于亥时(晚上9~11点)续启新坝,南关坝因被风浪冲成沟槽无异开放,至此运河归海三坝齐开。三坝开启后,运河水势仍涨如故。8月15日,高邮御码头水位达一丈九尺六寸(9.46米),为1931年最大值。

8月20日后,高邮湖河水位开始下跌。23日,御码头水位已落至9.30米,人们产生了麻痹侥幸思想,喜庆水落灾轻,在火星庙、七公殿等处搭台演戏酬神,全城到处锣鼓喧天,祈祷之声不绝于耳。

8月25日下午3时,陡起西风,乌云滚滚,风狂雨骤,运堤吃紧万分。此时,全城处于极度恐慌之中。傍晚时分,河工人员均已不知去向,高邮县党政商各界人士雇带民夫分段抢险,以蒲包、麻袋装土,抛入危险地段。谁知蒲包、麻袋刚投入水中,即被巨浪卷走。夜晚11时左右,风势更大,风力达5.5级,继而骤雨肆虐,一日雨量竟达102.3毫米,运河水势陡涨,日间所加子埝,完全被风浪卷走。巨浪冲来,抢险人员已难立足,遂又加雇民夫拼命抢救。26日,忽又转西北风,风势更狂,雨势更骤,风力达6.3级,高邮湖又发生湖啸。只见茫茫波涛由西向运堤直冲过来,以致全堤漫水,抢险民夫有的竟被巨浪冲倒,跌到堤下。27日晨5时,城北挡军楼、庙巷口、御码头、七公殿等处运堤先后溃决,尤以挡军楼决口最巨,竟达166丈(约550米)。顿时波涛澎湃,直扑城北、城东而来,声似山崩地裂。

人们从睡梦中惊醒,扶老携幼,哭声震天。人烟稠密、商店林立的闹市——挡军楼一瞬间变成茫茫一片。不及入城者,尽被水淹死。北门大街街西一户姓秦的杂货店和街东部元兴米店两户共有十多口人都被洪水冲得无影无踪。当时全家人被波浪卷殁的达数百户。当时缺口洪水湍急,运河内5华里的船只都被急流吸到决口处冲毁,船民也伤亡不少。泰山庙附近居民纷纷逃往东山之巅,有奔赴不及被迅猛洪流卷去者亦复不少。北门外街近城一带民户齐奔城内,纷至沓来拥上北门吊桥,压断桥梁,挤堕而溺水者也不在少数。死人、死牛、船板、屋架、家具等随水漂流,真是惨不忍睹。据后来统计,此次水灾,高邮城北共死伤失踪了1万多人,泰山庙附近捞到尸体2000多具。

水灾过后,成千上万的灾民啼饥号寒,嗷嗷待哺。高邮车逻乡一些死里逃生的人扶老携幼逃上车逻大圩,由于饥饿难忍,商量到张其潭家借粮。张闻讯后,即组织一批流氓打手,用火枪、船篙、斧头、大锹等凶器,打死手无寸铁的灾民16人。9月4日,高邮灾民向国民政府及民众团体发出呼吁,请求赈灾,中共地下党员徐平羽在泰山庙召开为大水中死难者追悼会,并组织群众游行。赈灾首由镇扬人士多人发起成立"华洋义赈会江苏分会",电上海总会,请予急赈。上海方面当即运来上白"花旗"面粉,在扬州各饼店就近加工制成馒头、炼饼、齐子等干粮,装船启运,请勇健、干练之人随船督放。由于天气燥热,在水灾中溺死的尸体尚未完全埋清,造成饮水不洁,蚊蝇孳生,秽气弥漫,又导致瘟疫大流行,一时伤寒、瘟疟、痢疾等急性传染病蔓延。据不完全统计,全县死于瘟疫的有数千人之多。

决堤之后,河湖水位跌落很快,至9月26日已达6.06米,再不堵修,将影响航运,社会各界人士多次向省府等部门呼吁堵口复堤。省成立了江北运河工程善后修复委员会,组织有关人员做修缮准备。经测算,运河全部善后工程约四五百万元巨款,时省府财政拮据,仅能在省库中筹得百数十万元,不及估表所列之半额。当时,上海华洋义赈会呼吁赈灾,既尽其所得,竭其所能,从事各地急赈。海内外中西人士等慈善家,慷慨解囊。有一大善士林隐居士,偶阅报纸,恻然忧之,遂兴毁家予难之念,9月29日向义赈会捐款20万元,并建议移赈江北,以工代赈。泰县福音堂牧师何伯葵主张由华洋义赈会拨款修高邮堤工。该会派朱吟江、顾吉生实地前来勘查,两人觉得堵口工程十分重要,否则运河水有干涸之虞。10月22日,华洋义赈会召开董事会,朱吟江正式提议高邮六大决口利用新式工程修补,以求一劳永逸。该会决议兴修高邮堤工,请浚浦局派工程师前来测量。由黄涵之、饶家驹、顾吉生、费吴生、朱吟江等人研究修复运堤一事,估列工程款约需55万元,工程由何伯葵、张贤清担任督工,由王叔相负责工程。省府得知华洋义赈会决议,由省政府主席顾祝同正式函请该会担任高邮六决口修复工程。工程从31年10月底开工,东堤堵口6处,堵决口397丈。32年1月又开工改做埽工2处,土工2处。33年冬,由江北运河工程局商请华洋义赈会拨款改建挡军楼楼段、庙巷口、七公殿3处石工工程。

高邮挡军楼处决口

里下河地区汪洋一片

高邮城门惨状

泰山庙浮尸

　　民国35年抗洪　民国35年(1946年),从8月2日入汛,至10月6日结束,汛期长达66天;水位在一丈六尺以上的有49天,御码头最高水位达一丈七尺四寸,人坐在堤上能洗手;台风也是1931年以来所罕见的。就在沿运人民万分紧张地进行防汛抢险护堤保家乡的时候,盘据在扬州的国民党军队一面要共产党开运河东堤上的归海坝,把淮河洪水通过里下河地区入海;一面却加固归江各坝,不许开归江坝排洪水入江,增加防汛难度。中共扬州专署成立防汛办事处,主任陈扬和副主任洪石君、钱正英领导里运河扬州段的防汛工作。扬州党政军民密切配合,培修里运河东、西堤。可是,国民党军队又在邵伯镇进行疯狂反扑,妄图沿河北上,加上高邮、邵伯等湖遭到暴风雨、湖浪冲击,西堤岌岌可危。沿运河广大群众在中共领导下,一面阻止国民党军队前进,一面在西堤上与风浪搏斗。经过英勇奋战,终于战胜风浪,保证运河西堤的安全。运河东西堤加固培修全部完成以后,解放区工作人员才按照原计划从容暂时撤退。

1950 年防汛 7 月,淮河上游发生洪水,高邮湖和大运河水位猛涨。至 7 月底,大运河高邮段水位7.9 米。8 月 10 日凌晨 1 时,中坝外越堤堤脚出现渗漏,越堤东坡自堤肩下滑,堤身裂缝,堤土剥落,形势非常危急,随时都有突发决口酿成水灾的危险。经报警后,沿堤群众、军区特务团、机关干部共万余人前往抢险。苏北行署主任惠浴宇、泰州区专员黄云祥、高邮县委书记冯坚和县长吴越等亲临现场坐镇指挥。采取外坡抛石、内坡叠戗加固等办法,奋勇抢修 16 个小时才转危为安。7~8 月境内共降雨 233.6 毫米,运河水位持续上涨。8 月 22 日运河水位高达 8.73 米。经紧张抢护,终于保住运河大堤,保证里下河地区的安全。

是年汛期,高邮县内共动员 1.28 万人,抢做防风埽 32 段 3162 米,加厢埽工 6 处,完成土方 7.57立方米、石方 6194 立方米、砖方 5183 立方米、埽方 3005 立方米。国家投资 28.61 万元,保证了运堤安全。

1954 年特大洪水 7 月 1~28 日,淮河流域连降 5 次暴雨,使淮河干支流出现多次洪峰,很多地区水位都超过历史最高记录。7 月 9 日,降雨 127 毫米,7 月份共降雨 620.5 毫米。由于长江水位同时上涨,江水顶托,使淮水入江速度变慢,洪泽湖、高宝湖、邵伯湖最高水位持续时间很长。高邮湖水位持续 29 天为 9~9.29 米。7 月 15 日,高邮县委动员 2000 多人,抢堵越河港(通湖口),封闭沿堤子婴闸、看花洞、琵琶闸等涵闸 17 处。7 月 24 日,又陆续动员 3.3 万多人,在五里坝、新坝、车逻坝东侧各加筑一道月堤,以巩固堤身安全。在高邮湖通邵伯湖之间的新港、王港、茅塘港一带,动员菱塘、临泽等区 700 多人和 170 多条船只,并有 3 条挖泥机船配合,割除新民滩 450 公顷柴草,使洪水入江泄量增加近 1000 立方米 / 秒。

7 月下旬 ~8 月上旬,在运河西堤迎湖坡成排布置挂柳长达 43.4 千米,坡脚挂上一捆捆石枕和柴枕。堤顶筑一道高 1 米、宽 1 米、长 33.26 千米的柳石子坝,以增强运堤的抗洪能力。为搞好这项工程,群众自筹柳橛和树头 86 万棵、柳枝 1.08 万吨、草包 16.7 万多只、碎石 3.27 万立方米。

8 月 25 日夜,狂风夹着暴雨越刮越猛,高邮湖水凶猛地冲向老运河西堤,浪头高达 2 米以上,座湾迎溜的万家塘、杨家坞等险段上的挡浪柳排被巨浪打断,连捆在柳石堰上的 12 号铅丝也被浪头绞断。树头随波逐流,情势万分危急。民工们奋不顾身地跳下水去抢修。由于湖浪大,脚站不稳,他们就用绳子扣住腰部,系在石堰的树桩上,排成人墙挡浪。这样一直坚持到风停雨住,终于取得抗洪保堤斗争的胜利。

在这年抗洪斗争中,全县共动员 4.21 万人,完成土方 46.18 万立方米、碱方 30.11 万立方米、石方5256 立方米,投资 142.27 万元。

1962 年排涝 入秋以后,全县天气反常,阴雨连绵。9 月 1~7 日,又连续两次发生台风暴雨,风力达到 7 级 ~9 级,阵风 10 级,高邮处于暴雨中心。暴雨范围之广,雨量之大,持续时间之长均超过1954 年。据统计,7~9 月共降雨 938.9 毫米,司徒、横泾多达 1200 毫米,9 月 6 日最大日雨量 155.2 毫米。雨后河水猛涨,三垛水位高达 3.04 米。加上风大浪涌,小圩大部溃决,大圩也因来不及堵口而普遍进水。全县中晚稻受涝面积 3.9 万公顷,占未割中晚稻面积 78%,其中基本无收的 0.9 万公顷,减收的 1.75 万公顷。四次台风袭击,造成受损房屋 23.4 万间,伤 52 人。

湖西地区,三河闸最大泄量达 3780 立方米 / 秒。因外滩种植面积增多,加之开港不彻底,水位壅高,湖水位最高达 7.39 米,环湖大圩吃紧,又遇到两次强台风。破沉圩 9 个,淹没农田面积 0.17 万公顷,受涝农田面积达 0.27 万公顷。

受灾以后,组织排水机器 568 台 1055.7 万千瓦,排水 1.41 亿立方米,抢救晚秋作物 4670 公顷,救出二熟田面积 1.61 万公顷,夹花水田 4164 公顷。并采取边排、边耕、边种的方法,使部分三麦田适时播种。

1965 年旱涝洪风灾　1964 年 10 月 ~1965 年 6 月,降雨仅 350 毫米,较正常年景少 30% 以上,淮河上中游来水量极少。从 1965 年 3 月 15 日,里下河兴化水位跌到 0.94 米,少数地方水质极坏;6 月 25 日,高邮湖水位亦跌到 4.69 米,有效库容不足 1 亿立方米;6 月 29 日,洪泽湖水位跌到 10.86 米,接近死库容,三河闸一直关闭。湖西丘陵区塘库蓄水量不足总库容的三分之一,部分地区人畜饮水困难。

面对旱情,里下河通过江都抽水站引江补水;湖西丘陵地区采取浚河、浚塘、扩塘,调整作物布局,提前翻水灌塘,以引补蓄等措施。经过两个多月的抗旱斗争,全县栽插水稻 7.08 万公顷,基本完成水稻计划面积。

7 月上旬,开始旱涝急转。1~22 日,境内连续降雨 449 毫米,局部降雨 600 毫米以上。同时,淮河洪水来势猛,涨得快。7 月 7 日,三河闸开闸排洪 2000 立方米 / 秒,23 日猛增到 7000 立方米 / 秒,8 月 5 日最大泄量达 7840 立方米 / 秒,淮河入江水道出现洪峰水位,高邮湖水位达 8.80 米,邵伯湖 7.51 米。8 月 19~21 日,受 13 号强台风影响,连降暴雨 200 多毫米,各地水位迅速上升。8 月 25 日,三垛水位达 2.93 米,受涝面积达 3.33 万公顷。高邮湖区间雨量大,形成外洪内涝、洪涝夹击的严峻形势,加之强台风的袭击,最大风力达 11 级,风助水势,抗洪排涝的压力巨大。

面对洪涝风灾,湖西地区抢堵涵闸口门,加高圩堤,修补浪窝、浪洞,抢做防浪工程。运东地区抢排田间积水,预降内河水位,培修圩堤,堵闭六口(风车口、排水口、泥坞口、牛趴口、抽水机口、拖拉机口)。全县基本无收的农田仅 1380 公顷。

1976 年防震　自 7 月中旬以后,江苏省内出现大量异常现象,如地面裂缝、喷水、喷沙等。地震部门预报,8 月 19~26 日苏北地区可能发生地震。(7 月 28 日,河北唐山发生 7.8 级地震,死亡 24 万多人)

8 月 24 日上午 3 时 08 分,高邮县地震办公室发出地震紧急警报,是日,工厂停产,商店停业,学校停课。

中共高邮县委、高邮县革命委员会迅即成立大运河防震抗震指挥部,动员 2000 多人,突击整理大运河堤石坡,填塘固基。完成整理石坡长 10.7 千米,石方 1.77 万立方米;灌砌石坡 591 米,石方 850 立方米;埋坎 3877 米,石方 3013 立方米;运堤裂缝灌浆 1.55 万立方米,土方 8099 立方米;填塘固基 10.2 千米,土方 18.8 万立方米,积土 3.03 万立方米。

1978 年抗旱　从 5~9 月的 180 天中,只有 22 个雨日,降雨 272 毫米,比正常年景要少七八成,淮河上游来水断绝。运西地区湖、河、塘、坝水位迅速下降。5 月初,高邮湖水位为 5.01 米,到 10 月底只有 3.6 米。湖内船只无法通行,交通中断,6 条主要引水河道全部断流。湖水退至湖心,从湖边到水边 20 千米左右的湖底可以行人。湖西 4 个公社的 3933 个塘坝,有 2370 个干枯。6 月底 ~7 月上旬,连续 13 天 35℃ ~38℃ 高温,蒸发量加大,其中有 10 天蒸发量高达 10~13.5 毫米,玉米卷叶,黄豆干枯,新植的树苗枯死率达 50%。全县早中稻受旱面积达 3.53 万公顷,占水稻总面积的 56%;湖西地区早、中稻受旱面积达 5900 公顷,占水稻总面积的 75%,是历史上罕见的大旱。

在多年抗旱斗争中兴建的水利工程发挥了重要作用,特别是江都抽水站,当年抽引 50 亿立方米的长江水补给里下河地区,提供灌溉水源。自流灌地区除水稻栽插高峰用水外,一般供水量都可稳定在 60 立方米 / 秒 ~80 立方米 / 秒,保证 3.67 万公顷农田的自灌用水。运东圩区的三垛水位从 5~9 月一直稳定在 1.2~1.4 米,仅略低于常年水位,保证运东圩区的提灌用水,做到大旱之年不见旱。

湖西地区先后发动 5600 多人挖浚引河,追踪水源,共新开引水河道 20 条,长 15 千米,拓浚引河 22 条,临时新做渠道 4.5 千米,增设临时翻水站 4 处(99 台机器,1900 千瓦),提水 7000 多万立方米,缓和了旱情。是年早稻、中稻、杂交稻都获得大丰收。

1980 年防汛排涝　6 月 22 日,三河闸开始泄洪,高邮湖水位连续 58 天在 7 米以上,最高达 7.83

米。共发生较大的雨涝 3 次:6 月 26~27 日,最大降雨量达 155.2 毫米,6 月 28 日,三垛水位达 2.02 米,有 27 个乡镇受涝,受涝面积达 1.25 万公顷;7 月 16~17 日,最大降雨量达 143 毫米,7 月 19 日,三垛水位达 1.71 米,有 14 个乡镇受涝,受涝面积达 6800 公顷;7 月 19~20 日,最大降雨量达 137 毫米,7 月 20 日,三垛水位达 1.92 米,有 7 个乡镇受涝,受涝面积 2180 公顷。在该年防汛排涝中,全县共动员 7.93 万人,投入机电动力 2584 台 3.38 亿千瓦,完成土方 68.31 万立方米。

第十章　工程管理

　　从明代开始,高邮水利工程管理工作就有所记载。京杭运河系漕运通衢,国脉所系,为历代所重视,并设有专管机构进行管理。明永乐十二年(1414年),平江伯陈瑄负责河运从淮阴至扬州置平水闸数十座并置线船,编设浅夫,以时捞浅。正德元年(1506年),在淮扬运河段设置南河郎署(驻高邮),主要负责所辖泉湖、闸坎、堤、河道的管理。对重要河段,运河水源或工程设施由都水司设分司主事管理。清初以后,对运堤归海坝及涵闸的启闭始订开启制度,不得擅自启放。对星罗棋布的塘坝、圩堤则多依乡规民约进行管理。

　　20世纪50年代初,以建代管。60年代初,纠正重建轻管的思想,加强水利工程管理工作。"文化大革命"期间,水利工程管理的规章制度遭到践踏,违章事件时有发生。80年代初,把水利工作的重点转移到工程管理上,按照"统一领导,分级管理,建管结合,专群结合"的原则,健全水利工程基层管理机构,培训水利员,落实管理责任制。1987年,根据《江苏省水利工程管理条例》和《扬州市水利工程管理实施细则》,县政府制定和下发《高邮水利工程管理办法》,这是高邮县第一部地方性水利管理工作的法规,做到了有法可循,依法管理。至1990年,对流域性工程及主要区域性工程设立了8个专管机构,32个乡镇均成立水利站,分别对其所属水利工程进行运用和管理。

第一节　河道管理

　　新中国建立前,境内除运河、三阳河、高邮湖等重点水域及重点工程由国家专管部门过问外,其余水域均由地方管理。新中国建立后,对境内水域实行按地段、按功能、按属地、按影响流域,分别由专管机构进行管理。

　　高邮境内的淮河入江水道、高邮湖控制线由高邮县闸坝管理所管理,高邮湖水域由高邮县水利、交通、水产、环保等部门管理。新民滩是淮河入江的必经之地,滩上芦苇丛生,影响行洪,水利部、江苏省水利厅、扬州市水利局、高邮县水利局都很重视。1987年,在湖滨乡的配合下,清除芦滩917.27公顷、鱼簖1439道、坝埂84条、码头11座,并拆除违章建房450间、砖窑14座。继而实施以垦代清,用拖拉机耕翻芦滩种麦,以清除芦柴,效果显著。

　　京杭运河高邮段的堤防由高邮县堤防管理所管理,航道由高邮交通部门管理,航道以外的水域(含滩地、内青坎等)由高邮县堤防管理所管理,水质由高邮县环保部门管理,航道疏浚由交通部门安排和管理。

　　三阳河和县内骨干河道的管理工作由县水利局农水股负责牵头,由所在乡镇政府(水利站)负责管理。河道内航道由交通、航道站管理,汛期河道清障工作由县防汛防旱指挥部办公室和县水利局工管股负责牵头实施。涉及两个以上单位的边界河道由农水股牵头,相关单位协同管理。

　　各地的分圩河道及圩内中心河、生产河,均由所在乡镇水利站负责管理。

第二节　堤防管理

至20世纪80年代,高邮县境内堤防有京杭运河堤防、湖西大堤和里下河圩堤,保护着境内95%以上的耕地和人民生命财产的安全。

京杭运河堤防管理　京杭运河堤防包括东、中、西三堤总长114.27千米。西临高邮湖,是防洪的重要屏障,关系到里下河地区千百万人民生命财产的安危,必须设置专门的管理机构和配备专职人员进行堤防管理。

京杭运河堤防由水利部门管理。1963年后,改为水利部门管堤、副业部门管林,结果互相扯皮,堤防遭破坏,林木被盗伐,损失严重。据1973~1976年统计,大堤上成材树木被乱砍滥伐1.6万株,价值11万元;块石被盗5400多吨,价值7万多元;堤上砌房造屋680多间,埋置坟墓140多座。为加强堤防和林木的管理,从1977年底,实行堤林管理合一,成立高邮县堤防管理所专职管理,以堤分段下设10个管理站,配有专业职工144人,社队管理人员42人,临时人员29人,很快改变了堤防管理面貌。高邮县政府曾7次颁发和重申关于加强堤防管理、严禁破坏堤防的"十不准"。县堤防管理所运用各种形式进行宣传,将领导讲话制成录音带,自带电影幻灯设备,到沿运乡、村巡回放映,教育群众5万人次,使堤防管理制度家喻户晓,人人皆知,达到群策群防的效果。损坏堤防的事件愈来愈少,基本上达到堤防无破坏,护坡无扒损,林木无被盗。从1978年开始,县堤防管理所对辖区内的运堤坡面、滩面全部进行绿化。在确保堤防安全的前提下,利用工程周边隙地发展养殖、木材加工,并新办招待所和停车场各一个,产值、利润逐年增长。1983年,该所被江苏省、扬州市表彰为水利工程管理先进单位,1984年被水利部和江苏省水利厅评为水利工程管理先进单位。

湖西大堤管理　湖西有郭集、菱塘两处大圩,分别由郭集、菱塘两乡负责管理;中、小圩堤由乡水利站负责管理,并相应建立各种管理责任制,划段包干,责任到人,定期评比,管理较好。虽然年年加高培厚,增砌块石护坡,但是堤防标准不足,块石护坡未做齐,砌护坡多为干砌块石,标准质量差,且堤身沉陷、裂缝窨潮、渗漏严重,淮河行洪8000立方米/秒仍难保安全。至1990年,郭集大圩仍是堤林分开管理,影响了以堤养堤。

里下河圩堤管理　里下河地区有防涝圩口216个,圩堤总长2000多千米,均由各乡镇管理。涉及到两个乡镇以上的圩口,由县水利局负责协调。自20世纪70年代以来,存在着重建设轻管理的现象,人为毁坏堤防时有发生,不少乡、村把管好圩堤片面理解为要寸土必争。因此耕翻种植,挖圩扩坡,水土流失严重,大大削弱了圩堤抗御自然灾害的能力。到1990年,毁堤烧窑有135处,挖土卖钱有900多米,平圩做场有66面,建房造屋有8500多米。汛期暴雨时,个别圩段漫水,险象环生。1980年以来,在川青乡以二桥圩为管理试点,管圩用堤双管齐下,人力管理与植物保护相结合,既管好了圩堤,又增加了收入。二桥圩全长1万多米,有堤身绿化水杉1.7万棵,年积累资金3.4万元;圩堤外青坎栽植1.67公顷杞柳,年收入1.2万元;内坡青坎植胡桑2公顷,年收入0.5万元;修枝年收入近万元,堤身绿化100%,达到固土护坡,随之推广。为在全县实行依法管理,县政府颁布《关于加强圩堤管理的布告》和制定《圩堤管理暂行条例》,各乡也制定"十不准"及关于加强树木管理的规定。为切实加强领导,在乡成立圩堤管理领导小组进行具体组织领导。实行了多种形式的承包责任制,农户可自己投资,专业承包,在管好圩堤的前提下收入分成。也有以村为单位,建立组织,明确责任,分段管理,既管好圩堤和树木,又增加个人、集体收入。

第三节　闸坝管理

京杭运河涵闸管理　至1990年,京杭运河高邮段共有水闸4座、涵洞7座、调度闸1座、船闸2座。作为自流灌区渠首的4闸5洞,均由各有关自流灌区管理所负责管理和运用;水厂引水洞由县自来水厂代管和运用;南水关洞为城市引水涵洞,由县建设局负责管理和运用。河湖调度闸由县运河堤防管理所管理,由县防汛防旱指挥部办公室或县水利局工管股负责控制调度。运东船闸和珠湖船闸由县交通部门管理。

以上闸洞的管理单位实行一套比较完善的运行、操作、维修、养护的规章制度和管理责任制,明确专人负责启闭,发现问题及时处理,管得比较好。每年都进行汛前汛后大检查,保证正常运行。但这些闸洞大都运行了30~40年,均有不同程度的老化和损坏,需要分批检修,确保防汛安全。

高邮湖闸坝管理　1960年~1970年初,为解决高邮湖蓄水、排洪的需要,由国家投资200万元,兴建成高邮湖6座漫水闸(庄台闸、新王港闸、老王港闸、新港闸、毛港闸、扬庄闸)和确定10.3千米控制线。这些闸坝是调蓄高邮湖、邵伯湖水位的重要水利设施,也是淮河入江咽喉要地,属流域性水利工程。1964年,成立县闸坝管理所,管理人员19人,其中临时管理人员5人。1975~1981年,将费时费力的手摇启闭机改为电动启闭机。从1980年起,县闸坝管理所建立《岗位责任制》,制定《职工工作守则》,完善《汛期安全生产措施》,明确《开关安全操作规程》,做到有章可循。汛后控制线由管理人员分段包干,专人负责,沿途巡查,禁止挖缺张网,减少修复工程量。平时,有关工程各项管理项目均按管理制度分工到人,做到事事有人做,样样有人管,管理水平不断提高。沿湖圩堤上的闸涵由所在乡、镇水利站负责管理,其中的毛港套闸、操兵坝闸、朝阳闸、卫东闸等由相关水利站指派专人驻闸,常年进行运行管理,其余闸涵指派专人兼职管理。

王港闸

第四节　自流灌区管理

管理机构　20世纪50年代,在自流灌溉开创时期,其管理工作多为群众性管理队伍负责。灌溉期间以区为单位成立灌溉委员会,建立季节性管理机构,成员一般由有关区、乡水利委员参加。每区增配1名工程员,工资由县水利科发放,负责本区的水利工程及灌溉管理。沿运闸洞配备专职管理人员,忙闲季节工资不均,也由县水利科发放。乡设管理站,1万亩田配备1人专职管理,分段包干。乡管理站属管理委员会领导,并负责执行所制定的各项管理制度。

自流灌溉发展时期,随着农业合作化的完成,为加强基层管水队伍建设,灌溉期间,以灌区成立水利委员会,为季节性临时机构,负责各乡(镇)用水管理及渠堤闸洞养护。灌区水利委员会组成人员均抽调在职干部兼任。自灌范围的有关乡(镇)设水利站(公社化后,改设灌排管理站),配站长、技术员、会计员等,负责本乡(镇)灌溉用水及所属支渠涵闸管理养护。乡级(公社级)设有专职管理人员,灌溉期根据需要还可增添临时管理人员。村(大队)设段长1人,组(生产队)设渠长(后改为管水员)1人~2人,负责斗、农渠到田间用水管理。县水利局在灌溉期派出工作组参加灌溉管理。

1965年5月,经县人民政府批准,成立子婴、周山、头闸、南关、车逻5大灌区管理站,配备站长,统计、工务、财务管理人员32人,闸工8人,进行常年专业管理。有关公社灌排管理站改分站,业务上隶属灌区领导。21个公社(场)分站配备55人,从而形成一套专业管理队伍。在灌溉期间,以灌区成立灌溉管理委员会,主任由县政府任命,负责审查本灌区年度用水计划,制定管理制度等。

至1990年,灌区管理的专业管理人员有151人,其中灌区管理所104人、乡级水利站47人。群众管水人员有3217人,其中管水段长325人、管水员2892人。

渠系建筑物维修制度　从20世纪60年代起,每年农灌结束后,各灌区管理站对所属干、支、斗、农渠道及各类建筑物进行全面检查,凡运行老化及水毁受损的工程,编列维修加固工程计划,上报县水利局(或自灌所),县水利局根据先急后缓的原则审查定案,并落实经费。干渠工程(含支渠首等)或涉及两个乡以上的支渠工程,一般由县分成水费安排,各灌区负责维修,或由所属乡(镇)灌排站施工;支渠以下的各类工程主要由乡(镇)分成水费安排,各有关乡(镇)灌排站负责维修,相关灌区派员督促,检查维修施工情况,以确保工程质量。平时灌区及乡(镇)灌排站人员划段分片包干,各项工程均明确专人负责巡查和日常保养。在每年灌溉期前,再对维修加固工程组织检查验收,对存在施工质量问题的工程,立即整改,确保工程发挥效益。

用水管理　自流灌溉始创初期,由于受水源、工程规模等方面的制约,对灌区用水管理实行集中用水制度,以维持正常的灌溉秩序。1953年,开始制定用水轮灌制度,以调节用水产生的纠纷,实行分段分渠轮灌,规定用水时间。开始时执行先高田、后低田,先上游、后中下游的用水原则。随着自灌面积的逐年增加,沿干渠的支渠首均安排启闭时间,按时开关,泡田栽插期也能做到掌握情况,依次上水,有水灌溉。但串灌、漫灌较为普遍,出现"上吃下屙"现象。

自流灌溉发展时期,用水管理水平有所提高,灌排水系开始形成并逐步完善。灌区的用水管理以杜绝"上灌、下排,串灌、漫灌"为工作重点,本着"因地制宜,由粗到细,逐步提高"的原则,积极推行计划用水,做到引水、配水有计划,实行浅水勤灌。根据农作物的需水规律、水源和渠道、建筑物输水能力,有计划地进行引水灌溉,干支渠进行有计划的配水。灌前,由县水利局按品种、面积、需水量、各级渠道输水损失编制用水计划,报扬州专署水利局审批。

自流灌溉改造时期,全面推行计划用水。从1965年起,各灌区先后进行灌溉试验,车逻、南关、头闸、周山、子婴灌区分别在曹庄、凤凰、文游(泰山)、陈桥、永安等大队全面开展水稻耗水量和需水规律的观测试验,取得了可靠的系统资料和成果,给科学用水管理提供了依据,逐步做到用水有申请、引水有计划、配水有秩序、灌水有标准。观测试验项目逐年有所增加,试验精度逐年有所提高。观测试验的项目有:降雨量、蒸发量、田间耗水量的观测,地下水位的观测,田间渗漏量的观测,土壤含水量的测定,计量灌溉按方收费的量水观测,渠道有效利用系数的动水观测,典型乡、村试行干湿灌溉试验等等。对研究土壤水分状况及调节措施,指导农作物合理用水,适时适量,为科学灌溉计划用水奠定基础。灌溉期实行流量包干,灵活调度,适当平衡,狠抓流失,稳定干支渠水位,进一步提高浅水勤灌的质量。同时,根据分配流量的多少安排各级渠道进行续灌或轮灌。在一般插秧期,实行干渠续灌,支、斗渠分组轮灌;小秧发棵后,多采用干渠分段轮灌,支斗渠分组灌溉。

灌溉用水高峰期,县水利局都组织检查组,到沿运各闸洞检查放水流量,检查下游自灌水流失情况。水源紧张时,各灌区相继启动自流灌区尾部的补水站补水,按计划向徐淮地区送水。

同时,对沿运各闸洞放水流量进行测定,以加强用水管理。但是,淮水不足时,则依靠江都抽水站提江水灌溉。由于水稻栽插时间高度集中,供需矛盾日益突出,以致超计划用水的现象时有发生。

第五节　机电排灌管理

20 世纪 50 年代初期,机械排灌有较快的发展。1955 年,县政府成立县灌溉管理所,隶属县水利科。1957 年 6 月,机器灌溉管理所改为机管股,负责机灌管理。1961 年 12 月,机管股改为机电股。1962 年 2 月,机电股划出,成立县农业机械管理局。1969 年 12 月,县农机局与县水利局合并,成立县农机水电局,内设机电股,负责机电排灌管理。1977 年 12 月,机电股划出,单独成立县农业机械管理局,主管全县机电排灌管理工作。乡镇机电排灌站,行政上属乡(镇)农机管理站领导,业务由县农机局指导,实行乡、村统一核算,或以站独立核算。

技术改造　从 1967 年开始,开展泵型改革,以提高机泵工作效率,减少能源消耗,增加出水量。里下河地区于 20 世纪 60 年代初期兴建的电力排灌站所配用的 PV50 泵和 16 吋混流泵以及面广量大的 20 马力~30 马力流动机拖带的 8 吋~12 吋混流泵、离心泵,提水扬程都在 5~7 米以上,而里下河地区的提水扬程仅有 1.5~2.0 米。高扬程水泵用于低扬程地区,加大机泵配用功率,增加动力能源消耗。泵型改革的做法是:结合调整站址布局,将原固定站配用的 PV50 泵 20 台和 16 吋~20 吋混流泵 22 台,改建成 20 吋~28 吋的圬工泵、轴流泵站,并调出 16 吋~20 吋混流泵至湖西送桥勤丰、天山大联圩等地建沉井式电站;将水泵落井,使叶轮中心放在设计水位以下 0.5 米,去掉弯头闸阀,缩短管路,减少损失扬程,提高出水量 10%~25%。经过实践,水泵落井可提高泵站装置效率,但泵室渗水难以处理,水泵轴承常年浸水锈损严重,也不便于检修。因而,这种水泵装置形式未能推广,并逐步淘汰。然而,流动机的泵型改革比较成功。对流动机配用的 8 吋~12 吋混流泵,根据不同产地不同泵型或改制叶轮,或更换低扬程的混流泵、轴流泵,并对机船上安装的水泵改高射炮式为落舱式下沉,去掉弯头闸阀,缩短管路,改平胶带为三角带半交叉带传动,不仅降低提水扬程,也减少水泵损失扬程,增加出水量 20%~30%。至 1970 年,共新建泵改站 166 座,改制和更换低扬程混流泵、轴流泵 250 台,提高水泵出水效率,扩大排灌效益。

从 1982 年开始,电力排灌工作的重点由建设转移到管理上来。为适应以家庭承包经营为基础,统分结合双层经营体制的需要,建立健全以提高经济效益为中心的五定奖赔工程管理责任制,推广水利部农田水利局于 1980 年 7 月颁发的《国营机电排灌站实行八项技术经济指标考核的暂行规定》,努力实现三提高(泵站装置效率 54.4%;设备完好率:电 90%,机 85%;渠系利用系数:明渠 70%,暗渠 90%);两降低(能源单耗千吨米计:电 6 度,机 1.65 千克);一安全(人身设备不发生重大事故)。

1982~1985 年,为摸清现有泵站设备技术状况,以便对泵站节能改造提供依据,在川青、司徒、武宁、甘垛、沙堰、天山、菱塘等 7 个乡进行泵站测试。共施测 41 座电站 48 台机组,结果标明:泵站平均装置效率 38%,其中装置效率达到部颁标准的只占 14%。装置效率低于 30% 的占 21%。平均能源单耗每千吨米 8.1 度,与部颁标准有较大差距。主要原因是:泵型选用不合理,使水泵不能在高效区工作;机泵设备不配套,以小机拖大泵,致使水泵转速过低,引起出水量不足,水泵工作效率不高;泵站设备陈旧老化,带病运行;机泵安装不合理,水泵出水口高于实际使用水位,加大提水扬程,增加能源消耗;电源供应紧张,电压低,供电质量差,超负荷运行。从 1983 年起,更新老式混流泵、离心泵、PV50 泵,有的调整动力设备,有的改变装置形式和调整叶轮角度。至 1987 年,共改造泵站 94 座,调整机泵设备 88 台,装机容量为 2669 千瓦,使泵站装置效率平均提高 4.22%,节电 19.2 万度,增加流量 6.16 立方米/秒,改善排灌面积 0.45 万公顷。

1982~1985 年高邮县部分乡机电排灌站测试情况表

乡	测试机组数	装置效率(%)		能源单耗(度/千吨米)		测试日期
		总数	平均数	总数	平均数	
合计	48	1828.38	38.0	389.4	8.1	
司徒	16	542.08	33.88	145.84	9.1	1985.05.16
川青	6	204.5	34.08	50.04	8.3	1982.11.08
沙堰	7	232.5	33.21	72.61	10.4	1983.04.27
甘垛	2	71.7	35.85	15.6	7.8	1983.05.25
武宁	3	99.3	33.10	25.06	8.4	1983.05.29
菱塘	7	336.7	48.10	40.14	5.73	1982.12.18
天山	7	336.6	48.08	40.11	5.73	1982.11.20

机务管理　20 世纪 50 年代,大办机灌。60 年代初,开始搞电力排灌,但技术薄弱。1956 年,扬州专署水利局开始举办机电工训练班,帮助各县(市)培训机电工。从 1959 年起,县内自办机电工训练班,培训技术力量,以加强机电排灌站技术管理。至 1983 年,县内先后举办 36 期机电工培训班,共培训 4659 人,其中大队一级管理干部 87 人、机工辅导员 356 人、机电工 4216 人。

县农机修造厂承担机电排灌设备维修工作,日常保养则由机电工承担。1962 年,对农机保养提出禁"三乱"(乱拆、乱卸、乱换)、"三不漏"(不漏油、水、气)、"四净"(油、水、气、机具干净)、"五良好"(紧固、调整、润滑、电路、仪表良好)的要求。1970 年开始,基本达到小修不出队,中修不出社,大修不出县。1976 年以后,随着机电排灌设备增加,维修任务越来越大,农机维修网点建设的重点放在乡镇,使农机可以就近、就地修理。全县 32 个乡镇均有农机修造厂,改过去冬修为常年修理。排涝时,还组织维修小组,现场维修,保证机电设备正常运转,不误排涝。

从 1985 年开始,在全县推广机、田、油相结合的方法供油。即核定计划到村,发证到机,凭证供油,定期公布,把管机、管油和节油工作紧密结合起来,取得了良好效果。

用水管理　20 世纪 60~70 年代,各公社在调整机电灌区布局的同时,健全小型灌区灌溉管理组织,由公社管水利的副书记或副主任担任领导,成员有机电工、灌区、相关大队干部和社员代表。并制定灌溉管理制度,明确规定每年春季整修渠道和建筑物,渠堤植草护坡,维修机电设备,保证机组正常运行,为计划用水、节约用水创造条件。绝大部分机电灌站采取用水报告制度,按照先急后缓、先远后近、先高后低、先难后易的要求有计划地开机放水。

水费征收分以下四种情况进行征收:送桥、菱塘、天山等公社统管的电灌站,分别实行按水泵口径及不同提水级数统一计时收费标准,坚持先缴款开票,机电工凭票开机和谁用谁负担原则,做到多用多负担,少用少负担,年终核算到生产队或农户。

大队、生产队自办的小型机电灌站则参照公社的管理模式,大部分先缴款后开机放水,也有先开机放水后缴款的。用水管理均由大队、生产队管理,水费一般采用按亩负担,年终结算,多退少补。

分散流动机泵一般由生产队自营或个人承包。实行以机定机口,以机定人,以机定田和以机定燃料的固定责任制;或由个人机泵打水,田主付油。机工工资及机务附加费由生产队统一安排,或按田亩核算到户。

凡是圩区的抽水站在排涝运行时,由县水利部门统一调度,坚持大框排、小框降、小灌区的做法,其大框排的费用以圩口统一核算,按亩负担,汛后结算到队到户。

第六节　规章制度

唐开元年间,颁布《水部式》,对建设斗门、节约用水、组织维修、人员配备以及水官职权范围等都有详细、具体的水利工程管理制度。

宋乾德五年(967年),建立河堤岁修制度。咸平三年(1000年),置专官沿河巡护。并在沿岸种植榆柳,巩固堤防。

明宣德四年(1429年),颁布《漕河禁例》,对运河闸门的启闭提出特别管理条例。成化九年(1473年),兵部尚书白圭对时鲜贡品补充17条漕河禁例。还有一些涉及到漕运管理的法律,如《大明律》中有关于盗决河防、圩岸及不应河防差役的量刑处罚条例,《问刑条例》《占夫条例》中亦有对水源管理、运河河道管理方面的具体条文。

清代除漕运综合禁例外,还有专业性管理法规。乾隆十九年(1754年),清政府颁布运堤归海坝开启制度。该项制度分别于道光八年、同治六年、光绪二年被改订。清代还制定了《漕粮二道考成则例》等。

民国20年(1931年),国民政府颁布《水利法》。民国22年(1933年),国民政府制定《运河涵闸管理办法》、《淮运涵闸暂行总则》。1942年,颁布《水利法实施细则》。

1950年,苏北行署发布《运堤内外坡脚处留田取土暂行办法》的训令。1954年3月,江苏省人民政府批复实施省治淮指挥部拟订的《江苏省淮河下游河、湖堤防管理养护办法》。1957年6月,江苏省人民委员会颁布《江苏省堤防管理养护暂行办法》。1958年,江苏省水利厅制定《江苏省堤防绿化规划意见》和《江苏省涵闸水库管理通则(草案)》。1961年10月,江苏省水利厅制定《江苏省水利管理条例(草案)》。高邮县水利局发布《加强水利设施管理》的布告,制定水利设施管理的规定、办法等并付诸实施。

20世纪60年代中、后期,水利工程管理法规遭到削弱,堤坡被耕翻种植、建房、建窑、埋坟,损坏机电排灌设备、湖滩圈圩垦殖、河道设障等违章事件时有发生。1972年,江苏省水电局制定《水利工程管理试行办法》。1979年11月,江苏省革命委员会批转省水利局《关于保护工程设施的八项规定》。1981年11月,江苏省人民政府批转省水利厅《关于加强堤防管理的意见》。高邮县水利局根据实际情况提出具体要求,并发出有关严禁破坏水利设施、加强堤防、涵闸、排灌站等水利工程管理的通告、布告、规定、办法等。特别是从1981年开始把水利工作的着重点转移到管理上来的工作思路,依靠"一把钥匙(承包责任制)、两个支柱(征收水费、综合经营)",不仅刹住破坏水利设施的歪风,而且使工程管理工作出现了新局面。

1984年3月17日~11月中旬,全县组织开展以"查安全,定标准;查效益,定措施;查综合经营,定发展规划"为内容的水利工程大检查。摸清水利工程现状,发现存在问题,进一步修订各类工程管理制度,制定防洪标准不足和有隐患工程的加固计划,分期分批地进行处理,使管理工作提高到一个新的水平。1987年,县水利局根据《江苏省水利工程管理条例》和《扬州市水利工程管理实施细则》,制定了《高邮水利工程管理办法》,县政府颁布了《关于加强圩堤管理的布告》等。各乡镇也先后制定水利工程管理实施意见及工程管理制度,落实"四定(定人员、定任务、定要求、定责任)"责任制,促进水利管理工作。

第十一章　水费　综合经营

从 20 世纪 50 年代起,开始计收水费和兴办水利企业。随着国家水政策的陆续出台和水利部门经营项目的逐步放开,水费计收和使用规定逐步规范,水利部门综合经营不断拓展,成为水利事业健康、快速发展,拓宽资金来源的渠道。

第一节　水费计收

1954 年,境内开始计收水费。计收范围为自流灌区,其费种是农业水费。随着水费改革的不断深入,水费计收工作逐步规范。1984 年,县政府转发扬州市政府《关于城镇工业水费收缴、使用和管理实施办法(试行)》文件,自此开始计收工业水费。是年,在运东圩区和湖西地区也开始计收农业水费。1989 年,在调整农业和城镇工业水费标准的同时,作出乡镇工业水费计收的规定,自此在全县陆续开始计收乡镇工业水费。1987~1990 年,全县共计收工农业水费 783.27 万元,其中农业水费 748.23 万元,工业水费 35.04 万元。

计收标准

农业水费　1954 年,境内农业水费开始计收时为实物计收,自流灌区每亩每年只象征性地收取半斤麦、半斤稻。从 20 世纪 50 年代后期起,改为现金计收,并逐步提高计收标准,扩大计收范围,但与实际供水成本相比,远远没有到位。80 年代初期,在南关灌区进行计量灌溉、按方收费的试点,1981年每立方米水收取 2.5 厘钱,1982 年改为每立方米水收取 2 厘钱,由于多方面原因未能持久下去。

工业水费　1984 年和 1989 年,分别在城镇和乡村开始计收工业水费,计收标准按照上级规定结合县内实际核定。

1954~1989 年高邮县农业水费计收标准表

执行时间	自流灌区 元/亩	非自流灌区			精养鱼池 元/亩	经济作物 元/亩
		运东圩区 元/亩	湖西圩区 元/亩	丘陵山区 元/亩		
1954 年	半斤麦、稻					
1955 年~1959 年	0.08					
1960 年	0.5					
1967 年	0.70					
1974 年	1.00					
1978 年	1.50					
1980 年	2.00					

（续表）

执行时间	自流灌区 元/亩	非自流灌区			精养鱼池 元/亩	经济作物 元/亩
		运东圩区 元/亩	湖西圩区 元/亩	丘陵山区 元/亩		
1984年	2.00	0.80	0.50			按稻田减半
1988年	2.50	1.00	0.80	0.80	2.50	
1989年	4.00	1.50	1.50	0.70	5.00	1.50~2.00

1984~1989年高邮县工业水费计收标准表

执行时间	征 收 项 目 及 标 准					
	消耗水	循环水 贯流水	自来水厂用水		占地排水	排放污废水
			生活用水	非生活用水		
1984年	7厘/立方米	1.3厘/立方米	2厘/立方米	2厘/立方米		1.4分~2分/立方米
1989年	1分/立方米	5厘/立方米	5厘/立方米	2分/立方米	1.5分/年	4分/立方米

注：① 1984年的排放污废水水费标准分别为：向大运河、北澄子河排放的为2分/立方米，向其它河道排放的为1.4分/立方米。

② 1989年的排放污废水按用水总量30%~50%计算排放量。

计收办法

农业水费　20世纪50年代开始，以区乡计收；从1960年开始，由县水利局开据，县财政局随农业税代收入库；1964年，由县水利局向生产队开据，公社灌排站负责计收。1965年，灌排管理所成立后，由灌区负责计收，按比例上缴灌排管理所。1984年，灌排管理所撤销后，由灌区计收，按比例上缴县水利局。是年，圩区农业水费开始计收，计收方法和管理办法不一，有的收到乡（镇），有的收到水利站。以后，逐步理顺，统一由水利部门计收。1989年，按上级要求，水费专管机构成立后，统一由水费管理所进行测算，并负责计收的协调工作，具体由各乡镇水利站负责计收，并按规定时间和比例上缴。在水利部门负责征收过程中，根据不同情况，有的委托信用社、农经办等代收，付给一定的代收费，有的由水利部门采用各种手段直接计收。各个时期也有所变化。

工业水费　1984年，城镇工业水费开始计收后，因收费项目不多、涉及面小，因此均由县水利局派员直接向用户收取。1989年，随收费项目增加和收费标准提高，收费对象增加，直接收取面广量大。根据各用水户的不同情况，分别采取代收、银行托收和直接收取。凡从自来水厂供水的用户由水厂代收，县水利局付给代收费；取用河水的用户直接上门收取，其他用户通过银行托收。乡镇工业水费基本上都由乡镇水利站直接收取。

使用管理

水费的使用管理，按江苏省水利厅、财政厅规定的比例分成，分级使用管理。在各个时期，因情况不同，其管理使用也有不同，农业水费按省8%、市12%、县20%、乡或灌区60%实行四级分成。工业水费按省20%、市30%、县50%三级分成。

水费收入作为预算外特种资金存入银行，专项管理，可以跨年度结转使用。主要用于对水利工程的维修、养护、管理、运行、大修、更新改造、配套和水费专管机构管理费用等，接受县财政、审计部门监督。

自流灌区的水费分成和管理办法随着水利事业的发展逐步调整。20世纪50年代中期，水费主要用于乡及乡级以下管水人员的补助工资。1960年,水费由县财政局代收入库,工程维修、配套需用的经费由县水利部门规划、预算,经县政府批准后,由县财政局拨款。从1961年1月起,公社灌排站固定管理人员工资由公社发放,按时向县财政局结报。1962年,实行县、社三七分成,分级核放,30%缴县水利局,70%留公社用于水利事业专项开支。1964年,改为县社倒三七分成,70%上缴县水利局,30%留公社。1965年,自流灌区专管机构成立后,改为县水利局一成、灌区六成,用于灌区、公社灌排分站行管人员工资及工程配套;公社三成,主要用于支渠以下建筑物工程配套。1978年,分成比例改为县水利局及灌区三分之二,公社三分之一。1980年,改为县水利局62.5%、公社37.5%,使用范围和管理办法基本不变。1984年,乡镇工业水费开征后,按上级规定,40%上缴县水利局,60%留乡镇水利站。圩区农业水费开征初期的使用管理办法不一,逐步按规定理顺关系,走上了正轨。1989年,水费专管机构成立后,对农业水费的征收及使用管理办法作适当调整。1990年,自流灌区按县水利局20%、灌区30%、水利站50%的比例分成;非自流灌区按县水利局15%、灌区及入江道管理所4%、水利站81%的比例分成,一律存入财政专户储存,保证专款专用。工程维修及配套等费用支出由水利站于10月底前确定项目,经灌区审核,报局批准下达,灌区使用工程经费经局批准。

第二节　县水利局直属单位综合经营

从20世纪50年代后期开始,县水利部门陆续兴办企业,利用自身拥有的水土资源进行种植、养殖、加工水泥预制品,以及开展桥梁和涵洞施工、水利物资供应、车船运输等经营业务。60年代,水利系统提出"以堤养堤、以闸养闸、以工程养工程"的口号,水利工作的重点逐步转移到以加强经营管理、提高经济效益为中心的轨道上来。按照江苏省水利厅提出的水利工程管理单位在确保工程安全、充分发挥工程效益、管好用好工程前提下积极开展综合经营的要求,县水利部门结合自身实际、因地制宜,大力发展水利综合经营,项目不断增加,经营门路越来越宽,经营项目遍及农、林、牧、副、渔、工、商、建、运、服等经营行业,经营规模不断扩大,经济实力不断增强。这对稳定职工队伍、提高职工收入起到一定的作用,并增加对水利工程投入的来源,使水利工程的社会效益得到更好的发挥。为加强水费综合经营的领导工作,1987年成立综合经营管理所,1989年3月更名为综合经营水费管理所。1990年,全系统综合经营产值达1358.9万元,利润达65.6万元。

从50年代起,境内先后由县水利局主办、接收、移交的局直属生产经营企业和管理事业单位共11个。

高邮县水泥厂　1958年7月15日,在东门城脚兴办小水泥厂,当年建厂当年投产,以手工操作为主,水泥产品标号在170号~250号之间,日产量150千克左右。经过一段时间的探索,产品档次和产品数量不断提高。1959年,将厂址迁至城西门,通过增加设备,改进工艺,调整人员,日产量从迁厂前的2.5吨发展至5吨,最高达10吨,同时生产石灰、水泥制品。1960年,年产水泥988吨、石灰1182吨、各种规格涵管9490节,产品广泛用于县内的水利工程和工民建工程。1962年10月,因自然灾害停产。1969年10月开始复建,约半年时间完成投产。由于建设需要,水泥及其制品需求量不断增加,水利部门依靠自身力量,进行较大规模的技术改造,水泥年产量从原千吨左右迅速增至1.1万吨,标号稳定在400号以上。1984年,水泥年产量达2.6万吨。1985年,县政府决定将该厂划交县机械化学工业公司管理。

天山采石场　1958年,扬州地区水利局在天山公社境内开办天山采石场。1965年1月,经省批准,该场由高邮县与金湖县联合开办。1968年4月,因受"文化大革命"影响该场停产。其间共生产石料23万余吨,产值83万多元。后经高邮县军管会批准,与湖西4公社联合开采。1970年5月,由水利部门接管,业务上由江苏省治淮工程指挥部统一安排,所产石料绝大部分供应水利建设工程。

1978 年 6 月,经县革命委员会批准为县属大集体企业,行政关系隶属县水利局。至 1990 年底,生产工人从初期的 1000 多人减至 225 人,固定资产 59.2 万元,流动资金 49.6 万元,各项专用基金 31.3 万元。由于开采成本高、设备老化,长期处于亏损状态。

水利建筑工程处　1970 年 6 月,高邮县水利局吊桥队成立,为非独立核算,年收入只有几万元。1977 年 12 月,高邮县治淮工程团与高邮县水利局合并,原工程团架桥队及加工场亦并入该队。1979 年 6 月 13 日,成立高邮县农田水利基本建设队。1987 年,更名为高邮县水利建筑工程处,年产值为 291.8 万元、利润 22.5 万元。1990 年,该处共有干部职工 73 人,其中各类技术人员 11 人;固定资产 108.8 万元,流动资金 55 万元;实现产值 240.9 万元,利润 15.6 万元。

水利器材储运站　1977 年,由县水利局财供股划分设立。主要职能是按上级下达的计划,采购、调运、供应全县各类水利工程所需的器材物资。随着国家实施经济体制改革,该站从计划经济逐步向市场经济过渡,面向市场,扩大业务范围,先后建立直属库、八里库、黄渡库、三垛库、界首库、横泾库等销售网点,销售品种主要有砂石、钢材、木材、水泥、水工机械及配件、建筑五金等。1987 年,实现年销售额 244.2 万元,利润 4.7 万元。1990 年,全站有固定资产 38.45 万元、流动资金 75 万元。

车船运输队　1974 年,江苏省治淮指挥部投资 30 万元,建成江苏治淮 11 号船队。1976 年,扬州市水利局投资建成扬水 301 船队。以后,县水利局又陆续投资建造扬水 302 拖轮、邮水一号机运货轮。各队(轮)均实行单独核算,隶属于县水利器材储运站。自 1978 年起,船队利用自身积累逐步购置钢质驳船,淘汰旧水泥驳船,并且载重吨位逐步增加。1981 年 6 月,该队从县水利器材储运站划出。是时全队拥有总动力 500 马力,载重吨位 1400 吨,运输年收入 40 万多元。从 1985 年开始,陆续投资创办车船保养厂,购置小客车一辆,更换货车一辆。1987 年,全队年运输收入近 80 万元。因受市场变化等因素影响,至 1990 年全队运输年收入降至不足 60 万元,亏损达 11 万元,但固定资产增加到 172 万元。

水利综合经营公司　1985 年,由县水利局兴建,为局直属企业。经营品种有钢材、木材、水泥、燃料等。1986 年 5 月,为解决系统内待业青年的安置问题,经县水利局决定,在原县治淮工程团仓库开办秦邮劳动防护用品厂,为该公司下属单位。1986 年,该公司年生产经营产值为 35.2 万元、利润 1.4 万元。1987 年,年产值增加到 57.4 万元。1989 年,秦邮劳动防护用品厂迁到海潮路综合楼后更名为海潮服装厂,不久又开办海潮商店。是年 6 月,撤销该公司,保留厂、店,由县水利局指派人员继续经营。

大运河堤防管理所　新中国成立初期,大运河堤防由水利部门管理。1963 年,上级政府决定将堤林分开管理,水利部门管堤,多种经营管理部门管林,导致相互扯皮,林木被盗,堤防也遭破坏。为进一步加强堤防管理,于 1977 年底实行堤林合一,统一由水利部门管理,成立大运河堤防管理所。1978 年 12 月,更名为高邮县堤防管理所。按照以堤养堤的原则,在管好堤防的基础上发展林木、花木生产,同时开展林木深加工。先后兴办木制综合厂、冲压塑件厂、招待所、停车场、菌种场、金属瓶盖厂和小商店等项目,综合经营产值和利润逐年增长。1979 年,实现年产值 28.7 万元。1984 年,实现产值 69.2 万元。1980~1984 年,共创利润 51.5 万元,达到管理经费自给有余。但随着市场的变化,人员的增加,成本费用上升,综合经营出现滑坡,1990 年产值只有 122.6 万元,无利润。

补水总站　1977~1982 年之间,先后建成周巷、周山、一沟、卸甲、八桥、营南、龙奔 7 个补水站。为加强管理,1987 年 3 月成立补水总站。同时,大力发展综合经营,先后开办电器厂、木器家具厂、光学仪器厂、工艺灯具厂、水泥制品厂和机械修理、运输服务等项目。1987 年,实现产值 21 万元,利润 2.06 万元。1990 年,实现产值 58.9 万元,利润 15.8 万元。全站 65 人,人均实现利润 2430 元,在全系统处于领先地位。

水利勘测设计室　1984 年 3 月,县水利局基本建设股被撤销同时设立该室,该室主要承担全县农田水利建设工程的规划勘测和建筑物设计。于 1985 年,申报资质,年底,获得水利工程建筑设计丙级、工业民用建筑设计丁级、勘测丁级资质等级证书。自此,该室正式对内对外承担勘测设计业务,并逐步实行单独核算。1986年,实现产值6万元、利润1.2万元。1990年,实现产值12.7万元、利润1.9万元。1990年底,全室有高、中、初级技术人员17人,各类仪器设备等固定资产16.18万元。

灌区灌排管理所　沿运自流灌区管理所的综合经营是在1981年前后逐步发展起来的,多为依靠自身条件,利用水力从事农副业产品加工,利用闸口捕鱼,利用闲置管理用房和电力从事小五金加工、机械维修、水泥预制等。

车逻灌区灌排管理所于1985年投资2.5万元,创办高邮县水工机械厂,开始以生产小五金配件为主,以后逐步生产闸门启闭设备和其他水工机械及配件,同时开展对外维修加工业务,1986年创产值6.4万元。

头闸灌区灌排管理所在1984年下半年开办糖烟酒日杂商店,1986年6月,开办头闸灌区五金厂,同时利用自身的技术人才优势,组建农水服务队,开展施工服务兼搞水泥预制加工。1986年,实现产值6万元,利润5000多元。1988年7~12月又分别开办涤塑加工厂和电器配件厂。至1990年底,产值增至12.6万元,实现利润1万元。

周山灌区灌排管理所于20世纪80年代前就利用水力资源从事挂面、粮食加工服务。80年代后,又陆续从事水产养殖、砂石等材料销售,开办停车场。1987年,又投资开办汽车修配厂,共有7个经营项目实现总产值近9万元。

1986年,上述3个管理所综合经营产值21.4万元。到1990年底,产值达32.3万元、利润2.5万元。

入江水道管理所　经营收入主要是1972年建造的庄台河船闸的过闸费。由于过去水利部门主要以服务为主,开始的过闸收入较少。随着政策性调整而逐步提高,从1985年的0.9万元增加到1988年的2.85万元,1990年达到3.5万元。

第三节　乡镇水利站综合经营

乡镇水利站以农田水利建设管理和服务为主要职能,为农业稳产高产和农村经济发展作出了积极贡献。20世纪70年代中后期,部分水利站利用自身有利条件,因地制宜,开展一些小规模的生产经营活动,并初见成效。进入80年代,各级主管部门对水利经济更加重视,同时,各乡镇水利站对增强自身实力的认识也不断提高,发展综合经营的步伐也不断加快。1985年,各乡镇水利站共实现综合经营产值115.4万元、利润15万元。到1990年,全县32个水利站有42个生产经营项目,共实现综合经营产值500万元、利润39.3万元。

东墩水利站　该站于1977年投资2万元创办预制场。1983年,完成产值20万元、利润1.5万元。1984年,开办综合商店,成立农水工程施工队,同时利用自身的运输船和拖拉机施工服务的空余时间对社会开展运输服务,增加收入,实现年产值2万多元。1986年,全站综合经营产值增加到37.5万元,利润达5万余元。1987年5月,又投资2.5万元开办电器绝缘材料厂,当年实现产值2万余元,利润0.7万元。农水工程施工队的年产值达40万元。服务对象从农水工程扩大到工民用建筑及市政工程等。1990年,该站实现综合经营总产值92.26万元、利润6.0万元,列全县32个水利站之首。

一沟水利站　该站于1983年投资创办水利制品场,开始只能生产农水工程预制构件及其他小型的预制品,创办当年即获利润近万元。该站以预制场为综合经营的主攻目标,在产品质量不断提高的基础上,先后增加多孔板、桁条、桥面板等产品的生产和砂石销售。1987年,实现产值21万元、利润2万元。1990年,实现产值27.5万元、利润2.54万元。

川青水利站　该站从1970年起从事砂石及其他建筑材料的销售。1983年6月,创办预制场,实现产值7.6万元、利润1.05万元。后来,又先后增加水产养殖、建筑安装、制包生产等项目。1987年,实现产值40.4万元、利润2.86万元。从1988年以后经营出现滑坡现象,至1990年产值降至20万元,但利润仍保持在2.5万元以上。

郭集水利站 80年代初,该站利用空余地种植苗木,利用施工船空余时间开展运输服务,1985年利润仅0.5万元。1986年投资1万多元创办木器厂,又利用管理范围的水面从事水产养殖,年产值增加到5.8万元,创利润1.1万元。1988年又投资创办预制场,综合经营年产值25万元,1990年下降到20万元,利润保持在2万元~2.5万元之间。

送桥水利站 1975年,该站开展林木种植。后又新增小规模水产养殖、小预制和渡口服务,年产值均在2万元左右,利润只有几千元。1988~1989年,陆续扩大预制场投资规模、开办服装厂和经营建筑材料。1990年产值达20.6万元,利润2万元。

1990年度高邮县水利系统综合经营效益表

单位:万元

专业分类	实 现 产 值						总支出	实现利润
	合计	农业	工业	建筑业	商服业	其他		
合计	1358.9	4.9	321.5	397.6	36.7	598.2	1293.3	65
工程管理单位	206	0.4	56.1	6.2	18.7	124.6	188.7	17.3
乡水利站	500.2	4.5	204.7	93	15.9	182.1	460.9	39.3
水利施工单位	240.9	—	—	238.8	2.1	—	225.3	15.6
勘测设计单位	12.7	—	—	—	—	12.7	8.3	4.4
其他直属单位	399.1	—	60.7	59.6	—	278.8	410.7	-11.6

第十二章　科技　教育

古代,邑人多利用自然条件,兴修水利,治理水灾,尚未形成一定的水利科技和水利教育理论与实践,水利论述和发明亦不多见。民国期间,始建立水利研究会和有关水利教育机构。新中国建立后,随着水利建设事业的蓬勃发展,水利技术队伍不断壮大,水利科学技术不断提高,全县的水利科研工作从群众性的小改小革,逐步发展到有组织有计划的科研调查和科学实验。特别是 1979 年以来,县水利部门把工作重点转移到建设社会主义现代化上来,重视水利科学技术现代化建设,有力地促进水利科技工作的发展,全县取得多项科技工作成果,获得省、市多次奖励。

第一节　科技组织

高邮县水利研究会　民国初年,由于淮河水害给淮河流域人民造成的极大危害,淮河人民要求治淮的呼声日高,各种导淮计划蜂起。是时,里下河地区各县纷纷成立水利研究会,研究水利事宜。民国 10 年(1921 年),高邮县农会、商会、教育会和各公共团体推举有水利学识与经验者 30 余人为研究员,成立高邮县水利研究会,并公举高树敏为主任。研究会主要活动在 20 世纪 20 年代,每年春秋两季召开会议,研究规划境内的水利测量、施工和筹款等项事宜。

高邮县水利局科技情报站　1978 年 9 月,高邮县水利局根据江苏省水利厅的要求,成立科技情报站,由张志钧兼站长,詹福宏、王承炜兼副站长,开展科技情报方面的工作。

高邮县水利科学技术研究所　1986 年 12 月,经县政府批准,成立高邮县水利科学技术研究所,为全民事业(股级)单位,核定编制 5 人,由王之义任所长。所址设龙奔乡西楼村,主要从事灌区量水、灌溉排水、微电脑开发、新结构设计等技术研究工作和对江苏省内培训推广水利新技术。

第二节　科技队伍

新中国建立初,全县仅有水利工程技术人员 4 人,随着水利事业的发展,水利技术人员不断增加,逐步形成一支水利建设技术队伍。50 年代末,由于水利建设需要,各地通过工程建设,依靠原有工程技术人员,采取滚雪球、带徒弟、边做边学的办法,层层培养骨干,壮大技术力量。1958 年秋,为解决施工技术力量,以适应大规模水利发展的需要,在东墩公社河网化试点工地上,举办"水利红专大学",培训学员 730 人,采取一边劳动,一边学习的方法,经过两个多月的训练,使学员掌握从测量、设计、放样到施工的基本知识,以后再回到社、队参加水利施工。

20 世纪 70~80 年代,从外地外单位调进一部分工程技术人员,其中有中级水利工程技术员 5 人、初级水利工程技术员 5 人。同时,还接收大专院校毕业生 11 人、中专生 9 人。

1980 年 8 月,根据国务院颁发的《工程技术干部技术职称暂行规定》,对水利系统的科技人员进行技术职称的套改、复查、评定、晋升工作。到 1982 年底,技术职称考核评定、晋升工作结束,据 1990

年底统计,全县有水利工程技术人员182人,其中高级工程师3人、工程师11人、助理工程师53人、技术员115人。

1950~1990年高邮县水利工程技术人员发展情况表

单位:人

年　月	主管机构名　称	工 程 技 术 人 员					
		合计	高工	工程师	助理工程师	技术员	助理技术员
1950.09	县建设科	4	—	1	1	2	
1958	县水利局	13	—	1	—	6	6
1962.10	县水利局	12	—	2	—	6	4
1971.08	县农机水电局	13	—	2	—	5	6
1975.12	县水电局	17	—	3	—	6	8
1980.05	县水利局	22	—	2	9	11	—
1981.10	县水利局	31	—	5	13	13	—
1985.12	县水利局	56	—	14	14	28	—
1990.12	县水利局	182	3	11	53	115	—

1990年高邮县水利系统高中级工程技术人员概况

姓　名	性别	出生年月	工　作　单　位	职　务	职　称	毕　业　院　校
詹福宏	男	1927.11	高邮县水利勘测设计室	—	高级工程师	苏北建设学校水利科
汤松熔	男	1934.01	高邮县水利勘测设计室	—	高级工程师	扬州工业学校
李新月	男	1936.12	高邮县水利勘测设计室	—	高级工程师	陕西工业大学
胡汝宁	男	1928.07	高邮县水利勘测设计室	—	工程师	镇江中专职业训练班
赵　杰	男	1931.06	高邮县水利勘测设计室	—	工程师	华东水利专科学校
杨家瑶	男	1936.08	高邮县水利勘测设计室	—	工程师	南京地质学校
戴康程	男	1944.01	高邮县水利勘测设计室	—	工程师	华东水利学院
王春余	男	1944.05	高邮县水利建筑工程处	副主任	工程师	华东水利学院
嵇才宏	男	1933.04	高邮县南关灌区排管理所	—	工程师	武汉水利学院
杨士熙	男	1929.07	高邮县水利局	副局长	工程师	扬州中学土木工程科
张志钧	男	1937.03	高邮县水利局	副局长	工程师	江苏水利学院中技部
许树威	男	1932.04	高邮县水利局农水股	—	工程师	广州华南联大理工学院
赵顺元	男	1937.11	高邮县水利局工管股	副股长	工程师	江苏水利学院中技部
秦　力	男	1941.05	高邮县水利局工管股	—	工程师	南京地质学校

第三节　科研成果

从 1979 年以来,全县水利科技工作出现新的局面,不断进行技术创新,取得一批科研成果。先后获省以上水利科技成果奖项有 11 项,其中一等奖有 2 项、二等奖 4 项、三等奖 3 项、四等奖 2 项;获扬州市以上水利设计施工奖有 10 项,其中一等奖有 1 项、二等奖 1 项、三等奖 2 项、优秀设计项目奖 2 项、优秀工程奖 3 项;在省以上刊物、会议发表水利科研文章 49 篇。其中《桁架拱桥湿接头无支架施工》、《装配式田间工程建筑物》、《南关闸微机多功能自动监测装置》三项成果,效益显著,影响较广,分别在《水利水电技术》、《农田水利小水电》、《中国水利》等刊物上著文介绍后,全国 29 个省、市、自治区,除西藏、台湾外都有人来现场参观,推广使用。

桁架拱桥湿接头无支架施工　该项成果由张志钧等人于 1981 年研制成功。其优点是:整体结构性强、承载能力高、结构轻巧、选价低廉、装配化程度高,并省去支架器材资金、节约劳动力、加快施工进度、保证接头质量。是年,该项目获江苏省水利厅水利科技成果二等奖。

装配式田间工程建筑物　从 1978 年起,在沿运自流灌区建筑物配套工作中,由耿越等人组成专门班子,吸收本地、外地先进经验,积极进行技术革新,经过多种设计方案比较,反复试制,修改,逐步形成一套适合本地特点的装配田间工程建设物,经基本定型的有灌、排、降、交通 4 类 10 种形式:(1)斗渠进水洞首:建在支渠迎水坡,分洞首、底板、翼墙等四块预制拼装。(2)田间进水洞首:建在斗渠迎水坡,洞首底板和翼墙等部位采用整浇预制。(3)插板式排沟洞首:建在排沟通排河的圩堤二台子上,上下游以涵管联结,涵管伸出堤坡,在进水口铺砌混凝土块。(4)倒梯形式排沟洞首:建在排沟洞上游,分洞首和翼墙等三块预制拼装。(5)隔沟洞首:建在隔沟通排沟的堤上。洞首、底板、翼墙等部件采用整浇预制。(6)溢流式暗墒下水洞首:建在排沟堤背水一侧的田面下,由深井控制洞门,多余的地下水通过溢流井口,出口部用涵管与排沟连接。(7)插板式暗墒下水洞首:建在排沟迎水坡暗墒出水口处。(8)三铰拱机拖桥:建在斗渠、排沟等需通小型拖拉机的地方。(9)三铰拱人畜桥:建在斗渠、隔沟或排沟等需要交通的地方。(10)三铰拱人行便桥:建在村庄两边的斗渠或排沟上,便于社员下田生产劳动。

这套装配式田间工程建筑物都有稳定、止水、固定的措施。做到系列化、规格化;工厂预制、现场拼装、移动不损;结构合理,密实断漏,便于管理,配套速度快。与固定式田间建筑物相比,可节省资金43.1%。1981 年,该项目获江苏省水利厅水利科技成果二等奖。

南关闸微机多功能自动监测装置　县灌排管理所组织人员在南关洞闸门首次成功研制以 TP801 单板机为核心的多功能自动监测装置,于 1984 年 5 月中旬投入运行。7 月 26~27 日,江苏省水利厅在高邮召开该项目鉴定会议,经分组测试审查,各项性能指标和精度均达到设计要求,通过鉴定,成为国内首次应用单板机在灌区水闸管理上实现多功能自动监测的装置。

以 TP801 单板机为核心的控制系统具有极大的智能潜力,可以开发多种功能,主要选定 7 种功能:(1)根据上、下游水位自动调节闸门开度,跟踪给定流量(误差 < 1%);(2)定时或随时召唤打印上、下游水位、闸门开度、给定流量、实际流量和累计水量;(3)自动显示实际流量、给定流量、上游水位、闸门开度和仪器工作状态的特征;(4)自动进行水量累加,定时打印报出;(5)测量系统故障的检出(可以指出故障部位和性质)及报警,并能立即自动禁止操作;(6)闸门操作系统故障(卡滞、方向错误、失控等)的检出和报警,并能立即中止闸门操作;(7)下游水位越限报警(响铃、打印、指示灯亮)。

在该装置运用中,单板机作为中央处理单元,可完成数据采集,信号分析,数值运算,发出控制命令等繁杂任务。其优点是:(1)体积小、功能多。微型计算机的控制部件体积很小,只有 $35 \times 25 \times 10 cm^3$,不占很多空间,功耗一般情况下小于 10 瓦。它能完成的七项功能,是人工管理无法

达到的。（2）运算迅速准确,适应性强。这种
装置,定值控制精确适时,数据统计准确无误,
水文资料收集齐全,避免因人工观测数据的漏
落,不及时和误差等现象,保证资料的真实性
和完整性。该装置还具有很强的适应性,有一
定扩展能力,根据需要,只要对软件加以修改,
就可以增加很多功能,或推广应用到其他水闸
上去。（3）投资省。随着微电子技术日新月
异的发展,微电子器件的价格以指数关系下
降,新添一套装置包括 TP801 型单板机、传感
器和附属设备等,只需七八千元。

甘垛镇甘中村四组双铰折线钢架农桥

双铰折线钢架农桥　该项成果由李新月、
冯国宜等于 1986 年研制成功。双铰折线钢架
桥其上部结构和桁架拱桥主要不同之处,是把桁架拱片改用为"π"形斜腿钢架片,在两端钢架节点
和桥台之间设边跨梁,边跨梁和钢架片节点的连接在结构上为铰接处理,钢架斜腿伸入桥台台座,在
计算时视为固结。其它横向连结件,桥面的构造及桥台均和桁架拱桥基本相同。斜腿钢架的轴线形
状以尽量接近抛物线而定。整个结构为三次超静定钢架,由于其形状和压力线段为接近,所以也可以
看作一个折线形"拱",在一程度上兼有拱桥的力学特点。钢架的主要构件中,除边跨梁为受弯构件
外,其余均为压弯构件,受力条件较好,边跨梁可以把上部结构的部分荷载直接传递给桥台,除减少对
桥台的推力外,还增加桥台墙身的压力,改善墙体的应力状况。由于超静定次数低及钢架轴线的形状
较之一般钢架桥对桥台的位移适应,对软土地基适应性能也较好。

　　双铰折线钢架农桥的结构形式简单,预制构件最大吊重轻,便于施工,外形简洁美观,桥下为梯形
净空,比桁架拱桥中部净空大。工程量和同标准的桁架农桥基本相同,但模板用量较省。这种桥型的
农桥在全县建成跨度 18 米、16 米、14 米 3 种,经试压及多年运用,效果良好,可在小跨度农桥中推广
使用。1986 年,该项目获江苏省水利厅科技进步三等奖。

　　悬搁门圩口闸革新和推广　1987 年,由耿越等人在圩口闸工程施工中,成功采用和推广悬搁门圩
口闸。圩口闸的运行特点是平水启闭,常开少关,其使用要求是防撞、防漏。这一新闸是根据"删繁就
简,适应工情"的原则革新的,一是闸门启闭方式,二是闸身结构形式。该闸为钢筋混凝土梁格式平面
闸门,平水启闭不用滚轮和轨道,用"神仙葫芦"启闭,开启后悬吊并搁支在闸墩上。这种闸门避免行
船撞击,不易损坏,止水效果好,启闭不受底板上淤积影响,比较方便。"神仙葫芦"可以多闸共用,节
省费用,便于管理。

　　在闸身结构上:一是变分段闸身为整体结构,不分缝,省去止水伸缩缝,有利于稳定、防渗;二是变
丁字闸、一字闸为座钟形斜坡翼墙式,翼墙嵌入河坡,改善侧向防渗和闸身与土体的联接状态;三是变
砖闸为石闸,解决闸墙易受行船撞击而损坏的问题,提高工程质量。

　　悬搁门圩口闸与人字门圩口闸相比,总造价大体相等,但止水效果好,维修量小。1987 年 7 月统
计,里下河地区建成该新式闸 350 座。

　　刀板自收式振动鼠道犁　该项目成果由杨家瑶等人于 1988 年研制成功。鼠道犁是农田地下排灌
的一项治渍、改良土壤、改造中低产田、促进农业增产的有效措施。在使用几种鼠道犁的实践中,进行
改进,在研制平面连杆机构升降的基础上,采用链传递扭矩,实现犁头升降,依靠刀板自收装置,操作
灵活,拆装方便,成洞速度快,以 12 匹马力手扶拖拉机为其配套动力,工效高,是当时国内较先进的农
田治渍机具,适合沿江圩区、里下河地区、黄淮海平原等低洼粘土、壤土地区推广应用。

　　刀板自收式振动鼠道犁主要技术指标:成洞深度 40 厘米;鼠洞面积 24 平方厘米~28 平方厘米;

甘垛镇甘中村二组水力冲沉一字型箱式圩口闸

鼠洞横断形状:拱顶矩形;成洞速度,I型15~17米/分钟,II型30~35米/分钟;台班成洞:7800米左右。

该机将固定式刀板改为自收式刀板是一种创新。刀板自收成水平状态时,机具即能跨越田埂,进行田块转移;旋转手把,刀板即降下成垂直状态,进行作业。整个过程,一个人在一分钟内就可以完成,且在大幅度高频率的振动工作状态下,能承受很大的振动冲击力而不松动或摆脱,安全可靠。

经对比试验:在一块长90米、宽30米的长方形田块上打洞(洞距2.5米),该犁与浙江桐乡县ILA-60型悬挂振动鼠道犁相比,省拆装时间13分钟,每台班可多打洞(1.13公顷),提高工效41%,降低打洞成本20%,经济效益比较显著。1988年,该成果获江苏省水利厅水利科技进步一等奖,并获国家专利局授予的实用新型专利证书。

水力冲沉一字型箱式圩口闸　该项成果由陈福坤等人于1990年研制成功。水力冲沉一字型箱式圩口闸,闸身为一字型箱格,不设上、下游段,防渗稳定、承载均由一字型空箱承担。交通桥为支承在空箱上部双悬臂梁,闸门采用提升横移门,开启时闸门移入一侧空箱内,避免船只碰撞。如圩内排涝能力不足,可在另一侧安装贯流泵。闸身两端插入两侧圩堤内,增加抗侧渗和外荷载能力,下游有消能设施。施工时先在闸上、下游筑小型围堰,排干积水后地基略加平整,即可浇筑砼,浇筑采用钢模现场立浇,分层翻模直至设计下沉高度。当砼达到设计强度后,即利用专门水力冲沉设备冲沉,冲沉时在每个箱格内布置一根水枪,外侧布置两根水枪,基土在高压水冲击下被冲刷成悬浮状态排出,闸身依靠自重,徐徐下沉。本闸型适用于粉沙土地区,能解决在该类地区修建常规闸遇到的问题。如土方开挖和回填量大,排水困难,工程质量难以保证,水平防渗工作量大等。在建成的18座闸中,粉沙土地基圩口闸15座(泵闸结合3座),淤泥地基闸站结合1座,粉沙土地基大沟节制闸2座。有11座闸经过汛期考验,2座圩口闸做过超过设计水位差现场测试,情况良好,运行安全可靠。该闸型总体结构布置紧凑、结构新颖、冲沉设备船集抽水、发电、自航于一体,机动灵活,结构形式和施工工艺处于国内领先水平。

1981~1990年高邮县水利系统科技成果获奖情况表

年度	颁奖单位	项目名称	等级	完成人员	备注
1981	江苏省水利厅(水利科技成果)	桁架拱桥湿接头无支架施工	二等奖	张志钧　戴康程 冯国宜　杨春淋 汪　渡	
1981	江苏省水利厅(水利科技成果)	装配式田间工程建筑物	二等奖	耿　越　赵顺源 张志钧　杨春淋 顾文楼	
1984	江苏省水利厅(水利科技成果)	川青乡农田水利规划	三等奖	高邮县水利局 川青水利站	
1984	江苏省水利厅(水利科技成果)	龙奔乡农田水利规划	三等奖	高邮县水利局 龙奔水利站	
1984	江苏省水利厅(水利科技成果)	司徒乡合兴北圩农田水利规划	四等奖	高邮县水利局 司徒水利站	

（续表）

年度	颁奖单位	项目名称	等级	完成人员	备注
1984	江苏省水利厅（水利科技成果）	周山乡农田水利规划	四等奖	高邮县水利局 周山水利站	
1986	江苏省水利厅（水利科技进步）	双铰折线钢架农桥	三等奖	李新月　冯国宜	
1986	江苏省区划委 （农业资源调查和农业区别成果）	高邮县土地资源调查	一等奖	秦　力　张志钧 耿　越　李正安 张国祥	
1987	江苏省水利厅（水利科技进步）	悬搁门圩口闸革新和推广	二等奖	耿　越　陈福坤 杨春淋　王祖勋 冯国宜	
1988	江苏省水利厅（水利科技进步）	刀板自收式振动鼠道犁	一等奖	杨家瑶　耿　越 谈　强　王祖勋	获国家专利局 实用新型专利
1990	江苏省水利厅（水利科技进步）	水力冲沉一字型箱式圩口闸	二等奖	陈福坤　耿　越 王祖勋　黄朝章 孙松怀	

1985~1990 年高邮县水利系统设计施工获奖情况表

年度	颁奖单位	项目名称	等级	设计施工单位
1985	江苏省水利厅	高邮运东船闸	全优工程	高邮运东船闸工程指挥部 扬州市水利基建工程队
1988	江苏省水利厅	高邮运东船闸	一等奖	扬州市水利勘测设计院 高邮县水利勘测设计室
1988	江苏省水利厅	高邮珠湖船闸	三等奖	扬州市水利勘测设计院
1988	扬州市水利局	京杭运河高邮临城段拓浚工程	优秀设计项目	扬州市水利基建工程处 高邮县水利勘测设计室
1988	江苏省建委	高邮运东船闸	三等奖	扬州市水利勘测设计院 高邮县水利勘测设计室
1988	扬州市水利局	高邮运东船闸	优秀设计项目	扬州市水利勘测设计院
1988	扬州市水利局	高邮珠湖船闸	优秀设计项目	扬州市水利勘测设计院
1988	江苏省水利厅	京杭运河高邮临城段拓浚工程	二等奖	扬州市水利勘测设计院 高邮县水利勘测设计室
1989	交通部	京杭运河徐州至扬州段续建工程 （单项工程含高邮临城段拓浚,高邮 运东船闸,珠湖船闸）	部优工程	
1990	扬州市水利局	高邮珠湖船闸	全优工程	扬州市水利基建工程处

1978~1990 年高邮县在省以上刊物、会议发表的部分水利科技文章目录表

文章标题	作者	发表时间	登载刊物名称
桁架拱桥湿接头无支架施工	冯国宜　肖维琪	1978.08	水利水电技术
装配式田间工程建筑物	徐　进　赵顺源 肖维琪	1981.01	农田水利与小水电
装配式田间工程建筑物	高邮县水利局 （执笔赵顺源）	1982.12	农田水利建筑物技术资料 丛书

（续表）

文章标题	作者	发表时间	登载刊物名称
TP80 单板机在水闸管理上的应用	吴九龙	1985.01	中国水利
归海坝浅议	廖高明	1985.11	中国水利史志专刊
微机在水闸管理上的应用	吴九龙	1985	微型电脑
CYW-8402 型水闸智能控制仪	吴九龙	1986.02	全国灌区量水技术交流会议资料选编
五种量水设备的施工观测和使用	高邮县水利局（执笔陈福坤）	1986.02	全国灌区量水技术交流会议资料选编
高邮湖的形成和发展	廖高明	1987.03	淮河志通讯
量水计方到支渠，评分摊方到各村	毕荣石　耿　越　王之义	1987.12	农田水利与小水电
加强科学管理促进灌区节水	南关灌区灌排管理所（执笔王之义）	1987.12	节水灌溉选编
应用 CYW-8402 型水闸智能控制仪管理多生单孔水闸	吴九龙　李建华吴国兴　李清潮	1988.01	中国水利
微型水闸智能控制	吴九龙	1988.03	微型计算机应用汇编
应用 TM 图象进行高邮县土地利用调查	张妙龄　俞纯绅　王延顺陈玉泉　耿　越　相培之胡汝宁　秦　力		农业遥感论文集
南关灌区调查报告	耿　越　王之义	1990.01	改进灌区管理与费用回收研究成果及推广研讨班材料选编
灌区量水设备的检测及其选择	高邮县量水试验示范区（执笔陈福坤）	1990.04	农田水利与小水电

第四节　水利教育

江苏河海工程测绘养成所　民国 4 年（1915）年 2 月，江苏筹浚江北运河工程局总办马士杰因河务测绘施工急需人才，设立江北水利工程讲习所，编订学则呈准农商、教育等部，设于江北适中的高邮县。校长张佑如，学监高哲，数学教员孙云麟，借用庆成教舍（原高邮城内赞化宫道院及三巨公祠西偏诸屋，约在今赞化学校内）。招本科学生 1 班，二年毕业；速成科学生 1 班，一年毕业，入学资格以中学毕业及有相当程度者为限，凡在筹浚期间，每三月续招新生 1 班，徐海每县额 4 名，淮扬每县额 6 名，每名学费洋银 40 元，由各县在地方公款内拨解，每月由运河工程局补助讲习所 400 元。各县如有缺额，不论何省何县学生均可自备学费附学。是年 8 月，适全国水利局总裁张謇制定河海工程专门学校章程，呈奉大总统令准通行。其章程与讲习所所定章程大致相同，乃由民国 5 年起，遵令更名为江苏河海工程测绘养成所（简称小河海），仍附属运河工程局。至民国 8 年筹浚运河工程结束，测绘养成所停办，先后本科毕业 3 批次，速成科毕业 2 批次，共学生 126 名，为运河水利培养一批专用人才。其中高邮 22 名，有赵超、姚鸣翔、朱福臻、徐沣林、王怀琛、孙传、张步瀛、左文华、李士元、贾凤人、刘桢祥、吴长庚、王干贞、李文瑞、袁雨楼、薛成武、薛极岗等。

苏北建设学校水利科　1949 年，苏北沂、沭、泗流域在连续四年水灾之后又发生大水，南起废黄河、北至陇海铁路一片汪洋，灾情十分严重。在解放伊始、百废待兴之际，苏北行政公署即决定着手治水救灾。治理水害急需的是技术人才，遂打算在苏北建立水利工程专门学校，用以系统培养水利人才。

是年 4 月，原国民党政府淮河水利工程总局附设的高级水利科职业学校由南京军管会接管后，校名改为国立水利工程学校,8月,国立水利工程学校解散。部分师生得悉苏北准备建校培养技术人才,就由教师许永嘉和学生代表王华云、祝其尤等去泰州,与苏北行署文教处联系,苏北行署决定将该校接收,因当时苏北运河局设在高邮县,即由该局协助将该校从南京搬迁到高邮县,借用乾明寺(今高邮县实验小学)作为临时校址。

由南京随迁至高邮县的教职工4人,学生69人,其中三年级(第三届正科)25人,二年级(第四届正科)25人,一年级(第五届正科)19人。苏北行署原打算在高邮县建苏北水利工程专门学校,但因人数少,教师缺乏,不具备单独建校条件,乃决定归属苏北建设学校建制。苏北建设学校本部在泰州市张家坝,是一所多学科的综合性学校,校长由苏北行署主任贺希明兼任,副校长由行署文教处长孙尉民兼任,水校同学转入后,增设水利科。为使学校工作正常进行,10月,水利科成立科务委员会,苏北行署委派金左同到校主持工作,成员有当时运河工程局的钱龙章、张志和、教师许永嘉等5人,后来又陆续从苏南聘请杨持白、朱实甫、张慕良、王养吾、杨铭林等为教师。学生在校既学政治,又学业务,全部享受供给制待遇(每天伙食费1斤半粮、1角2分钱菜金)。

1949年11月,苏北导沂工程开工,迫切需要技术人才,水利科的全体学员即由金左同带队开赴沭阳参加导沂工程施工。学生们被分配到各个工地,食宿条件很差,生活异常艰苦,师生们经受住考验,为导沂工程出力,冬季工程完成后,于1950年2月正式毕业,由苏北建设学校分配至上述工程处工作。一年级学生留校继续学习,二年级学生再赴沭阳参加导沂施工。

1950年春,中央人民政府政务院作出《关于治理淮河的决定》,为适应全面治理淮河的需要,培养水利技术人才,华东水利部商得苏北行署同意,将苏北建设学校水利科与华东水利部水文技术人员训练班合并成立淮河水利专科学校。5~6月,苏北建设学校水利科二三年级(升一级)学生遂全部迁至南京,并入淮河水利专科学校。

第四届正科学生于1950年5月从导沂工地回校复课,10月毕业,由淮河水专分配到治淮委员会工作。第五届正科即最后一届学生于1951年1月毕业,由华东水利部分配至各水利部门工作。至此,苏北建设学校水利科学生全部分配结束,学校先后被划归淮河水专、华东水专、南京水校、扬州水校、扬州水专,最后成为扬州大学水利学院。

西楼全国灌区量水技术培训基地 1984年,高邮县水利局利用龙奔乡西楼片农田良好的灌排设施条件,建立水利技术培训基地,建成教育培训楼一幢,共4层800平方米。装备测试仪表近20种;混凝土试验渠道2条,长120米;排水暗管1条,长125米;教学用量水堰槽模型10种,各种量水设备14种。可供50人常年学习使用。是年9月,在西楼举办乡级水利技术员训练班,培训学员58人,收到较好的效果。水电部农水司的有关领导对高邮县西楼培训基地的教学设施十分重视,1985年9月,在西楼召开全国灌区量水技术交流会,明确提出西楼作为水电部农水司灌区量水技术设备试验和培训基地,主要承担灌区量水技术先进设备的引进消化,为各地新型量水设备的推广和应用提供试验资料,并为全国各地灌区定期进行技术培训。至1987年底,在西楼培训基地共举办全国性培训班3期、省内培训班1期、县内培训班2期,共培训343人次。

1984~1987年高邮县龙奔西楼培训基地举办培训班概况表

年	月	主 办 单 位	培训班名称	培训人数	培训天数
1984	9	高邮县水利局	乡级技术培训班	58	22
1985	9	水电部农水司	全国灌区量水技术交流会	120	4
1986	9	江苏省水利厅	量水技术培训班	45	30
1986	10	水电部农水司	全国灌区量水技术研修班	44	40
1987	1	高邮县水利局	乡水利技术员业务培训班	38	30
1987	10	水电部农水司	全国灌区量水技术培训班	38	25

第十三章　机构

　　明正德元年（1506年），南河郎署从徐州萧县迁驻高邮。清顺治元年（1644年），南河郎署改为工部南河分司。康熙十八年（1679年），工部南河分司奉裁为河营守备署。民国2年（1913年），高邮设导淮局运河下游堤工事务所。这些水事机构均为上级主管部门派驻机构，境内水事皆由地方行政长官亲自负责处理。至民国10年（1921年），高邮县设有水利工程局，是为境内设立水利专管机构之始。新中国建立以后，水利被视为农业的命脉，人民政府十分重视水利工作，县水利管理机构应运而生。1957年，高邮县水利局成立。随着水利事业的发展，陆续设立直属水利企事业单位和区乡水利管理机构，逐步形成比较完备的县级水利行政管理体系，并成立相应的大型水利工程施工指挥机构，为全县水利事业的健康发展提供有力的组织保证。

第一节　县水利行政主管机构

　　高邮县水利工程局　该局建于民国10年（1921年），负责筹办境内水利事宜。是年适逢境内大水，灾情严重，县政府（北洋军阀政府）迫于民众压力，而设该局。至国民政府成立而中止。

　　高邮县建设局　从民国16年（1927年）起，至1954年止，全县水利工作被纳入建设部门管理。民国16年，南京国民政府成立后，省政府成立建设厅，要求各县成立建设局，把水利工作纳入建设部门管理。高邮县建设局于是年10月成立。至民国20年（1931年）9月，因境内水灾损失巨大，县政府财力困难，该局被撤并裁员，仅留用水利技术员1人，以节约开支。

　　民国21年（1932年）8月，县政府成立县建设事务所，兼管县内水利建设工作，至民国22年2月，该所被更名为高邮县建设技术员室。

　　民国23年（1934年）2月，高邮县建设科成立，为县政府管理全县水利建设工作的机构。民国34年（1945年）12月，高邮县结束日军统治，成立民主政府，重设高邮县建设科，全县水利工作仍归属该科管理，至民国35年（1946年）10月停止运转。

　　民国35年（1946年）10月，国民党军队进占高邮城后，设立高邮县第四科，主管全县工矿、交通、商店、农林渔牧、水利等工作。

　　民国38年（1949年）1月，高邮县获解放，县军事管制委员会接管部接收运河工程处，于是年3月成立高邮县运河工程事务所（后更名为高邮县治淮工程管理所），5月，按照苏北行署（驻淮阴）生产建设处要求，设立高邮县生产建设科，全县水利工作归属该科管理。

　　1952年9月，高邮县人民政府重建高邮县建设科，明确该科主管全县交通、城市建设、水利等工作。

　　高邮县农林水利科　该科建于1954年10月，内设人秘股、农业股、水利股。于1955年7月，成立高邮县灌溉管理所，负责全县农田水利灌溉工作。

　　高邮县水利科　该科建于1955年9月，是将高邮县农林水利科中农业股划出后设立的。该科内设人秘股、水利股，共有工作人员18人。

高邮县水利局　1957年6月,县政府决定,将县水利科与县灌溉管理所、县治淮工程管理所合并,成立高邮县水利局,主管全县水利工作。内设人秘股、工务股、工程管理股、抽水机管理股,工作人员24人。

1961年12月,工程管理股更名为堤防管理股,抽水机管理股更名为机电股,增设财供股,全部工作人员45人。

1962年2月,机电股划出,单独成立县机电公司。县水利局有工作人员43人。

1969年4月,县水利局与县农业局、县多种经营管理局合并,成立高邮县农林水系统革命领导小组,主管全县农林渔牧和水利等工作。

1969年12月,县水利局与县农业局、县多种经营管理局分开,与县农机公司合并,成立高邮县革命委员会农机水电局,内设政工、水利、机电、后勤组,工作人员共19人,主管全县农机水利工作。

1975年7月,县农机水电局更名为县革命委员会水电局,内设人秘、工务、机电、财计股,主管全县水利工作,工作人员共33人。

1977年12月,县水电局与县治淮工程团合署办公。人秘股划分为人事股、秘书股;工务股划分为工务股、基本建设股;机电股划出,单独成立农业机械管理局;财供股划分为财计股和器材储运站,工作人员共39人。

1978年5月,县水电局更名为县水利局。

1984年3月,县级机关实行改革,县水利局内设人事股、秘书股、财计股,工务股更名为农水股,撤销基本建设股,增设工程管理股、纪律检查组,工作人员共25人。

1921~1949年高邮县历届政府水利行政管理机构负责人概况表

机构设立时间	机构名称	正职 (任职起迄年月)	副职 (任职起迄年月)
民国10年1月(1921.01)	县水利工程局 (北洋军阀县政府)	陆恩豫(1921.01~1926.08)	杨天麟(1921.01~1926.08)
民国16年9月(1927.09)	县建设局 (国民县政府)	朱福臻(1927.09~1931.09)	
民国21年8月(1932.08)	县建设事务所 (国民县政府)	贾凤人(1932.08~1934.02)	
民国23年2月(1934.02)	县建设科 (国民县政府)	张雪樵(1936.12~1939.10)	董仲薪(1939.10~1945.12)
民国34年12月(1945.12)	县建设科 (县民主政府)	李兆森(1945.12~1946.10)	薛浩然(1945.12~1946.10)
民国35年10月(1946.10)	县第四科 (国民县政府)	吴何绿(1946.10~1949.02)	

1949~1990年高邮县人民政府水利行政管理机构负责人概况表

机构设立时间	主管机构名称	负责人 (任职起迄年月)	副职 (任职起迄年月)
1949.03	县运河工程事务所	阚寿之	郑鹏飞
1949.05	县生产建设科	赵咸琳(1949.05~1949.11)	
1949.11	县生产建设科	郑鹏飞(1949.11~1952.09)	赵咸琳(1949.11~1952.09)
1952.09	县建设科	郑鹏飞(1952.09~1954.10)	高广林(1952.09~1954.10)
1954.10	县农林水利科	徐　进(1954.10~1955.08)	高广林(1954.10~1955.09) 刘步明(1955.07~1955.09)

（续表）

机构设立时间	主管机构名称	负责人 （任职起迄年月）	副 职 （任职起迄年月）
1955.09	县水利科	郑鹏飞（1955.09~1957.06）	高广林（1955.09~1957.06） 姚步朝（1956.07~1957.06） 王承炜（1956.07~1957.06） 王瑞庭（1957~1957.06）
1957.06	县水利局	郑鹏飞（1957.06~1958.05） 孙维德（1958.05~1960.08） 郑来甫（1960.08~1961.02） 盖桐芳（1961.02~1964.03） 孙维德（1964.03~1969.04）	王承炜（1957.06~1969.04） 唐井田（1957.06~1959） 郑鹏飞（1959.07~1961.02） 薛连宝（1959.11~1961.02） 蒋 丹（1960.08~1969.04） 陈映西（1960.08~1961.02） 闵 朴（1961.02~1962.08） 许满田（1965.09~1969.04）
1969.04	县农林水系统 革命领导小组		孙维德（1969.04~1969.12） 姜云程（1969.04~1969.12）
1969.12	县农机水电局	陆忍谦（1969.12~1975.04）	印春景（1969.12~1975.03） 盖桐芳（1973.08~1975.07） 薛涵川（1974.08~1975.07）
1975.04	县水电局	钱增时（1975.04~1978.05）	薛涵川（1975.07~1976） 徐 进（1975.07~1978.05） 王国柱（1976.10~1978.05） 张志钧（1977.10~1978.05） 杨桂林（1977.12~1978.05） 姜启洞（1977.12~1978.05） 姚鸣九（1978.01~1978.05）
1978.05	县水利局	钱增时（1978.05~1981.01） 姚鸣九（1981.01~1984.03）	杨桂林（1978.05~1983.09） 徐 进（1978.05~1980.06） 王国柱（1978.05~1984.03） 张志钧（1978.05~1984.03） 姜启洞（1978.05~1981.04） 姚鸣九（1978.05~1981.01） 盛有才（1978.05~1984.03） 蒋 丹（1979.03~1979.11） 徐兆松（1980.11~1981.08） 杨春淋（1981.01~1984.03）
1984.03	县水利局	杨春淋（1984.03~1990.12）	韦博友（1984.03~1987.01） 耿 越（1984.03~1990.12） 杨士熙（1985.02~1990.12） 张志钧（1987.01~1990.12） 张捍东（1987.05~1990.12） 陈菊芹（1989.05~1990.07）

第二节　大型水利工程施工指挥机构

　　新中国建立后，承接国家和省、市下达与县内自组的大型水利工程陆续投入施工。为加强对工程施工的领导，确保工程按时按质完成，县委、县政府均成立相应的施工指挥机构，指挥由县领导干部或分管水利负责人兼任，副指挥由县水利部门负责人兼任。工程结束，指挥机构随之撤销。

高邮县淮河入江水道工程施工指挥机构　从 1956 年起,先后成立的县淮河入江水道工程施工指挥机构有县湖西复堤部队部、县淮河入江水道工程团、县治淮工程团、县芦苇场工程团等,其负责人均由县主要领导干部担任,并下设办公室。

1956~1981 年高邮县历届淮河入江水道工程施工指挥机构概况表

机构名称	成立时间	主要负责人		办公室或工务负责人
		正职	副职	
高邮县湖西复堤部队部	1956.11.07	王光明	吴学珍 周 礼 陈 桂	高广林 姚步朝
高邮县淮河入江水道工程团	1969.06.05	陈开斌 查长银	杨兆年 许满田 戴文香 陈文和 王光明	俞维舟 姜启栋
高邮县治淮工程团	1970.10.23	查长银	夏维善 陆仞仟 陈 林 戴文香 张宗富 李庆丰	—
高邮县治淮工程团	1972.10.30	谢兆卿	陈 林 吴 越 钱增时	胡国林 居春江 高金龙
高邮县淮河入江水道工程团	1978 年冬	陈 欣	—	
高邮县芦苇场工程团	1981.12.18	杨桂林 雪 明	李炳游	吴士勇 郭亚同

高邮县京杭运河工程施工指挥机构　从 1950 年起,先后建立的县京杭运河工程施工指挥机构为县运河工程总队部、县水利民兵师、县大运河建洞改闸工程办事处、县里运河中堤块石护坡工程团、县里运河西堤加固工程处、县京杭运河续建工程施工处、县京杭运河续建工程指挥部等,其负责人均由县主要领导干部担任。

1950~1984 年高邮县历届京杭运河工程施工指挥机构概况表

机构名称	成立年月	主要负责人		工务负责人
		正职	副职	
高邮县运河工程总队部	1950.3	冯 坚 杜文白	王家骥	王承炜 许洪武
高邮县运河工程总队部	1951 年春	吴 越 冯 坚	郑鹏飞	王承炜 许洪武
高邮县治淮工程总队部	1952 年春	吴 越 冯 坚	郑鹏飞	王承炜 许洪武
高邮县治淮工程总队部	1953 年春	吴 越 冯 坚	郑鹏飞	王承炜
高邮县水利工程总队部	1954 年冬	—	钱增时	王承炜 张 源
高邮县运河工程总队部	1956.10	钱增时 洪 坚	陈荫宏	王承炜 张 源
高邮县运河工程总队部	1957.8	钱增时	孙维德 缪启发	王承炜 张 源
高邮县运河工程总队部	1957.10	王光明 申光华	张 忠 周 礼 孙维德	王承炜 张 源
高邮县水利民兵师	1959	盖桐芳	闵 朴 薛连宝	—
高邮县大运河建洞改闸工程办事处	1965.11	张 忠	王承炜 孙启新	—
高邮县里运河中堤块石护坡工程团	1980.7	雪 明	盛有才	张大发 杨春淋

（续表）

机构名称	成立年月	主要负责人		工务负责人
		正　职	副　职	
高邮县里运河西堤加固工程处	1981.12	盛有才	袁剑晨　张大发	赵文琪
高邮县京杭运河续建工程施工处	1982.11	钱增时	朱维宁　李进先 姚鸣九　孙启新	杨春淋　詹福宏
高邮县京杭运河续建工程指挥部	1984.4	钱增时	俞维舟　李进先 杨春淋　徐德清	杨春淋　詹福宏 郭亚同

高邮县三阳河工程施工指挥机构　20世纪70年代,三阳河工程施工指挥由县治淮工程团负责。20世纪80年代,根据工程需要和进度,先后建立县三垛镇三阳河工程领导小组、县三阳河接通工程办事处等机构。

1973年~1986年高邮县历届三阳河工程施工指挥机构概况表

机构名称	成立时间	负责人		办公室或工务负责人
		正　职	副　职	
高邮县治淮工程团（一）	1973.11	钱增时	陈　林　陈　坤	姜启洞　吴德安
高邮县治淮工程团（二）	1974.12	钱增时	徐兆松　钱祥文	姜启洞　吴德安
高邮县治淮工程团（三）	1975.10	杨桂林	徐兆松　陈福元	姜启洞　吴德安　王庭桂
高邮县三阳河治淮工程拆迁工作领导小组	1976.10	嵇　权	钱增时	王春明　邱　贵
高邮县三垛镇三阳河工程领导小组	1982.04	钱增时	刘宜绍　居维英 雪　明	雪　明　韦博友 潘大春　郭徐飞
高邮县三阳河接通工程办事处	1986.10	郑长生	杨士熙　孙立定 茆有美　王昌基	郭亚同

第三节　直属企事业单位

1957年6月,成立高邮县水利局,开始设下属单位。1990年底,共有下属单位15个,其中全民事业单位14个,集体企业单位1个。

水利局（1957.6~1969.4）

1957年7月,成立高邮抽水机站、高邮船闸管理所。

1958年7月,成立高邮县水泥厂、高邮县机械修配厂。

1960年,高邮船闸划归县交通局管理,机械修配厂并入高邮县通用机械厂,撤销抽水机站。

1961年,成立高邮水文站。

1962年10月,停办高邮县水泥厂。

1962年10月,高邮水文站收归扬州地区水利局管理。

1963年6月,成立高邮县王港闸管理所。

1964年7月,成立高邮县灌排管理所。

1965年1月,成立高邮县天山采石场。

1968年9月,成立高邮县堤防、灌排管理所革命领导小组。

农林水系统革命领导小组（1969.4~1969.12）

1969 年 7 月,撤销堤防、灌排管理所革命领导小组。

1969 年 10 月,复建高邮县水泥厂。

农机水电局、水电局(1969.12~1978.12)

1969 年 12 月,县水利局与县农机公司合并,成立县农机水电局,随农机公司合并来的有高邮县拖拉机站、高邮县抗排站、高邮县第一机耕队、第二机耕队、第三机耕队、高邮县三垛电犁站、三阳电犁站、甘垛电犁站、平胜电犁站、横泾电犁站、汉留电犁站、沙埝电犁站、汤庄电犁站。

1970 年 5 月,复建高邮县天山采石场。

1971 年 2 月,撤销高邮县抗排站。

1971 年 4 月,撤销高邮县第一机耕队、第二机耕队、第三机耕队。

1974 年 3 月,恢复高邮县灌排管理所、高邮县大运河堤防管理所、高邮县高邮湖闸坝管理所。

1975 年 3 月,县拖拉机站改名为县拖拉机修配厂。

1976 年 6 月,成立高邮县农业机械化研究所、高邮县农业机械培训学校。

1976 年 12 月,撤销高邮县三垛电犁站、三阳电犁站、甘垛站犁站、平胜电犁站、横泾电犁站、汉留电犁站、沙埝电犁站、汤庄电犁站。

1977 年 12 月,县农机局成立。农机研究所、农机培训学校、拖拉机修配厂划归农机局管理。由财供股划分设立器材储运站,县多种经营管理局将林蚕站的堤林部分划交县水利局,交由县大运河堤防管理所管理。

水利局(1978.12~1990.12)

1978 年 12 月,高邮县大运河堤防管理所更名为高邮县堤防管理所。

1979 年 6 月,成立高邮县农田水利基本建设工程队。

1981 年 6 月,成立高邮县水利局车船运输队。

1984 年 3 月,成立高邮县水利勘察设计室,同时撤销高邮县灌排管理所,改设高邮县车逻灌区灌排管理所、南关灌区灌排管理所、头闸灌区灌排管理所、周山灌区灌排管理所。

1985 年 5 月,县水泥厂划至县机化公司管理。

1985 年 6 月,撤销高邮县闸坝管理所,成立高邮县入江水道管理所。

1986 年 12 月,成立高邮县水利科学技术研究所。

1987 年 3 月,成立高邮县补水总站。

1987 年 7 月,成立高邮县水利综合经营管理所。

1989 年 3 月,高邮县水利综合经营管理所更名为高邮县水利综合经营水费管理所。

1990 年 4 月,成立高邮县水政处。

第四节　区乡管理机构

20 世纪 50 年代初期,县成立建设科,一般只有五六人,承担全县水利、交通、城乡建设等任务。1955 年以后成立县水利科,但也只有十多人,很难适应水利事业的飞跃发展。同时,全县各地都有繁重的水利建设任务,除国家投资兴建的流域性工程以外,还有地方和群众自筹资金兴建的小型农田水利工程,面广量大。因此,工程中的大量工作,如放样、施工、掌握工程标准质量的繁重任务,绝大部分由各区、乡工程员承担,忙时他们集中到区、乡临时机构里工作,工程完成后机构解散,各自回到农村从事农业生产。

1955 年 2 月,成立车逻、八桥、汉留、三垛、横泾、官垛、临泽、周山、马棚、闵塔、菱塘、城区等 12 个区水利工程大队部。

1958年11月,各公社水利团部成立。

1959年11月,成立三垛、界首、东墩、卸甲、二沟、一沟、汉留等公社灌排管理站。

1959年12月,成立周山、周巷、临泽、马棚、龙奔、八桥、车逻、城镇等8个公社灌排管理站。自流灌区各乡镇调配固定人员。非自流灌区各乡镇使用的"临时人员",20世纪60年代初,被称为"农民技术员",后来又被称为"亦工亦农人员"。

1965年6月,成立车逻、南关、头闸、周山、子婴等5个灌排管理站和车逻、伯勤、八桥、汉留、城镇、沿河、龙奔、东墩、一沟、二沟、三垛、三阳、张轩、马棚、界首、营南、周山、周巷、临泽、川青、蚕桑场、果林场等22个公社灌排管理分站。

1977年7月,自流灌区22个公社灌排管理分站被确定为"大集体"性质。

1982年5月各公社水利站成立。非自灌地区,每站一般配3人,性质为"亦工亦农";自流灌区性质仍为"大集体"。

1986年,进行乡(镇)水利站人员的定职定编工作。全县32个乡(镇)水利站,定编人员171人。

1987年11月,根据江苏省编制委员会规定,乡(镇)水利站为县水利局派出机构,受县水利局和乡(镇)人民政府的双重领导,负责所在乡(镇)农田水利建设的规划、设计、施工、水利工程的管理养护、防汛防旱以及开展水利综合经营等工作。1990年末,全县32个乡(镇)水利站,共定编47人,其中聘干22人、合同制工人25人。

第十四章　文物　古迹

　　夏禹"排淮注江道"、东周吴王夫差所筑邗沟、秦时子婴沟、隋文帝始开之山阳渎,及以后历代所建水利工程项目,均在高邮境内留有遗迹。同时,水文物、水纪念性建筑(庙宇)亦众多。清《高邮州志》就载有康泽侯庙、平水大王庙、雷塘庙、夏禹王庙、秦王子婴庙、樊良庙、龙王庙、河院寺、接龙庵、团瓢庵、浪息庵、水径庵、海潮庵、水陆庵、镇海庵等等。随着历史的变迁和环境的变化,不少文物与古迹已荡然无存,原貌完整保存下来的已不多见。

第一节　文物

　　御码头"水则"　从清乾隆十九年(1754年)起,清政府对归海坝开始制订开启制度。规定"运河水位高过车逻坝的坝脊三尺,开启车逻坝;三尺以上,再将南关等坝次第开放"。乾隆二十二年(1757年),改订为"若车逻、南关二坝过水三尺五寸,开放中坝;若超过五尺,开新坝"。道光八年(1828年),又改订为"以高邮御码头志桩为准,水涨至一丈二尺八寸,开车逻坝;一丈三尺二寸开南关坝;一丈三尺六寸开中坝;一丈四尺开新坝"。由此需要对运河水位进行经常性的和准确的观测,于是,高邮水位站就应运而生。

　　乾隆二十二年,清政府在高邮御码头正式设置一座"水则",进行经常性的水位观测,这是淮河流域最早自行设置的一座正规水位站。高邮"水则"的志桩始设于万家塘和五里坝(万家塘在运河西岸,五里坝即南关坝);道光八年以后,改设于御码头(御码头在万家塘对面运河东岸),御码头志桩的高度,据《运工专刊》载:"志桩长一丈八尺五寸,零点高于海平面九尺二寸四分。"

　　由于设立高邮"水则",有志桩,不仅归海坝的开启有

御码头"水则"

依据,而且归海坝的坝脊和沿运闸底、洞底的高程也都有了依据,一般称"平由 × 尺 × 寸,即坝脊、闸底、洞底的高度高于志桩零点 × 尺 × 寸。"

　　马棚湾铁犀　又称铁牛,为清代康熙四十年(1701年)河道总督张鹏翮所铸,作为制镇水患之物。是时,共铸有"九牛二虎一只鸡"。九牛分置在淮阴的码头、武墩、高堰,洪泽的高良涧、蒋坝,高邮的马棚湾,江都的邵伯,邗江的瓜洲等地的险要堤段上;二虎是镌刻在扬州东北壁虎坝两端墙壁上的两只虎;一只鸡是镌刻在邵伯秸家闸闸壁上的一只雄鸡。

　　1956年,京杭运河拓宽时,马棚湾堤段被裁弯取直,马棚湾铁犀先后被移入县人民公园和县文化馆,后置于文游台内,被列为县级保护文物。这条饱经沧桑的铁犀,除双角残缺,体表稍有锈蚀外,整

镇水铁犀

体上仍较为完好。铁犀长 1.70 米、宽 0.75 米、高 0.68 米，犀身与铁座铸为一体，计重约 2.5 吨。铁犀为卧伏式，造型逼真，雄健传神，屈膝昂首，怒目圆睁，大有"翘首茫茫湖天，欲吞万顷波涛"之势。铁犀身上浇铸的铭词为"维金克木蛟龙藏，维土制水龟蛇降，铁犀作镇奠淮扬，永除昏垫报吾皇。辛巳（1701年）午日铸。监道官王国用"。

南宋铁钱　1985 年 7 月，在京杭运河拓浚工程施工中，当挖泥机船掘进至御码头时，机械遇到大量硬块，船身震动，掘进速度变慢，船工取土观看时，发现污泥中有古代铁钱，原来是铁钱结块影响机械正常运转。这批铁钱掺杂在泥水中，由挖泥船吸出，经管道输送到城北三里外北头闸口堤东脚下的废鱼塘中。被附近东墩乡的钓鱼、花王、九里、腰圩等村村民发现后，成群结队地在烈日炎炎下争相挖掘，多者获数十千克（每千克约 120 枚），散失在方园数里的农民手中。在此期间，东墩乡供销社曾收购到各种铁钱 200 多千克，作废铁上缴给钢厂。县文管部门发现后，经乡政府配合，在村民中仅征集到各种钱币 50 多千克。各地钱币爱好者、收藏者、渔利者也闻风而至，以每枚一分、五分、几角进行收购。据初步调查估算，这次出土的铜铁钱约在 20 万枚以上，其中，北宋以上年代的铜钱约占 29.5%，北宋铁钱约占 2%，南宋铁钱约占 67%，宋以后年代铜钱约占 1.5%。

这次出土的大量南宋铁钱，品种繁多，时间跨度大。经过清理，共发现有 10 个钱监铸的钱。他们是：同、舒同（舒州同安监），松、舒松（舒州宿松监），春（蕲州蕲春监），汉（汉阳监），安（黄州齐安监），广（江州广宁监），冶（兴国大冶监），丰（临江丰余监），裕（抚州裕国监），光、定（定州定城监）。其中，以同安、蕲春、汉阳三监为主，宿松监次之，其他各监则少见。名称有绍兴通宝、绍兴元宝、隆兴元宝、乾道通宝、乾道元宝、淳熙通宝、淳熙元宝、庆元通宝、嘉泰通宝、嘉泰元宝、开禧通宝、嘉定通宝、嘉定元宝、宝庆元宝、绍定通宝以及非年号钱大宋通宝、大宋元宝。计在纪监钱 46 种，折二纪年钱 154 种，小平纪年钱 78 种，各种牌式及光背 133 种，共 411 种，包括五代皇帝 12 个年号，前后长达 102 年。

这批出土的南宋铁钱，有不少品相极好，钱文有真、楷、隶、篆等书体，不仅面文工整清秀，背文也十分考究，有星月、单字、双字、四字，制作精美，反映出宋代较高的冶炼技术和铸造水平。有不少铁钱，并无流通痕迹，犹如新铸，可能是铸出不久即被调集充当军饷。

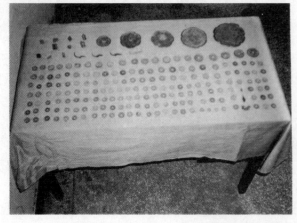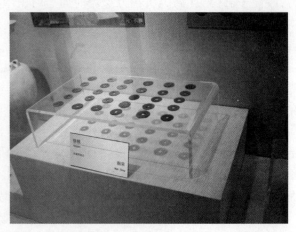

运河拓浚工程施工发掘出的古钱币等

这批铁钱经专家们鉴定,其中不乏珍品、精品。如淳熙元宝背文"春拾",面文篆书,背文楷书,为一钱两书,颇为难得,这是宋代制钱上的新发现。乾道通宝篆书折二铁钱,背"安"字穿上,连《古钱大辞典》都未载述。

另有一枚纯熙元宝小平铁钱,更是难求的异珍,属全国孤品。据《宋史·食货志》记载:"两宋十八帝,唯太祖之建隆、乾德,太宗之雍熙、端拱,真宗之乾兴,帝昺之祥兴未有铸外,其改元更铸者五十一号。"在全部年号中,并无"纯熙"年号。据考,宋代孝宗曾铸年号钱淳熙元宝与淳熙通宝两种,淳熙七年前钱的背面为光背,淳熙七年始铸纪监纪年钱。纯熙元宝小平铁钱的文字与淳熙元宝小平铁钱仅"纯"与"淳"一字之差,其间三字笔迹完全一模一样,背"同"字穿上。宋代有铸钱监专管铸钱,规格极严,私改皇帝年号钱上的字是要被处以极刑的。此钱出土后立即引起全国钱币爱好者的重视,已送北京中国历史博物馆研究。

第二节　古迹

古运河　公元前 486 年,吴王夫差为北上伐齐,与晋国争霸,在今扬州市北筑邗城,并开挖深沟,引长江水经邗城下向北,于武广、陆阳两湖之间入樊良湖,转向东北入博芝、射阳两湖,又折向西经白马湖到末口(在今淮安城北)入淮河,这条运河因临邗城,故后世称邗沟。由于邗沟主要利用天然湖泊,局部人工挖河连贯起来的,所以河线迂曲向东绕一个大弯。

东汉末年,邗沟有一次较大幅度的改线,取直(将樊良、射阳、白马三湖中间的大弯道裁掉),再经隋代的系统整治之后,基本上形成以后唐、宋、元诸代京杭大运河江、淮间的湖漕段河线。

公元 1194 年,黄河夺淮。由于黄强淮弱,淮水入海的出路受阻,就在运河西部的洼地里蓄积起来。运河西部原有的几个小湖被连并成洪泽湖与高宝湖,临高宝湖这一段因没有新开河道,而是一直利用湖上行船。

明代孝宗弘治三年(1490 年),当时掌管运粮的官员白昂,因为运粮的船入高宝湖,常常发生翻船的事故,船一撞到岸边的木桩、石块就损坏,于是开复河于高邮堤东,以避免翻船的危险,从杭家嘴到张家沟长 15 千米,名叫康济河。这条河的西堤为中堤,中堤的西边有民田,超过 1.5 千米路远,才到西堤(原有的湖堤),内圈民田数万亩。

明神宗万历四年(1576 年),漕臣吴桂芳修复高邮西堤老堤,紧靠西堤挑筑康济越河 20 千米,并以中堤为东堤,原有东堤渐废,于是形成里运河的东西堤,运道与高宝湖从此基本被分隔开。康济越河位于湖岸里边,因叫起来费力,就被俗称为里运河。后来影响越来越大,并一直沿用至今,而原有的康济越河名称反而逐渐不为人们所知。与里运河相连的里下河地区,因位置在里运河以东,地势又较里运河为低,所以被称为里下河。

1956 至 1961 年,从镇国寺塔到界首四里铺,在古运河东堤脚外另开新河,长 26.5 千米。1980 年,为提高运河西堤的御洪能力,又对古运河槽进行吹填至真高 8.0 米,作为防浪林台,仅在镇国寺塔西侧

古运河

古运河五里坝南裹头

留下一段300多米的古河床,今开辟为儿童乐园。从镇国寺塔向南至江都交界处,在古运河西侧新辟里运河新道,东侧大堤仍在古运河老堤上加高培厚,在运河水位低于6.0米时,古运河西堤埂经常露出水面。

古康济河　古康济河位于高邮城北,为明代开凿的一条最早把运河与高邮湖分开的复河。据明隆庆《高邮州志》记载:"明孝宗弘治二年(1489年),户部侍郎白昂以运舟入新开湖多覆溺,奏开复河于高邮堤东。"清乾隆《高邮州志》云:"起州北三里之杭家嘴至张家沟止,长竟湖,广十丈,深一丈有奇,两岸皆拥土为堤,桩木砖石之固如湖岸,首尾有闸与湖通,自是往来者无风涛之虞,人获康济。白公采众议,闻之上,赐名曰康济河。"又云:"按有明以前湖与河连,至康济河凿而湖与河分矣。"明神宗万历四年(1576年),漕臣吴桂芳修复高邮西湖老堤,改添康济越河。孝宗时白昂于堤东越民田三里,凿康济河,其东谓之东堤,其捍隔民田者为中堤,中堤之中有田数十万顷,谓之圈子田。神宗三年淮决高堰,圈田淹没,老堤倾圮,于是修复老堤,旁老堤为越河,废东堤改筑中堤,以便牵挽,即以中堤为东堤。古康济河的位置约为今天的康王河,康王河位于里运河东堤脚下,为一顺堤方向的古河道,在高邮县东墩乡境内。《清史稿·河渠二·运河》云:"康熙十六年,以靳辅为河督。十七年,筑江都漕堤,塞清水潭决口,清水潭逼近高邮湖。频年溃决,随筑随圮,决口宽至三百余丈,大为漕艘患……辅周视决口,就湖中离决口五六十丈为月形,抱两端筑之,成西堤一,长六百五十丈,更挑绕西越河一,长八百四十丈,仅费帑九万,至次年工竣,上嘉之,名河曰永安,新河堤曰永安堤。"永安新河筑成之后,康济河被远抛于新河东,不再起"康济"作用。一方面因"康济"与"康熙"音近,有冒犯皇帝名讳之嫌,另一方面也为颂扬皇帝治水的功德,遂把"康济河"改称为"康王河"。

1967年,东墩公社腰圩大队的社员在远离运河堤东1000多米的康王河上兴建支渠地下洞,在清槽时挖到不少木桩,以后别的社员顺河向北挖,也挖到木桩,这些木桩长有三四米,直径有十多厘米,社员拿回去做房梁。据当地的老人说,木桩顺河向北一直到15千米外的张家沟。当时正处于"文化大革命"中,一时间沿河社员挖桩成风。到1974年,位于清水潭南畔的清潭大队社员,在田间劳动时,又在康王河边的王河口附近挖到木桩,他们顺河向南挖,一共挖了200根,如果再向南挖还有,后来因为在木桩分配问题上有矛盾,所以就没有再继续向前挖,这些木桩的发现与明隆庆《高邮州志》记载的孝宗弘治二年户部侍郎白昂凿康济河时"两岸皆拥土为堤,桩木砖石之固如湖岸"的内容相符。此为康王河即康济河之又一证据。

镇国寺塔　镇国寺塔因镇国寺得名,俗称西塔。清乾隆《高邮州志》载:"镇国禅寺,在州城西南隅,寺外有断塔,唐举直禅师建。国朝顺治丙申年寺毁于火,雍正二年邑人贾国维重修。"又载:"旧传塔有九级,为龙爪去其半,仅存六级,高八丈有奇,围十丈有奇,邑人李自华增修七层。乾隆四十三年(1778年)火起,诸级皆毁,遂成空塔。"塔为方形,仿楼阁式,七层。由于历代维修,同一塔体上留下不同时代的建筑痕迹。1956年,里运河拓宽,塔被保存于河心岛上。1957年,该塔被列为江苏省第二批文物保护单位。1982年3月25日,江苏省人民政府重申镇国寺塔为省级文物保护单位。

盂城驿　该驿建于明洪武八年(1375年),位于高邮城南门外运河东侧,因高邮又称盂城而得名。盂城驿经过十代180多年的修建,形成规模宏大的建筑群,占地1.5公顷,有房屋100余间。内有正厅5间,后厅5间,库房3间,廊房14间,马神殿及马房20间,前鼓楼3间,照壁排楼1座。嘉靖三十六年（1557年），倭寇侵犯高邮，驿房全遭烧毁。隆庆二年（1568年），高邮州知州赵来亨重建驿门3间，屏墙1座，驿丞宅1所，夫厂1所共房21间，驿旁为秦邮公馆。盂城驿西临运河，堤上有迎饯宾客的皇华厅（俗称"接官厅"）1座，屋3间。驿东南今运粮巷尾有供驿马饮水的马饮塘和通达苏北里下河各县市的城子河。据嘉靖《维扬志》记载，明代时，盂城驿有船18条，马14匹，床铺60张，水夫170名，马夫14名，是维系南北二京的沿运46座大驿站之一。

随着现代邮政事业的兴起，邮驿的功能逐渐衰退。从清光绪二十六年（1900年）起，高邮州开始设立邮政局。至辛亥革命后，盂城驿被奉命撤销。盂城驿遗址今坐落在南门大街馆驿巷内，距南城门约220米，驿前临运河的皇华厅不复存，盂城驿也早成为民居，今存房屋50余间，约2000平方米。该驿仍为全国规模最为宏大、保存较为完善的古驿站。

水部楼　旧时，在高邮城中市口以西不远，即在府前街与西后街交叉的西侧路口上，有座过街楼阁，名叫"水部楼"。水部楼分上下两层，楼上三面有墙，

镇国寺塔

朝西的一面是敞口，东面的墙壁上画着一幅日出图，几路水波烘托着半轮红日。楼下因是街道，东西相通，可以行人。

据史料记载，明代初年，明成祖朱棣迁都北京以后，朝廷赋取所资，无不仰给于江南，大运河被朝廷视同生命线，因此，明代十分重视对运河的管理。成化七年（1471年），命王恕为刑部左侍郎总理河道（官阶从一品），但运河长达3700余里，以一人总理势所不及。万历初，又确立由工部都水司郎中（官阶从二品）四员分理：通惠河郎中驻通州，管理大通河，兼天津一带河道；北河郎中驻张秋，管理静海至济宁一带卫河、会通河河道；中河郎中驻品梁，管理徐淮一带河道；南河郎中驻高邮，管理淮扬段河道。南河郎中的官署称为南河郎署，位置约在今中市口的西北隅。水部楼原系南河郎署的一部分。水部楼名称的由来，据《辞海》介绍："水部，官名，晋以后设水部曹郎，隋唐至宋皆以水部为工部四司之一，明清改为都水司，相沿仍以水部为工部司官的一般称号。"南河郎署至清代初年应总河靳辅的请求而被撤销。

据清光绪《再续高邮州志》载："水部楼旧在工部分司署西。康熙年，改扬河通判署。咸丰年，通判署缺裁，署圮，此楼尚存。光绪九年，知州龚定瀛捐修，存水部旧迹。"（附注："汪芬贾引贤，王森蕙监造。"）

因高邮多水灾，经常开坝决口，为及时向全城市民报警而设置水部楼。据高邮老人回忆，水部楼俗称"水鼓楼"，楼上有面大鼓，墙上挂有鼓槌，需要擂鼓时随手可取。每当运堤开坝或决口时，河汛人员便立即擂响大鼓，好让市民及早躲避。水部楼上下两层之间没有楼道可通，需擂鼓时河汛人员随身带来木梯登楼，擂完鼓后，又将木梯扛走，这样平时闲杂人员就无法登楼，以防胡乱敲鼓引起混乱或搞坏鼓面，拿走鼓槌。

民国以后，由于不再使用擂鼓的方法进行报警，水部楼的作用也就逐渐被人们所遗忘，无人问津。在"文化大革命"中，水部楼被视为"四旧"而拆除，今形迹已不存。但楼虽去而名留，今仍有"水部楼居委会"、"水部楼旅社"等名称存在。1984年，大运河高邮临城段再次拓宽时，在水部楼原址向西不远处，即新大堤东坡与府前街西首交汇处，修建一座排楼式亭阁，取名"水部亭"，以复历史古迹。

　　贷金楼　民国24年（1935年），高邮田赋主任王信之乘征收导淮费之机，每亩加征银元3角，计银元5000元（可买田500亩），在高邮城熙和巷建立一座当时高邮独一无二的、设计新颖别致的两层小楼，在每根房柱的下面都打有五根梅花桩，使房柱不会下沉。地板是活动的，可以掀开通风。门楼上精雕细刻，画栋雕梁，全部用糯米青灰砌成，起名为"串楼"。市民对国民党政府利用导淮之机，肆意搜刮民脂民膏中饱私囊十分痛恨，便把串楼称为"贷金楼"，把熙和巷称为"田赋巷"。因这件事民愤太大，当时的县长陈桂清下令把王信之抓起来，后省议员王鸿藻为其说情，才开脱罪名。但"贷金楼"的名称却一直流传下来，今坐落在高邮县第二招待所内，保存基本完好。该楼是国民政府腐败官员利用修水利发水财的有力见证。

第三节　纪念性建筑

　　夏禹王庙　据清嘉庆《高邮州志》载，该庙"在临泽镇，以大禹排淮注江道出于邮（高邮），故立庙祀之。（明）隆庆五年，省祭官王体重建。山阴柳文碑记见艺文志。又州治北六十里有禹王庙，俱久废"。夏禹王庙、禹王庙建于何时、毁于何时，均不详。

　　康泽侯庙　据清嘉庆《高邮州志》载，"旧有耿七公庙。宋元祐时建，在州城西北十里新开湖中，洲基大，百亩。相传，侯姓耿，名裕德，栖身于湖中，屡显灵异，每于晦夕，有红灯累累，如列宿，见于波涛汹涌之间，为人救溺捍患，祷者无不立应。宋时敕封为康泽侯。明宣德七年，平江伯陈瑄奏请春秋二仲，以羊豕祀之。嘉靖壬寅重修。今圮于水，基址尚存。康泽行祠二所，一名行祠庙，明孝宗三年白昂建；一名七公殿"。清"康熙十三年建，俱在运河滨，像、碑皆移于此。康泽侯事见仙释门，各寺文详艺文志"。康泽侯庙毁于何时，不详。据传，今湖滨乡金灯村（又名金墩村）"金灯"之名，因古传而来。

　　陈氏宗祠　该祠位于距高邮城东北郊2千米处的陈总兵庄。陈总兵庄为明代著名水利家陈瑄后裔之聚居地。

　　陈瑄逝世后，其子孙至明末延存有10世，皆世袭平江伯。其中，任总兵者3人，为三世孙陈豫、六世孙陈圭、七世孙陈王谟；任漕运总督者1人，为四世孙陈锐。明末因甲申之变，十世陈治安尽节，清章皇帝即位，屡诏其弟陈治宁袭爵，陈治宁坚辞不受，遂止。以后，陈氏以躬耕自食其力，不再为官。

陈氏宗祠

　　陈总兵庄是明代天顺年间由陈瑄三世裔孙陈谦从淮安迁至高邮始建的。村庄原来规模较大，占地约有100亩左右，四周河流环绕，有桥梁4座，俗称蛤蟆地（形似哈蟆的4条腿），有上百户人家，庄中有≠字形街道，有各种店铺、作坊、茶馆、浴室、戏台、学塾等。

　　陈氏宗祠，约建于明正德年间，原称颍川堂，分为前殿、中殿、后殿三进。正德十年（1515年），武宗以陈氏世代治水有功，赐匾式"德缵禹功"，联式"肇运金汤数十载敷土奠川当日中流资砥柱，开漕利涉千万年河清海晏今时江汉永朝宗"。后来,陈氏宗祠遂改称为"继禹堂"。

1940年(抗日战争时),陈氏宗祠遭日寇焚毁,前殿和中殿房屋被毁坏,武宗所赐匾式、联式和石碑等物皆荡然无存。所存后进房屋,今为德胜小学的校舍。该房屋保存仍较好,屋脊上砖雕装饰物仍在,反映出当年陈氏宗祠辉煌的景象,镶嵌在西偏屋墙壁上宣统年间的两块石碑,字迹也仍清晰可见。院中原有两株古银杏树,于1940年大火时遭焚毁,后来改植两株梧桐树,今仍在,树龄也有50多年。

第十五章　人物　先进单位

　　据清《高邮州志》载,清代及清代以前到高邮的州以上各级官员共 33 名、有列传的高邮州官 56 名,其中在治水方面有突出业绩的就有 59 人。民国 20 年(1931 年)境内大水灾期间,美国友人托马斯·汉斯伯格大义救灾,参加运河大堤重建工程。新中国建立以后,治水人物不断涌现,为境内水利事业发展作出极大贡献。

第一节　人物传略

　　李吉甫(758~814 年) 字弘宪,赵郡(今河北赵县)人。唐德宗时,任太常博士,出任忠州等地刺史;宪宗即位,由考功郎中升为中书舍人;元和二年(807 年),任中书侍郎同平章事,三年九月,转任淮南节度使,六年正月,任宰相。

　　元和三年(808 年),李吉甫任淮南节度使(驻今扬州)两年多,为扬州水利做了不少有益的工作。其一,修筑高邮富人、固本塘。富人、固本等堤塘筑成以后,旱则蓄水以溉田,潦则受西山暴流以杀其势。其二,修筑平津堰。他任淮南节度使以后,深知漕运对京城长安粮食、物资供应的重要。上任不久,在高邮修筑平津堰(即平水堰),横截河中,保持稳定的漕渠水位,使漕运重新变得畅通起来。且"溉田数千顷,邮(高邮)民便之"。

　　陈　瑄(1365~1433 年) 字彦纯,祖籍安徽,后世居高邮。他年轻时从大将军幕,以射雁见称,四方征讨,屡建功勋。成祖即位后,封平江伯,世袭都指挥使。

　　永乐元年(1403 年),成祖授命陈瑄总兵官,总督漕运。他筑海门至盐城捍湖堤 600 多米(一千八百余丈);为便海运于青浦筑土山,后皇上赐名"宝山"。永乐十二年(1414 年),他筑潘安湖,开浚泰州白塔河,建芒稻闸,由淮安至临清建闸 47 座,如淮安的仁、义、礼、智、信 5 闸,高邮南关五里闸,车逻港闸等。宣德七年(1432 年),他"筑高邮、宝应、氾光、白马诸湖长堤,以度率道","筑高邮湖堤,于堤内凿渠四十里,避风涛之险"。"筑诸湖长堤,每十里置一浅铺,植柳造梁,一便行人",《明史》称他"凡所规划,精密宏远,身理漕运三十年举无遗策"。宣德八年(1433 年)十月,卒于官任,享年 69 岁。

　　蒲松龄(1640~1715 年) 山东淄川(今淄博市)人。字留仙、剑臣,号柳泉,世称聊斋先生。早有文名,屡应省试不中,71 岁始成贡生。

　　清康熙九年(1670 年),年方 30 的蒲松龄应同邑友人孙蕙邀请,到宝应当文书,帮办文牍。第二年春天,孙蕙调至高邮州,蒲松龄亦同往高邮。高邮以北运河大堤脚下有一个大深潭,名叫"清水潭"。康熙六年至九年曾三次决口,城外良田淹没,城中水深行舟。"连岁奇荒,万井流离","参揭之票,积案如山",孙蕙一上任就面临严重困难。蒲松龄一到高邮,即投入紧张的抗洪救灾中,一面协助孙蕙招致河工物料,救济灾民,一面整顿社会治安,恢复秩序。

　　蒲松龄曾亲临清水潭决口处视察,以《清水潭决口》诗记录当时清水潭一带河湖相连,浪如山倾的骇人景象:"河水连天天欲湿,平湖万顷琉璃黑。波山直压帆樯倾,百万强弩射不息……"他怀着对里下河地区人民深切的同情,幻想着有朝一日"谁能负山作长堤,雷吼电掣不能开",让淮水"千秋万世不为灾"。

秋后,蒲松龄再次来到清水潭,检查堵口工程进度。他的《再过决口放歌》生动地记述捆厢船放埽时,紧张筑堤的场面:"遥望楼船驾双橹,似芥蜉蚁来日边。往来纷纷飘坠叶,下山跳晃飞鸣鸢。""巨桅摆簸斗蛟舞,长篙腥湿沾龙涎。占据田庐阻运道,漕艘欲渡愁险艰。"可惜运堤百孔千疮,这一段埽工做好,其他堤段又出问题,因此,他满怀忧虑地叹息道:"河流地上杯盈溢,此塞彼决何时竣? 我每经过三叹息,平地成天千古难。"

第二年的春天,蒲松龄因对官场的腐败风气不满,又加上水土不服,于是便向孙蕙辞职,仍由来时的故道返回故乡。蒲松龄在高邮虽然只有短短的一年时间,但对高邮人民遭受的水患却记挂于怀。四月,当桃汛到来时,清水潭复决,里下河地区再次沦为一片泽国,他闻讯又作一首《清水潭感赋》:"废塍残坝隐湖天,民困东南已七年。转饷漫劳农部策,持筹几费水衡钱。林间细雨生寒析,野外疏钟上晚烟。力役频烦功不就,日听暮鼓夕阳边。"这感叹,饱含着蒲松龄对受灾群众又服苦役的同情,对水衡司的老爷只知敛钱无视民疾的谴责。

靳　辅(1633~1692年)字紫垣,辽阳(今属辽宁)人。明崇祯六年(1633年)生,顺治九年(1652年)由官学生考授国史院编修。康熙十六年,升为河道总督。主持治理黄河、淮河、运河。

靳辅是清代著名的治河专家。著有《治河书》(即《治河方略》)及治河《奏疏》,被后人称为"千古河防之龟镜"。在《河道敝坏极疏》中,提出必须筹审全局,"将河道运道一体,彻首尾而合治之"的方针。

靳辅治水主张继承明代潘季驯的治河学说,"筑堤束水,以水攻沙"。在黄河干流上,结合加固大堤开挖南北引河(类似偏泓),堵决口,筑宿迁、虹县黄河南岸归仁堤,建减水闸坝30座、涵洞49座。在淮河上大修高家堰堤防,并将南运口与淮黄交汇的距离从原来的600多米增至5000多米,使河身曲折,以减少黄水泥沙淤运。在运河上大挑里运河,加高堤防,并建闸坝26座、涵洞54座。

在里下河治理问题上,与于成龙(督理下河水利)斗争三年之久。康熙曾主张浚下河、疏海口以泄洪。于成龙受命执行。靳辅坚决反对,认为浚海口,积水不能泄,反引潮倒灌。主张筑长堤束水敌潮,并请以堤内涸田还民,其余招民屯垦,佃价补偿河工费用。朝中有人从靳辅议,有人从于成龙议,事不能决。起居注官宝应人乔莱等下河诸州京官以"四不可"反对靳辅意见。二十五年正月,经萨穆哈、穆称额查后回报"河滨百姓皆谓挑浚海口无益,应行停止",康熙不得才暂罢挑浚海口之议。四月,尚书汤斌奏浚海口必有益于民,于是,下河之议又起。遂罢萨穆哈、穆称额官,命工部侍郎孙在丰挑浚海口,孙欲塞运河闸坝,以浚下河,靳辅以为不可。后议定闭坝期限,孙于十二月兴工。二十六年七月,康熙因浚下河无成功把握,令辅子征求靳辅意见。靳辅仍反对挑浚下河,改筑长堤为筑重堤。于成龙仍反对筑重堤。十二月,经廷议,尚书佛伦等皆欲用靳辅筑重堤之议,会太皇太后崩,其议未上,下河事再告停止。二十七年正月,御史郭□、漕督慕天颜等奏靳辅治河无功,"糜费帑金","攘夺民田,妄称屯垦",请立即斥革。内外之官群起攻讦。靳辅缮疏密奏,请康熙亲阅堤工以明是非,二月靳辅革职,下河问题之争告终。后因数年河道未决,漕艘无误,康熙发觉慕天颜、于成龙等挟嫌攻击靳辅,遂以慕天颜阻挠河工"杖一百,徒三年,不准折赎",于成龙陈奏失实,"削去太子太保,降二级调用"。靳辅治河十一年的是非功罪终于得到澄清。

三十一年(1692年)二月,靳辅复任河道总督,以老疾辞谢,不许,并命顺天府丞徐廷玺协理。后因操劳过度,病倒荥泽,再上疏请求解任。十一月十九日,于淮安病终官舍,享年60岁,谥文襄。

陈　潢(1637~1688年)字天一,浙江秀水(今嘉兴)人,于农桑、地理诸书无不通,尤长于水利,是一位平民出身的水利家。京杭运河流经高邮马棚的一段河道,有个偃月形的大湾,叫做马棚湾。这段河道过去叫"永安河",河堤叫"永安堤"。相传为清代康熙年间,河臣靳辅的幕僚陈潢所筑。

在马棚湾东面的堤脚下,有一个深潭,叫做"清水潭"。清水潭堤段由于频年溃决,随筑随圮,清政府经营堵塞十余年总未奏效,在这里形成一个大漩涡。漕船经过这里,常常漂没沉溺。康熙十六年

（1677 年），清政府调任安徽巡抚靳辅为河道总督，总理治河事宜。靳辅鉴于自己没有治河经验，便聘陈潢为幕僚，随他一起至淮安赴河督任。康熙十七年（1678 年），靳辅奉旨堵塞清水潭决口，但是由于"湍波冲激"很难施工。当时有的人估计花费 100 万两银子也不一定见效。陈潢察看周围地势和水情，认为只要 10 万两银子就够了，可是没有人敢承担这项工程，于是陈潢便决定由自己负责施工。

陈潢担负这项工程以后，到决口处实地进行勘察。他发现原来的堤基被冲成深潭，而且堤基淤土又很深，不仅堵塞土方量大，而且施工也极为困难，便决定抛开原来的决口，向湖中另筑二道偃月形的土堤，东长约 2017 米（原文载六百零五丈），西长约 3072 米（九百二十一丈五尺），首尾均与旧堤相连，长 2800 米（八百四十丈），这样运河就在高邮湖内形成一个大湾道，至次年工竣，屹然巩固，仅费银 9 万两。陈潢担负的这项工程，不仅花钱少，而且质量也很好，不再经常溃决，从此漕船经过这里一帆风顺，再也不会受漂溺之苦，因而受到康熙皇帝的嘉奖，名新河为永安河，新河堤为永安堤，堤上的居民因不再担心有决堤的危险，聚庐而居者甚众，亦名为永安镇。这段河道后来被沿用下来，而成为今日的马棚湾。陈潢巧筑永安堤的事迹也就在民间被广为流传。

魏　源（1794~1857 年）字默深，湖南邵阳人，道光二年（1822 年）举人，清代著名的思想家、史学家和文学家。

道光二十九年（1849 年）六月，魏源任兴化县知县。兴化位于苏北里下河地区，历史上明清两代为保护运堤的安全，保持运河水位，保证漕运畅通，在里下河东堤上设置五座归海减水坝。归海坝的设置，并不是为把里运河的洪水通过这五座坝送到大海里去，而是把水倾注到里下河地区去，里下河的地势是个锅底洼，一开坝该地就成泽国。其中受害最大的是兴化县，开坝后积水往往要经过三四个月时间才能退尽。

是年四月至六月，大雨连旬，高邮湖、运河水位猛涨，河督杨以增主张开启归海坝泄洪。里下河七县农民闻讯，齐集运堤保坝。双方对峙，气氛紧张。魏源上任刚三日，亲赴高邮各坝调查研究，认为可以暂不开坝。他一面敦促士兵、百姓日夜加强防守，一面亲赴两江总督陆建瀛行署击鼓，为民请命，请饬河员迅开运河东岸 24 闸，分路宣泄。当时风狂雨急，暴雨下两天两夜，情势十分危急。在这关键时刻，魏源不顾泥泞，俯伏在堤坝上痛哭，愿以身殉职，与堤坝共存亡，百姓见之，无不感动，群情激奋，不要工酬，齐心奋力抢救。经过数日搏斗，终于保住堤坝。

是年秋，里下河地区 7 县粮食丰收，农民高兴地将收获的稻谷称为"魏公谷"，并请盐城举人葛振之撰"保障淮扬"四字匾，悬于兴化县衙大堂。同治十一年（1872 年），奉旨入祀高邮名宦祠。

王叔相（1868~1952 年）清江浦（今淮安清浦区）人，同盟会会员，国民党元老，曾任孙中山民国大总统巡行督办，曾留学法国，专攻水利学科，获水利博士学位。回国后任国民政府水利委员、治淮委员会工程师等职。他于蒋介石"四一二"大屠杀后辞职回乡，创办保婴堂药厂（曾是中共地下党掩蔽所），王氏织布厂。抗日战争期间，曾掩护过著名共产党人、中共华中局组织部部长曾山和许多"皖南事变"中突围的新四军，为新四军送过药品，接济过许多穷苦人民。曾任苏皖边区参议员，中国治淮委员会技术顾问。

1931 年淮河发生特大洪灾后，国民江苏省政府成立江北运河工程善后委员会，下设工程处，后工程处改组为驻扬州办事处，王叔相为工程委员，主持勘估全部运河河堤工程。同时，王叔相担任高宝段东堤工务所主任。负责"自江高（江都高邮）交界起，至淮宝（淮安宝应）交界止。其间又有各分段：高邮临城工段、车南新三坝、三十里铺决口、二十里铺决口、御码头决口、七公殿决口、档军楼决口、界首小闸"。他带领 20 位技术人员和两千名民工参加施工。在施工中王叔相向善后委员会多次报告，并就工程技术、工程进度、物资需求等进行请示。这一工程在完成时被认为是当时中国国内最完善的修复工程。1952 年 3 月 17 日，王叔相先生在淮阴去世，享年 84 岁，国务院总理周恩来专门发去唁电。

托马斯·汉斯伯格（1883~1970 年）美国维吉利亚州人，毕业于维吉利亚州的 Hamada-Sydney 大学。从 1912 年到 1939 年，托马斯作为一名基督教长老会的传教士在中国江苏省泰州市从事服务工作。

1931年8月26日,大运河堤决口之后,洪水也淹没泰州农村。当地人民找到托马斯,告诉他在春雨来临前重建高邮沿线大堤的紧迫性,只有修好大堤他们才能种粮食。在当地人民的迫切要求下,托马斯放下教堂工作,坐着他的住家船,于1931年9月底到高邮大堤决口的地方,察看灾难的源头。托马斯对大堤进行全面察看,做了大量的调查研究。随后,他赶到上海,向上海华洋义赈会秘书长威廉姆·绍特提出建议,请求华洋义赈会捐助重建大堤,该建议得到该会的认可。该会派托马斯到高邮与王叔相一起负责高邮运堤6个决口的修复工程。

1932年2月中旬,托马斯带着全家到高邮,投入大堤修建工程中,负责工程的资金管理和工程督查工作。他连续工作9个月,在施工环境非常恶劣的情况下,经历寒冷的冬天和炎热潮湿的夏天,还时时受着疫病的威胁、战争的影响和腐败政府官员和地方黑恶势力的敲诈勒索。但托马斯毫不畏惧。到1932年秋天,大堤修建工程结束,所有费用没有超过预算金额。由于他在工程资金管理和质量管理中做出显著成绩,中外赈灾委员会授予他"盾牌"奖章。

由于中日战争,托马斯于1939年回到美国。他认为自己一生中做的最有意义的一件事是帮助高邮人民修复运河大堤,他经常指着他珍藏的照片向他的子孙们讲述这段故事。1970年11月26日,托马斯在美国病故,享年87岁。

盖桐芳(1913~1975年)　高邮人,民国32年(1943年)参加革命工作,是年10月加入中国共产党。先后任乡支书、区委宣传委员、区农会主任、副区长、县民政科科长、区长、专区公安处保卫科科长、县公安局副局长、局长、中共高邮县第二届委员会委员,副县长,县委副书记,县革会水电局负责人,水利师师长兼政委等职。1975年11月14日,因病去世。

盖桐芳十分重视水利工作,他担任副县长和县委副书记期间,一直分管水利工作,从1959年至1967年,一直兼任县防汛防旱指挥部副指挥,领导全县人民同洪、涝、旱灾害作斗争。他在负责二河闸高邮段工程和1959年大运河中段(氾水)工程时,能深入工地解决问题,密切联系群众,带头参加劳动,调动广大干部、民工的积极性,较好地完成任务。

郑鹏飞(1911~1980年)　江苏宝应人。民国32年(1943年)4月参加革命工作。先后任临泽区郑南村青年俱乐部联合会主任,安宜师范附小校长,宝应县城区文教股长、民教馆长,山东省平邑县文教助理员,海阳县土改工作队队员、二分区人民剧团副团长、高邮县运河工程事务所副所长、高邮县政府文教科督学、建设科科员、交通科科长、水利科科长、水利局副局长、曙光中学校长、高邮县第三届政协常委。1975年7月退休,1980年10月经中共高邮县委组织部批准改为离休,1980年12月31日因病去世。

郑鹏飞从事革命工作30多年,宣传中共抗日方针,坚持参加抗日活动。在解放战争期间,随中共党组织北撤,认真从事文教宣传工作,积极参加渡江支前战斗。在土改运动中,带头献出土地,并参加土改工作。1949年11月至1957年,先后任高邮县生产建设科科长、县农林水利科科长和县水利局局长等职。1951至1953年,任高邮县运河工程总队部负责人之一。1950至1957年,5次担任高邮县防汛防旱指挥部副指挥。郑鹏飞是新中国成立后高邮县水利行政主管机构的第一任主要负责人,为高邮县的水利建设作出一定的贡献。

王光明(1920~1982年)　江苏金湖人。民国29年(1940年)春,参加革命工作,是年6月加入中国共产党,8月在高邮组织游击队,曾任乡青年队长和新四军排长、副连长、连长等职。1949年4月转业到高邮县地方工作,先后任副区长、区长、区委书记、副县长、县委副书记、县监察委员会书记、县贫下中农协会主任、县革命委员会顾问等职。

王光明从部队转业到地方担任县委副书记期间分管水利工作,于1956至1969年期间,兼任高邮湖西复堤部队、高邮运河工程总队的主要负责人。并于1958至1960年、1964年担任高邮县防汛防旱指挥部指挥。1982年11月因病去世。

吴志平烈士命名大会在高邮市公园会堂召开

吴志平（1970~1991 年） 高邮菱塘回族乡人，1970 年 8 月，出生于一个两代教师家庭，1984 年 4 月入团，1990 年 7 月，毕业于扬州水利学校中专部，是年 9 月，分配在高邮县入江水道管理所工作。因工作需要，后被抽调至高邮市水利设计室和高邮湖调度闸指挥部工作。

吴志平在校期间，先后被表彰为青年积极分子、优秀共青团员，在扬州水利学校 4 年学习期间五次获得奖学金；走上工作岗位后，勤勤恳恳，兢兢业业，哪里艰苦就奔向哪里，哪里需要就战斗在哪里。1991 年，高邮市遭遇百年未遇特大洪涝灾害，当时被抽调在市水利设计室的吴志平，为提前完成施工任务，起早贪黑，加班加点一个多月，风里来雨里去，日夜苦干，搬运器材，保护设施。7 月 31 日，在执行湖滨乡北坝炸坝后阻水断面测量任务时，不幸被卷入激流中，献出了年仅 21 岁的宝贵生命。共青团江苏省委、共青团扬州市委授予吴志平"优秀共青团员"称号，江苏省人民政府追认其为烈士。

钱增时（1922~2008 年） 高邮周巷人。民国 31 年（1942 年），参加革命工作，他参加工作后，历任中共高邮五区区委民连副科长、农会主任，司徒区委组织科副科长、科长，临泽区委组织科副科长，地委党校支委，界首区委宣传科科长、组织科科长，高邮三垛区委副书记兼组织科科长，临泽区委书记，金沟区委书记，高邮县副县长、县长，扬州专区水利工程指挥部副指挥，扬州专署水利局副局长、副指挥、水利局局长，六合地委专署省抗排队长，高邮县水利工程团副团长、团长、水利局局长，高邮县革命委员会副主任、县政协主席等职。1984 年 8 月，经中共扬州市委组织部批准为离休。

新中国建立后，钱增时长期从事水利工作。1954 至 1957 年，他在担任高邮县副县长、县长、县革命委员会副主任等职时，一直分管水利工作，同时兼任县防汛防旱指挥部指挥。1954 至 1956 年，兼任县水利工程总队部指挥。1973 至 1982 年，兼任高邮县治淮工程团团长。1982 至 1984 年，兼任县京杭运河续建工程施工处指挥。在工作中他注重调查研究，科学制定水利建设规划，积极向省、市反映高邮地区水利、交通建设中的突出问题，千方百计争取工程项目，特别是为三阳河工程和高邮运东、运西船闸与大运河临城段整治方案的较好落实作出了较大贡献。

第二节　人物简介

沈　晋（1916 年~） 江苏高邮人。1939 年，毕业于国立武汉大学土木工程系。他大学毕业后曾经执教于武汉大学、山西大学、北洋工学院西京分院等高校，又在四川省水利局、中央水利工程试验所、黄河水利委员会等部门从事水利研究工作。新中国建立后，他先后担任西北工学院、西安交通大学、陕西工业大学、西北农学院、陕西机械学院等校水利系教授、系主任、副院长，全国政协委员，民盟中央常委，陕西理工大学学位委员会主任、博士生导师，陕西省人大常委会副主任。他致力于水利工程教育和水文科学研究，被公认为我国西部水利高等教育和水文研究的开拓者、奠基人。1989 年，被表彰为全国优秀教师、陕西省劳动模范；1990 年，被表彰为有突出贡献的知识分子；1992 年，获"科技精英"的称号。

沈晋教授从事教学和科研工作,历来注重理论联系实际,使"教、学、用"三者得到最佳的结合。他完成国家科技攻关课题、国家自然科学基金课题、水利水电学基金课题及其他纵向、横向课题多达102 项,平均每年 6.8 项,其中获奖项目 28 个,占其总数的 28.56%。

第三节　先进人物　先进个人

先进单位　20 世纪 80 年代,全县水利工作受到扬州市以上表彰的先进单位共 25 个。其中 1989 年 9 月,高邮县被水利部表彰为全国水利建设先进县,为历史以来全县水利工作获得的最高荣誉。

1982~1989 年高邮县水利建设获奖单位统计表

时间	获奖单位	授奖单位	工作内容	荣誉称号
1982.10	高邮县川青公社	江苏省水利厅	综合治理	先进单位
1982.10	高邮县龙奔公社(西楼片)	江苏省水利厅	综合治理	先进单位
1982.10	高邮县周山公社	江苏省水利厅	平原治理	先进单位
1983.02	高邮县川青公社	扬州地区行署	综合治理	先进单位
1983.02	高邮县龙奔公社(西楼片)	扬州地区行署	综合治理	先进单位
1983.02	高邮县司徒公社(合兴北圩)	扬州地区行署	圩区治理	先进单位
1983.02	高邮县送桥公社(送桥圩)	扬州地区行署	圩区治理	先进单位
1983.02	高邮县横泾公社姜陆大队	扬州地区行署	圩区治理	先进单位
1983.02	高邮县周山公社	扬州地区行署	平原治理	先进单位
1983.02	高邮县天山公社(黄楝冲)	扬州地区行署	山区治理	先进单位
1983.02	高邮县堤防管理所	扬州地区行署	堤防管理	先进单位
1983.02	高邮县南关灌区	扬州地区行署	灌溉管理	先进单位
1983.05	高邮县堤防管理所	江苏省水利厅	安全生产文明生产	先进单位
1983.05	高邮县器材储运站	江苏省水利厅	安全生产文明生产	先进单位
1984.01	高邮县堤防管理所	江苏省水利厅	水利工程管理	先进单位
1984.01	高邮县灌排管理所	江苏省水利厅	水利工程管理	先进单位
1984.12	高邮县堤防管理所	水利电力部	水利工程管理	先进集体
1986.01	高邮县水利局	江苏省水利厅	农田水利建设	二等奖
1987.01	高邮县水利局	江苏省水利厅	农田水利建设	二等奖
1987.02	高邮县水利局	扬州市水利局	水利建设	二等奖
1988.02	高邮县水利局	江苏省水利厅	农田水利建设	二等奖
1988.03	高邮县水利局	扬州市水利局	水利建设	一等奖
1989.03	高邮县水利局	江苏省水利厅	农田水利建设	一等奖
1989.05	高邮县水利局农水股	水利部	全国水利系统先进班组	
1989.09	高邮县	水利部	全国水利建设	先进县

先进个人 1984 至 1990 年,全县水利系统受扬州市政府以上表彰的先进个人共 8 人。其中 1988 年 12 月,陆大金被水利部表彰为全国区乡优秀水利水保员。

1984~1990 年高邮县水利系统受表彰先进个人统计表

时　间	获奖人	授　奖　单　位	荣　誉　称　号
1984.10	马以才	江苏省水利厅	江苏省水利系统先进工作者
1988.12	陆大金	水利部	全国区乡优秀水利水保员
1989.9	杨春淋	江苏省水利厅	江苏省水利系统先进工作者
1990.10	钱增时	江苏省京杭运河续建工程指挥部	先进工作者
1990.10	杨春淋	江苏省京杭运河续建工程指挥部	先进工作者
1990.10	詹福宏	江苏省京杭运河续建工程指挥部	先进工作者
1990.10	郭亚同	江苏省京杭运河续建工程指挥部	先进工作者
1990 年	陈福坤	扬州市人民政府	农业科技推广年先进个人

第十六章　诗文　轶事

高邮人文荟萃,历代达官显政、墨客骚人对高邮水情有独钟,碑记、诗文等极其丰富,现选录少部,以示高邮水文化源远流长、博大精深。

第一节　恩纶　碑记

恩纶　古代,高邮境内水灾频发,水事甚多。因水事惊动朝廷、帝王次数难以计数,仅清嘉庆《高邮州志》所载康熙至嘉庆期间,下颁关于高邮水事的恩纶(犹"恩诏",即"圣旨")就多达80余件。今选录其中"恩诏",即康熙二十三年至二十五年(1684~1686年)间的四件为证。

康熙二十三年圣祖仁皇帝南巡,奉上谕:朕车驾南巡,省民疾苦,路经高邮、宝应等处,见民间庐舍田畴被水淹没,朕心深为轸念,询问其故,具悉梗概。宝、高等处湖水下流原有海口,以年久沙淤,遂至壅塞。今将入海故道浚治通深,可免水患,自是往还。每念及此,不忍于怀。此一方生灵,必图拯济安全,咸使得所,始称朕意。遣官往被水灾州县,逐一详勘,于旬日复奏,务期济民除患,纵多经费,在所不惜。钦此。

又奉上谕:朕观高家堰地势高于宝应、高邮诸水数倍,前人于此作石堤障水,实为淮扬屏蔽,且使洪泽湖与淮水并力敌黄,冲刷淤沙,关系最重。今高家堰旧口及周家桥翟坝修筑虽久,仍须岁岁防护,不可轻视,以隳前功。钦此。

康熙二十四年,按察使于成龙奉敕:兹以海口关系运河下流,特命尔督理高、宝等处下河事务,管辖所属附近海口州县等处、地方车路等河并串场河、白驹丁溪、草堰场等口,逐一确勘,挑浚深涧,使高邮等州县减水坝一带河水口引流入海,仍抚绥黎民,勤宣德意。约束衙门官吏、胥役恪遵法纪,勿致作弊生事,严饬所属海口有司等官,各循职掌,勿使糜费钱粮,怠弛旷发。一应海口,俱宜善加挑浚,毋令沙土淤浅,以致水势涨漫,淹没民间庐舍、田畴。其挑河一切事宜,并应设官分任之处,均申详总河,具题定夺。敕中开载未尽应行事务,尔悉申详总河,题请遵行。岁终将所修工程及支用钱粮细数一并造册转报总河题销,仍听总河节制。尔膺兹委任,须持廉秉公,精心殚力,俾水患永除,民复旧业,惟尔之功。如或执拗乖张,因循冒破,殃民误国,责有所归,尔其慎之。故敕,钦此。

康熙二十五年,工部右侍郎孙在丰奉敕:朕前因巡幸,爰至江南,见高、宝、兴、盐、山、江、泰等处积水汪洋,民罹昏垫。朕甚悯之,应行开浚下河,疏通海口,俾水有所归,民间始得耕种。特发帑金拯救七邑灾民,屡集廷议,兼询舆情,允协佥谋,事当厘举。兹命尔前往淮扬所属下河一带车路等河,并串场河、白驹丁溪、草堰场等口挑浚事务,专属于尔监修。尔宜往来亲历,多方经画,谋求源流,脉胳次第,兴工督率带去司官等务,实心任事,毋得怠忽扰害。其司道府厅州县等官如有违玩贻误,及势豪绅衿妄行干预、包揽生事、阻挠工程者,指名参奏。浚过工程丈尺,用过夫料数目造册、画图、贴说具奏。尔受兹专委,须竭忠尽力,悉心区处,速竣大工,使海口疏通,水消田垦,拯黎复业,以副朕救民至意。如因循怠忽,虚费财力,责有所归,尔其慎之。故敕,钦此。

清嘉庆《高邮州志·河渠志》源委

太史公曰,甚哉,水之为利害也,岂不以河渠之通塞,得其理则利,失其理则害哉。故治邮邑之水难言已。为田畴计,必兼为漕运计。为百里河渠计,必先为上流之黄淮、下流之江海口计。圣天子考虑周详,加以重臣宣力调剂悉宜,司土者苟能勤疏浚,时启闭,穷源而竟委,酌古以准今,庶有豸乎。志河渠。

旧志云,邮地西南接连扬州、滁泗、天长,诸山岗岭相属,地势为高;东北与淮安、宝应、盐城相连,地势为下,以滨海故也。高者,水之所出,其源有七十二涧;下者,水之所归,凡七十二涧之瀑流皆汇于邮之三十六湖,汪洋浩荡而后入海。循湖而东有河焉,曰运河,其堤曰平津堰。凡田地在堰之西者曰西上河,在堰之东者曰南下河、北下河。以西高于东故也。南下河、北下河之间有河焉,曰运盐河,其堤曰东河塘,凡田地在塘之南者曰南上河,在塘之北者曰北下河,以南高于北,故南又曰上河也。堰之在邮境者南北长九十里,有闸数座,塘之在邮境者东西长八十里,各有斗门碪、涵洞数十处。水则西河藉南北河以为之泄,旱则南北河藉西河以为之溉。此古高邮之水利也。按,此皆明《隆庆志》追叙已之形势也,彼时淮黄胥失故道,高邮已为巨浸矣。神宗时潘印川司空治河告成,借水攻沙,以淮治黄,河流渐次顺轨。明季高堰失修,翟坝冲决,淮水直灌高邮湖,黄水倒注天如闸,而民田、漕运皆大坏矣。迨我国家列圣相承,省方指授,坚束高堰,建拦黄坝,以御浊流,广辟江口,畅疏清口,以泄异涨,诚淮扬两郡亿万生民之大利也。至淮水微盛不常,漕艘往来,黄水不无倒灌。伏读圣祖仁皇帝上谕,有云黄水涨至五六尺,清水不涨,势弱不能敌,黄水自然倒灌,亦必至之理,洋洋圣谟,无微不烛。乾隆二年,皇上特发帑金五十余万,大挑淮扬运河,农漕两便,迄今四十余年矣。谨将邮邑各河原委形势详列于左,其前人章奏条议未必尽宜,于今亦附录之,以备裁择焉。

修水门记
宋·徐元德

高邮,古邗州,盖邗沟所经,南北水道之要冲也。今兹水虽非故道,而其为要冲自若也。其北水门,岁久将隳。庆元丁巳,天水赵侯来守,仰故而叹曰:是安得坐视哉!使命漕司之往来,而运输之亟赴期会者络绎于此,猝遇摧颓,孰任其咎?乃慨然躬为俭约,括吏之隐,搜用之赢,铢积寸累。明年亟请于枢庭与部使,筑起而更新之。门成,走书以告。元德曰:高邮事办单寡,始吾之欲为此门也,稍自难之,既而财用取于赋之赢,人力资于募之众。董督经营,藉于官之属,材质物料,载于江之南,幸而获成。其高深若广,加于旧者十之二,其石礱若至,坚于旧者亦如之,糜钱六百七十万三千有奇,费日自五月戊申至七月癸亥而异。子盍为我记之?元德惟所在兴役间有筑一亭一沼,偷簿书之余,以规顷刻耳目之众,人或易举,至城壁濠堑,固多睥睨而不敢前,夫人情不甚相远,岂皆乐于游玩之私,而忘为民经久之意耶。盖事有稍涉于费者,其动实喜,否则天时之不利也,否则人心之不齐也,又否则材植工料之不便也,又否则上下议论之不一也。更迭交至,苟少不齐,则一异足以沮百为。今赵侯之为此门也,其役虽未为大,亦非甚小,小也用财而官不见其费,农隙而民不见其扰,而又待其属为之奔走竭力亟即其功,而不至于稽合数者之便,故其成也,人安而乐之,此岂苟然哉?要必有协于天时,当于人情而通于政事,所以取信于其先者,其来远矣,是安得不书以告来者?

城河三闸记
明·张綖

高邮之城以水胜,是号盂城。水得其治,则一方享其利,不得治,则一方受其害,势固然也。夫六府水为之首,水政不可不修也,在地皆然,况水胜之地乎?治水大抵有二大则:大则浚,小则节。疏导以性浚也,启闭以时节也,匪浚匪节,民斯病水矣。惟邮西高东卑,西北诸湖水,平时民引之以灌田,涝溢则泄而放之海,故恒利而鲜害。日久海道湮塞,畎浍亦往往塌为平地,水遂壅而不流,每夏秋霖雨,水溢则怒决河堤,百里一壑。城东丁家湾堤岸尤脆薄卑下,常为决先。决则下河抵兴化县,一路民田皆没,有司不得为一时治水道,乃因城河要口,筑三土坝以障之,水退复决坝,以通民舟。时坝时决,费公劳私,政不可恒。遂安卢公昕以水政判州事,在任久,稔知其弊。相厥地势,慨曰:"此我司水者之责也,诎赢不常,疏导之功固未可遽议,节水者独不可为耶。"始欲治闸以代坝,既而任邱边公侨来知州事,卢公以告,边公复相地势,慨曰:"此我守土者之责也。"二公协心,申其事于钦差督理河道工部正郎邱公,可之。乃出河道之积备厥具,属民之能者董厥役。耆民张政帅众喻之,众曰:"此我民事也,重烦我公,我其敢后。"举具往役,镌坚斫良,子来鸠偻。少焉,石桥河闸成。又少焉,北城河闸成。又少焉,南城河闸成。三闸既成,民赖其便,随时启闭,私不告劳,公不伤费,通舟惠民,障堤保田,地脉以行。是役也,四善具焉,举而当事谓之体,上下协心谓之同,劳而弗怨谓之美,费而永宁谓之利。夫事之当,体也,则上下之必协也,民之劳而罔怨也,费而兴利也,可不谓一善举而三善从与?抑又闻之,为之有渐者达,利而终之者远。观之四善,将不有疏导水性以成浚功,而终远吾民之利者耶?是殆渐以举之耳,然非二公,莫克为之,始云。谨记。

平水闸记
明·万恭

　　淮、扬,水国也。范计然扁舟五湖,固在焉。彼固自为潴耳,未堤也。秦并南服,遍列邮舍,通南服,万里贡赋,第择五湖高阜置之邮,命之曰高邮,未堤也。晋谢安始堤扬州之北隅,遏水,田以不败,民思之,以为甘棠之泽,命之曰邵伯堤。虽堤焉,不济运。隋炀帝续堤高邮、宝应,南接邵伯而北贯淮、扬,西邀七十二河之水,以联络五湖,导龙舟,自汴逾淮而径达广陵以为娱。而堤乃延袤三百余里,诸湖巨浸,至周遭七百里。虽长堤焉,不济运。唐以降,饷道始籍之。

　　永乐中,会通河成,岁漕四百万,而江南之粟独得五四焉。高、宝、江都、山阳长堤屹为饷道襟带矣。陈公瑄经略其事,以谓湖漕弗堤,与无漕同,湖堤弗闸,与无堤同。盖五湖汇七十二河之水滔天,而独以仪真孔入于江,清江孔入于淮,障而蔽之,是岁以堤决也。乃置数十减水闸于长堤之间,令丁夫时启闭,湖溢则泻之以利堤,湖落则闭之以利漕,完计也。顾百八十年都水使者弗之察,一闸坏,辄埋一闸,一堤圮,辄崇一堤,势乃湖日以高,堤日以败,饷道大坏。计臣怀懔懔之危。

　　隆庆壬申,余治水,舟上下循诸堤,湖骎骎且沉堤矣。周览数百里,求陈平江减水故迹,不可复得矣。亟上疏,请大治平水闸,悉改减水旧制。其法,一准诸湖水之浅者,而诸闸视之以高下其底焉,止蓄潴水,大都深四尺为度,令可运舟而勿设板,勿藉夫。湖溢,以闸之口泄而杀潴,湖落,以闸之底截而遏潴,湖自为补泻耳,人弗复与也。又闸欲密、欲狭,密则水疏,亡胀闷之急,狭则势缓,亡啮决之虞。疏上,制曰:可。予乃檄先都水使者吴君自新、今都水使者熊君子臣而敷治焉。

　　在高邮设平水闸者六,以万历元年(1573年)九月成之。在江都设平水闸者四,以万历元年十月成之;在宝应设平水闸者八,以隆庆六年(1571年)十一月暨万历元年十月成之;在山阳设平水闸者二,以万历元年十二月成之。又禁民私置涵洞,得自为闸,曰民闸。宝应城北隅为泰山祠,祠后引湖水旋绕,礼祠者若市,令愿设闸引水洞桥环神室者,听,不日成之也,曰灵应闸。皆从平水之制。盖长堤蛇连,诸闸洞开,上之湖水灌输无恐,下之膏腴旱涝有备,斯公私百世之利也。

　　司马氏喜而记之,特勒坚石竖于南河公署之前楹,曰:后来都水使者接于目而慨于中也!毋遂埋闸,毋徒崇堤,惟此安流,不盈不涸,以期万年永此平水之业。

康济河记
明·刘健

　　弘治二年(1489年)秋,河决汴,溢于山东诸县,损运道,山东守臣上其状,请官浚治。天子忧之,敕户部左侍郎白公昂乘传以往。河既讫功,乃视运道。自山东抵扬州,议所以浚治。

时监察御史孙君衍、工部郎中吴君瑞董河事,与巡抚右都御史李公昂、漕帅署都督金事都公胜、署都指挥同知郭公鋐合议:高邮州运道九十里,而三十里入新开湖。湖直南北为堤,舟行其下,自国初以来,董河官司障以桩木,固以砖石,决而复修者不知其几。其西北则与七里、张良、珠湖、甓社、石臼、平阿诸湖通,漾回数百里,每西风大作,波涛汹涌,舟与沿堤故桩石遇,辄坏,多沉溺,人甚病焉。前此董河事者,尝议循湖东凿复河,以避风涛,便往来,不果行。今日诚欲举运道之便利,宜莫先于此者。白公议允。遂相地兴工开凿,起州北三里之杭家嘴至张家沟而止,长竟湖,广十丈,深一丈有奇。两岸皆壅土为堤,桩木砖石之固如湖岸,首尾有闸与湖通,岸之东又为闸四,涵洞一,每湖水盛时,使从此减杀焉。以三年三月始事,凡四阅月而成,自是舟经高邮者,出湖久无复风涛之虞,人获康济。白公因采众议,闻之上,名曰“康济河”。

河始开,白公征入京,进掌台宪,吴君亦以休告去,孙君又继至。巡抚右副都御史张公玮、巡按监察御史伊公宏、工部郎中李君景繁继其功。是役也,工费皆以万计。工起于淮扬二郡,给之雇直,其赏半出帑藏,余亦二郡所措,凡费钱以缗计一万五千,粮以石计一万六千,盖淮安郡守徐君镛、扬州郡守冯君忠,二守方君玱、君卒、王君珍等主之。而身亲其事,则以委扬州二守李绂、高邮守毛实、海州守陈廷圭、通州守傅锦、如皋令张善及扬州卫指挥李淮等诸君,皆得人,宜其告成之易且速也。耆民葛璘等,睹兹成功,谓当有记,以白郡守,二郡守有尝识余者,乃具事状,遣扬州卫经历毛君间来请记。余惟国朝财赋之需,东南过半,自海运不行,官舫客舟悉由于此,舳舻相衔,昼夜无虚时,而高邮当南北之要冲,故湖水为险,事诚不缺。诸公或奉敕,或承委于兹,乃能急所先务,易风涛为坦途,以康济往来,且工以雇募,费出帑藏,使民不劳而事集,有足嘉者,遂为之书。

挡军楼庙巷口西堤复堤工程纪略

杨保璞

高邮挡军楼庙巷口西堤决口,冲成大跌塘二,小跌塘数处,堵筑时向西绕越,避开深塘,乃能合龙,及规划复堤,如果不就原址施工,另在深塘之东,择基础较固之堤线,困难当可减少,无如东堤堤址,系照旧基移西取直,西堤复堤,遂不得不在跌塘处筑做,较小跌塘,深度不大,补救尚易,至两大跌塘,即堵口合龙处,则环生患象,最后始能成堤,其中经过,有足述者。

原挡军楼西堤北段口门,约宽四十丈,捆厢之草坝,绕入大湖,离草坝东数尺,即为大跌塘。合龙时测试塘深,较河底低四丈以上,其横断面如第一图,嗣塘内浇满戗土,在此深塘新淤之上筑堤。开工之初,就工费范围,会详加研究,议及三法:(一)将新淤除净,由底到顶,层坯层碱,坚实筑做;(二)在新淤处打梅花桩,以桩之助力,能支撑堤之重量为限;(三)就淤上筑堤。第(二)法所费太巨,为不可以行,第(一)法亦有危险,盖清淤到底,无异将草坝后戗,一齐去净,来圣庵因戗未浇足,且致复决,前车可鉴,该处西濒大湖,所关太大,最后确定采用第(三)法,此法仍欠稳妥,但其可能之成分则甚多。以事实言,沿运堤工,浮于淤上,不知凡几,本年发现者,如高邮南门外一段,露筋镇一段,堤坡铲去之际,淤即由内流出,堤立淤上,未尝生弊;以理推论,淤虽不坚,但非全无支力,跌塘为新由大水冲成,其四围均坚硬之板土,淤在塘内,无异盛之于皿。堤盖其上,淤可逐渐蛰实,此所谓淤,乃新浇之戗土,因水融化,其坚度与普通淤土不同,料必能支撑全堤。事后责难,虽多高论,事前计议,只能及此。抽去积水填土,逐层筑做,直至堤工完成三分之二时,尚毫无变动,不意再行加高,忽淤由堤旁挤出,堤亦随之撕缝下陷,补救办法,就堤旁挖一深槽,听淤土外出,随出随挑,以资辅助,新堤逐渐下落,盖深塘内浮动之淤被挤出,而新筑之堤,适以补其位置也。数日后淤不再出,就槽挖宽,约全堤三分之一,向下挑深,乃达老底,再层坯层碱向上筑做,并于东坡做一平台,签桩两排,以为戗助,淤土纵未完全挤出,其容积缩小,至多不过如第二图甲之一部,此一部分之淤,经堤身重量压榨,渐坚实,自可保不生异变,其新堤牵动部份,完全翻去,加大收分,重新坚筑至顶,未再有何患象。西面草坝之外,陈伯盟、万荪庵两委主张增筑一土台,在台之斜坡及台面抛砌碎石以御湖浪,亦已照办。

　　庙巷口西堤南段合龙口门处,有跌塘深二丈以上,堵筑时在西面筑石柜一道,靠石堰又筑土堰一道,堰后浇饿,如此合龙堵筑,抛掷碎石,因水力之推送,游入深堆者不知凡几。塘内土石参半,于此上筑堤,若清槽到底,其危险与前述北段第一办法同,亦只有就淤筑堤之一法。惟塘内半为石块,较之北段全属淤土,稍有把握耳。施工后堤底稍有漏水,此种状况,无碍堤防。盖底为新淤,堤有下陷或倒塌之危,若堤底为石块,虽石隙不免过水,但坚实较土工为优,去石填土,昔称挖实补虚,堤基不稳,特加石一层,以期巩固,往往有之,可见石在堤下,无碍淤堤之安全。西堤一面临湖,一面为河,两水相夹,平时水位相差不过数寸,根本无所谓漏水。因上下拦河坝之堵筑,湖面高于河底,水由石隙东窜,湖水高涨,始有水涌出,谓为如何影响堤工,似嫌过虑,且将来上下拦河坝拆通,两水相平,沉淀物可渐将窜水之处填塞,亦属当然之事。工成及半,堤面忽现裂缝,推其原因,实由淤下层有冻土一坯,春季融化,土质疏松,因压力太大,不能支持而有走动,牵动上层,乃将上层牵动部分完全翻去,并放大收分,就底脚签桩两排,以为饿助,未必再有变异。不知者强指堤工裂缝,为漏水所致,更忘却西堤两面夹水,功用仅在防浪,指斥过虑,莫可如何。适湖水见跌,底脚显露,乃就堤西挖一横槽,将槽内石块完全起除,另行填土,层坯层硪,坚实筑做,与堤脚相接,漏水之源亦塞。

　　按记中叙述先后变化情形,悉由于饿上筑堤所致,其处当事者抱必能支撑全堤之成见,毅然进行,亦无人能断其必生变化。待堤成三分之二时,发见撕缝裂陷,虽然如是,而新堤体积,得过半数,当事者至此,亦自有进无退,不得不用借重压淤之法,埋头硬干,卒底淤成,如预知饿土之上,不能筑堤,第一第二法又不适用,欲另求安全办法,周折费用,自必可惊,而七月以前之完工,为不可能矣。

　　又最后因冻土之故,以致一部分塌陷,查高邮之二十里铺,亦有同样情形。故谓多加硪工,冻土亦能使用者,其实不然。冻土之冷气凝结,以重力强制分解,终不如气候之自然溶解也。治水应知水性,用土应别土性之说,于兹益信。

第二节　诗赋

咏水利工程

隋堤柳　五代·江为

　　锦缆龙舟万里来,醉乡繁盛忽尘埃。空余两岸千株柳,雨叶风花作恨媒。

送孙诚之尉北海[1]　宋·秦观

　　吾乡如覆盂,地处扬楚脊。环以万顷湖,粘天四无壁。

句　宋·秦观

　　高邮西北多巨湖,累累相贯如连珠[2]。

满庭芳　宋·秦观

　　山抹微云,天连衰草,画角声断谯门。暂停征棹,聊共引离尊。多少蓬莱旧事,空回首,烟霭纷纷。斜阳外,寒鸦万点,流水绕孤村。　　销魂。当此际,香囊暗解,罗带轻分。谩赢得青楼,薄幸名存。此去何时见也,襟袖上、空惹啼痕。伤情处,高城望断,灯火已黄昏。

1　摘录诗中开头一段。
2　摘录诗中一段。

发高沙　宋·文天祥

晓发高沙卧一航,平沙漠漠水茫茫。舟人为指荒烟岸,南北今年几战场。

高邮湖　元·陈基

春深湖水漾汀洲,耿七公祠在上头。蒲帆十幅东风顺,明日从君到楚州。

康济河　明·李堂

弘治间,刑书白公(白昂)所穿,以避高邮湖风波之险。

饷道始淮扬,浩浩列湖塘。邵伯钜,宝应长,高邮中界盂城苍。渊澄名甓社,水死波更狂,帆摧舵折风覆航。白公任疏凿,复湖避险恶,万艘利涉渔家乐。渠成康济名,惠普非邻壑,康敏易名何愧怍。汴鲁沿泗濠,防冲浚湮涸。谣在口碑文馆阁,华胄至今非莫索。匏庵传赞公,衮词岂唯诺。

高邮湖　清·爱新觉罗·弘历

淮南古泽国,高邮更巨浸。诸湖率汇兹,万顷波容任。洒火含阴精,孕珠符祥谶。堤岸高于屋,民居疑地窨。嗟我水乡民,生计惟罟罜。菱芡佐饔飧,酢艋待佣赁。其乐实未见,其艰亦已甚。

运河　清·张曾勤

水势滔滔注运河,时更三伏岸平波。人居釜底浑忘险,帆影常看屋上过。

舟过高邮　清·爱新觉罗·弘历

黄绢发讴歌,楼船稳运河。厪心筹泽国,极目赏烟波。春色柳梅绽,江城士庶多。圣踪随处仰,沙岸倚牂柯。

下河叹　清·爱新觉罗·弘历

下河十岁九被涝,今年洪水乃异常。五坝平分势未杀,高堰一线危骑墙。宝应高邮受水地,通运一望成汪洋。车逻疏泄涨莫御,河臣束手无良方。秋风西北势复暴,遂致冲溃田禾伤。哀哉吾民罹昏垫,麦收何救西成荒。截漕出帑救大吏,无遗宁滥丁宁详。百千无过救十一,何如多稼歌丰穰。旧闻河徙夺淮地,自兹水患恒南方。复古去患言岂易,愁焉南望心彷徨。

无题　清·爱新觉罗·弘历

今秋洪湖水涨,漫决高邮二闸,而黄河复决铜山南徙,淮、徐、扬、胥被水灾。特命大臣往来董率堵筑,今均以腊月十二日合龙,同日奏到。河流顺轨,积水渐消。东作可期,诗以志庆。

淮决维扬河又侵,菱楗堵筑救胥沉。两堤齐报一时合,一日悬纡两处心。襄事臣工真力殚,锡嘉无佑惠诚深。春耕明岁才堪课,敢即云愉倍惕钦。

即事　清·爱新觉罗·弘历

南关五里及车逻,建闸原虞异涨多。不免下河犹被潦,修防调剂竟如何。

去年数坝未过水,泽国因之幸告丰。黄弱全淮出清口,却教嫁祸宿灵虹。

过车逻坝　清·爱新觉罗·弘历

往南过坝时,大河尚未复。还北兹过坝,故道归黄渎。未复盼速复,日夜问奏牍。归故筹归后,复汛防三伏。然因定水志,山盱守以笃。戊戌秋河决,注淮势甚酷。无已始开兹,轻重权惟恶。其余率封土,十年遇九熟。然此幸而中,戒奢谦自牧。

过车逻坝 *清·爱新觉罗·弘历*

丑年黄北决,洪泽复流微。五坝岁连固,下河收获肥。未能胥绩底,益用慎民依。救弊补偏耳,孜孜救万几。

水乡 *汪曾祺*

少年橐笔走天涯,赢得人称小说家。怪底篇篇都是水,只因家住在高沙。

镇国寺塔偈 *汪曾祺*

海水照壁倾不圮,高邮城西镇国寺。至今留得方砖塔,塔影河心流不去。

淮河入江道整治 *金子平*

源流桐柏入长江,洪泛河湖背井乡。斩草凿泓清障碍,加堤护岸御颠狂。石工敌破千重浪,水道拦开百里荒。上下关津能控制,洪涝航灌尚安祥。

里下河区庆有年 *金子平*

一熟沤田人拽犁,改成稻麦两收宜。雨涝畅泄归江海,洪泛坚防有坝堤。万闸千圩凭水涨,四分两控任人移。浚河筑路车船便,鱼米飘香乐盛时。

发展自流灌溉 *金子平*

不须往日费劳神,电话声传水放来。干支斗农能调度,闸涵洞管任关开。田平埝实调深浅,桥便沟通分灌排。岁岁丰收科学化,源头活水有江淮。

漫步高邮通湖大堤 *召建农*

长堤漫步眺珠湖,万顷波光风物殊。烟柳依依铺锦带,渔帆点点织银梭。千年水患温灾史,百业昌隆展骏图。始信龙王频败阵,胜天人力主沉浮。

纪水灾

隆庆己巳(1569年)大水纪灾二首 *明·陆典*

一

田野黄云烂不收,风帆渺渺忽生愁。浪倾山势从天下,日抱河流接地浮。木末有巢居泛泛,天涯无路水悠悠。桑田转眼成沧海,只恐鱼龙混九州。

二

老泪纵横望转赊,城头落日乱翻鸦。秋风方战桐无影,冷雨强催菊有花。一夕水天星在罶,五更霜落月横槎。春来乔木巢春燕,顾我飘零尚有家。

崇祯辛未(1631年)秋水暴涨 *明·孙兆祥*

千畦万井委龙宫,天水无垠一色中。树杪蛙声群聒月,檐头鱼沫蚤嘘风。颓垣尽假鲛为窟,遗耜谁知苔作封。一艇荡烟还荡雨,青蓑难拭泪流红。

高邮湖见居民田庐多在水中,因询其故,恻然念之　清·爱新觉罗·玄烨

淮扬罹水灾,流波常浩浩。龙舰偶经过,一望类洲岛。田亩尽沉沦,舍庐半倾倒。茕茕赤子民,栖栖卧深潦。对之心惕然,无策施襁褓。夹岸罗黔黎,踞陈进耆老。咨诹不厌频,利弊细探讨。饥寒或有田,良惭奉苍颢。古人念一夫,何况睹枯槁。凛凛夜不寐,忧勤愁如捣。亟图浚治功,拯济须及早。会当复故业,咸令乐怀保。

清水潭决纪事　清·谈人格

盂城古泽国,众水环其西。蛟龙居上头,所隔只一堤。堤东纷歌呼,粳稻青满畦。准拟今年秋,高廪与云齐。支祁忽肆虐,一饱纵鲸鲵。防秋旧有课,按户毋敢稽。伊谁职此事,私囊恣取携。危堤乍欲溃,惊走鸣鼓鼙。河弁讵弗闻,夜半贪安栖。涓涓不早塞,后悔乃噬脐。可怜千万村,浊浪迷高低。富家得船去,余劫归犬鸡。贫者不及迁,泅没如凫鹥。大官乘传来,络绎催轮蹄。父老泣且跪,双膝沾涂泥。一纸张通衢,似欲慰灾黎。此灾天所为,胡用长号啼。

苦雨　清·夏之蓉

吾乡号泽国,灾祲亦屡遭。厥土惟涂泥,河淮莽相凑。今年复苦雨,占晴失丁戊。蜗涎上短壁,鸠妇鸣长昼。晻晻阴晦凝,沸沸檐牙溜。淋漓溅榻几,出入缩颈脰。灶沉但悬釜,床移或穿霤。有时看盆翻,无人补天漏。樗腹入口饥,蹙頞两眉皱。愁霖势岂支,积潦理难究。侧闻下河田,垂实正繁茂。沮洳连沟塍,屈注逮井甃。渔艇系桑颠,蚁穴徙墙右。危栏偃瘦牛,荒陇窜饥鼬。薪湿老妇哗,屋塌痴儿诟。北风不扫除,昏垫恐莫救。焚香告天公,稽首祝川后。愿放太阳光,毋使困昏瞀。

纪灾　清·夏之蓉

洪湖水漫漫,复为黄水胁。奔腾注下流,直与淮阳接。建瓴势易崩,其祸在眉睫。云胡治河者,坚闭不启牌。上河已在惊涛中,茫茫一望成蛟宫。蒸云老雨不肯住,更兼西北号长风。断木架高阁,数钱买行灶。势若累卵危,夜半人语噪。有司作计良周章,四门遍塞增保障。忽闻上游坏堤防,饥不暇食心皇皇。到此五坝同时泄,洪波滚滚恣荡潏。可怜下游人不知,顷刻沟中作鱼鳖。道旁白骨相撑排,扶羸载瘠吁可哀。榆縻作食息残喘,竹筐低挂啼婴孩。籍非仁圣协尧禹,委弃岂有余黎哉。民依轸念恤疮痍,不惜仓储发流水。负薪楗石与更始,愿锁支祁海门底。

乙丑水灾乐府八章　清·徐源

乙丑夏

秧青麦黄乙丑夏,湖高河满复开坝。坝下之水,未归江海,先没田禾,更漂庐舍。死者随波去,生者宿无处。老羸废疾哭一家,鸠男鹄妇绷儿襁女哭一路。哭一家,灶产蛙。哭一路,衣无裤。

救灾黎

天子救灾黎,未赈先抚恤,毋使一夫遗。天子救灾黎,制府河漕二千石,以下各各调事宜。天子救灾黎,俞尔所请即开盐义仓,发粟接济之。盐义仓,赤子粮,一日不食民其亡,饥肠不待秋风凉。

更生矣

朝饥暮饥饥欲死,欲死未死更生矣。传语听未真,榜文读未已。破屋出人声,蒙袂色顿起。上河人来,下河人喜。水程一百二十里,船船满载盐仓米。天雨粟,地涌金,更生矣。

商人来

商人来，两厂开，不役民力不费此间财。哑哑部署，为杆为棚，为栅为门，司粮司贯，司水司薪。夜火腾腾，爨烟青青。俾尔父母兄弟妻子，不饱乌鸢，不喂蝼蚁，不闻喈喈声。官商努力，矢慎矢勤。

五更炮

闰六月日二十一，五更炮起饥人色。伛偻彳亍厂前来，提携抱负厂门立。厂门外黄旗扬，厂门内白粥香。不遗老稚不混男女行，一人一勺，千人千勺，万人万勺，一滴一粒琼玉浆，一箪一瓢续命汤。

流民集

流民集，集何处，河之干，河之漘，河之浒。破蓬船，远接天，败草庐，低仆地。里十五，三万多，五万许，七九万，不可数。两厂官草具启：流民来日多矣。宪曰：嗟，吾赤子，增尔灶，继尔米。

文游台

栖鸦流水城东隈，北风凉逐西风来。夕阳影里人一饱，回头望见文游台。文游台，孙与秦，当年谋国多苦辛。农田水利皆便民，七百余年流芳馨。欲辇神山千丈石，纪功高与台嶙峋。台上文星德星，台下一路阳春。

三千米

十旬满，大赈来，草庐撤，划船开，流民回。流民跄跄，与尔行粮。人炊人渐，三升米囊。于田于宅，卜来岁康。十万饥口，鼓腹流涕，俯凶鞠踢，大人之恩不可忘。大人曰：止，肉尔骨，起尔死，圣天子。

高邮决口舟阻河干　　*清·华长卿*

淮风逆浪决秦邮，十日河干阻客舟。水浸火花灯万点，一堤如线邵家沟。

咏抗灾

导淮叹并序　　*清·谈人格*

咸丰初，河既北徙，清口至云梯关，三百余里，悉行淤废。光绪中，淮阴人士有上导淮之策者，河督是之，为奏请开浚。此诚千载一时转危为安之会也。乃赋役者爱惜财力，宽深不过寻丈之间，伏汛怒发，隘不能容，仍泛滥以旁溢。余感禹迹可复，而任事无人，且使后之治水者，将援为口实，而入海故道终无望于复开也。为赋此诗。

长淮入海道，久被黄河夺。河流今北归，淮亦难迳达。清口东去云梯关，车马散走沙漫漫。何人倡议复禹迹，浚此阻塞通波澜。昨闻畚挶初从事，指日程功惊独易。鼖鼓无劳津吏催，金钱并省虞衡费。老淤抉去旧渎开，淮南万户欢若雷。只期泛滥免旁溢，谁料重湖浪更来。淮流自古中条水，汇泗包沂亦大矣。尾闾可泄仅如沟，安得冯夷便顺轨。从来治水同治兵，将材之选先俊英。陈图韬略不素习，仓猝盗寇乌能平。乃知非常大业难遽兴，智勇兼备斯敢膺。不然出手或未慎，后将藉口援为惩。即如导淮之说岂不伟，其奈济川力薄非所胜。吁嗟乎！河流既退淮并缩，八百年方逢此局。鸿陂可复更几时，来告徒闻两黄鹄。

保坝谣　　*清·谈人格*

长淮千里来自西，官民扰扰争一堤。保堤坝必启，保坝堤又危。官耶民耶，各据所见言恒岐。官言堤决祸最大,官固革除民亦害,不如启坝留堤在。民则曰不然,青青之稻方满田,留坝一日增获千,忍使未秋先弃捐。年年淮水撞堤急,远近纷来堤上集。毕竟官尊民不胜,枉对旌旄号且泣。号泣声正悲,官指堤上碑:水高丈六坝则启,勒石久矣畴能违。岂知淮水东南注,往岁曾看力防护。令严直以军法绳,果然堤坝咸坚固[1]。即令禾稼未登场,旦晚须分歉与穰。安得飞符申厉禁,爱民重遇左文襄。

水车行　　清·杨福申

高邮河堤多设闸洞,本藉以灌溉民田。往岁重修头闸,司事者暗省工费,高其底以减水力。逮今春夏之交,涓滴不复下注,农夫穷蹙,聚水车于闸旁,挽河水逆流入闸,数转始达于田。余哀农夫之劳,冀弊政之亟革也。作水车行,庶观风者采焉。

河堤高渐侔城头,泽国人怀灭顶忧。分流有时用济旱,灌溉亦足资田畴。爰有头闸设城北,水门苦高流苦塞。大田龟坼秧针枯,农夫仰天长太息。计穷相约移水车,置闸之侧河之涯。水车百计人千计,水声澎湃人喧哗。踏车相戒勿偷惰,劳悴差逾袖手坐。欲将三十六湖波,卷作银河向空泻。妇子远饷来纷纷,人声鼎沸天应闻。浓云稠叠忽四布,大堤十里斜阳昏。长空忽见甘雨坠,初尚廉纤既滂沛。单衣湿透敢怨咨,且卜今秋成乐岁。夜以继日雨未休,潺潺沟浍皆争流。正好分秧及初夏,水车归去载轻舟。吁嗟呼!建闸若先深数尺,不教枉费穷民力。畴将疾苦告当途,弊政奚难一朝革。我闻因民所利利最溥,不费之惠在官府。愿作歌谣备采风,未必将来绝无补。贱士可怜言总轻,刍荛安用鸣不平。新诗吟就属谁和,檐溜淙淙尚作声。

抗洪曲　　李舜琴

三江恶浪怒潮翻,百万军民斗志坚。砥柱中流征险恶,高层决策挽狂澜。昔遭水患哀鸿遍,今沐甘霖衣食安。重建家园新气象,高歌曼舞颂尧天。

子弟兵抗洪颂　　曹韵瑜

飞兵抢险镇三江,砥柱中流战浩殃。舍死忘生屏幛筑,驾舟历险赤诚彰。英雄浩气冲霄汉,大庆雄风赋史章。胜利高歌弦乐奏,道旁含泪捧壶浆。

第三节　散文

我的家乡

汪曾祺

法国人安妮·居里安女士听说我要到波士顿,特意退了机票,推迟了行期,希望和我见一面。她翻译过我的几篇小说。我们谈了约一个小时,她问了我一些问题。其中一个是,为什么我的小说里总有水?即使没有写到水,也有水的感觉。这个问题我以前没有意识到过。是这样。这是很自然的。我的家乡是一个水乡,我是在水边长大的,耳目之所接,无非是水。水影响了我的性格,也影响了我的作品的风格。

我的家乡高邮在京杭大运河的下面。我小时候常常到运河堤上去玩(我的家乡把运河堤叫做"上河堆"或"上河塝"。"塝"字一般字典上没有,可能是家乡人造出来的字,音淌。"堆"当是"堤"的声转)。我读的小学的西面是一片菜园,穿过菜园就是河堤。我的大姑妈(我们那里对姑妈有个很奇怪的叫法,叫"摆摆",别处我从未听说过有此叫法)的家,出门西望,就看见爬上河堤的石级。这段河堤有石级,因为地名"御码头",康熙或乾隆曾在此泊舟登岸(据说御码头夏天没有蚊子)。运河是一条

1　自注:壬寅,左文襄公以军法绳在工官弁,是岁坝不开而水竟无恙。左文襄公即左辉春。

"悬河",河底比东堤下的地面高,据说河堤和墙垛子一般高,站在河堤上可以俯瞰堤下街道房屋。我们几个同学,可以指认哪一处的屋面是谁家的。城外的孩子放风筝,风筝在我们脚下飘。城里人家养鸽子,鸽子飞起来,我们看到的是鸽子的背。几只野鸭子贴水飞向东,过了河堤,下面的人看见野鸭子飞得高高的。

我们看船。运河里有大船,上水的大船多撑篙。弄船的脱光了上身,使劲把篙子梢头顶上肩窝处,在船侧窄窄的舷板上,从船头一步一步走到船尾。然后拖着篙子走回船头,欻的一声把篙子投进水里,扎到河底,又顶着篙子,一步一步走向船尾。如是往复不停。大船上用的船篙甚长而极粗,篙头如饭碗大,有锋利的铁尖。使篙的通常是两个人,船左右舷各一人,有时只一个人,在一边。这条船的水程,实际上是他们用脚一步一步走出来的。这种船多是重载,船帮吃水甚低,几乎要漫到船上来。这些撑篙男人都极精壮,浑身作古铜色。他们是不说话的,大都眉棱很高,眉毛很重。因为长年注视着流动的水,故目光清明坚定。这些大船常有一个舵楼,住着船老板的家眷。船老板娘子大都很年轻,一边扳舵,一边敞开怀奶孩子,态度悠然。舵楼大都伸出一支竹竿,晾晒着衣裤,风吹着啪啪作响。

看打鱼。在运河里打鱼的多用鱼鹰。一般都是两条船,一船8只鱼鹰。有时也会有3条、4条,排成阵势。鱼鹰栖在木架上,精神抖擞,如同临战状态。打鱼人把篙子一挥,这些鱼鹰就劈劈啪啪,纷纷跃进水里。只见它们一个猛子扎下去,眨眼功夫,有的就叼了一条鳜鱼上来——鱼鹰似乎专逮鳜鱼。打鱼人解开鱼鹰脖子上的金属的箍(鱼鹰脖子上都有一道箍,否则它就会把逮到的鱼吞下去),把鳜鱼扔进船里,奖给它一条小鱼,它就高高兴兴,心甘情愿地转身又跳进水里去了。有时两只鱼鹰合力抬起一条大鳜鱼上来,鳜鱼还在挣蹦,打鱼人已经一手捞住了。这条鳜鱼够4斤!这真是一个热闹场面。看打鱼的,鱼鹰都很兴奋激动,倒是打鱼人显得十分冷静,不动声色。

远远地听见嘣嘣嘣嘣的响声,那是在修船、造船。嘣嘣的声音是斧头往船板上敲钉。船体是空的,故声音传得很远。待修的船翻扣过来,底朝上。这只船辛苦了很久,它累了,它正在休息。一只新船造好了,油了桐油,过两天就要下水了。看看崭新的船,叫人心里高兴——生活是充满希望的。船场附近照例有打船钉的铁匠炉,叮叮当当。有碾石粉的碾子,石粉是填船缝用的。有卖牛杂碎的摊子,卖牛杂碎的是山东人。这种摊子上还卖锅盔(一种很厚很大的面饼)。

我们有时到西堤去玩。我们那里的人都叫它西湖,湖很大,一眼望不到边,很奇怪,我竟没有在湖上坐过一次船。湖西是还有一些村镇的。我知道一个地名,菱塘桥,想必是个大镇子。我喜欢菱塘桥这个地名,引起我的向往,但我不知道菱塘桥是什么样子。湖东有的村子,到夏天,就把耕牛送到湖西去歇伏。我所住的东大街上,那几天就不断有成队的水牛在大街上慢慢地走过。牛过后,留下很大的一堆一堆牛屎。听说是湖西凉快,而且湖西有茭草,牛吃了会消除劳乏,恢复健壮。我于是想象湖西是一片碧绿碧绿的茭草。

高邮湖中,曾有神珠。沈括《梦溪笔谈》载:

嘉祐中,扬州有一珠甚大,天晦多见,初出于天长县陂泽中,后转入甓射湖,又后乃在新开湖中,凡十余年,居民行人常常见之。余友人书斋在湖上,一夜忽见其珠甚近,初微开其房,光自吻中出,如横一金线,俄顷忽张壳,其大如半席,壳中白光如银,珠大如拳,灿烂不可正视,十余里间林木皆有影,如初日前照,远处但见天赤如野火,倏忽远去,其行如飞,浮于波中,杳杳如日。古有明月之珠,此珠色不类月,荧荧有芒焰,殆类日光。崔伯易尝为《明珠赋》。伯易高邮人,盖常见之。近岁不复出,不知所往,樊良镇正当珠往来处,行人至此,往往维船数宵以待观。名其亭为"玩珠"。

这就是"秦邮八景"的第一景"甓射珠光"。沈括是很严肃的学者,所言凿凿,又生动细微,似乎不容怀疑。这是个什么东西呢?是一颗大珠子?嘉祐到现在也才900多年,竟不可究诘了。高邮湖亦称珠湖,以此。我小时候学刻图章,第一块刻的就是"珠湖人",是一块肉红色的长方形图章。

湖通常是平静的,透明的。这样一片大水,浩浩淼淼(湖上常常没有一只船)。让人觉得有些荒凉,有些寂寞,有些神秘。

黄昏了。湖上的蓝天渐渐变成浅黄,桔黄,又渐渐变成紫色,很深很浓的紫色。这种紫色使人深深感动,我永远忘不了这样紫色的长天。

闻到一阵阵炊烟的香味,停泊在御码头一带的船上正在烧饭。

一个女人高亮而悠长的声音:

"二丫头……回来吃晚饭来……"

像我的老师沈从文先生常爱说的那样,这一切真是一个圣境。

高邮湖也是一个悬湖。湖面,甚至有的地方的湖底,比运河东面的地面都高。

湖是悬湖,河是悬河,我的家乡随时处在大水的威胁之中。翻开县志,水灾接连不断。我所经历过的最大的一次水灾,是民国20年。

这次水灾是全国性的。事前已经有了很多征兆。连降大雨,西湖水位增高,运河水平了槽,坐在河堤上可以"踢水洗脚"。有很多很"瘆人"的不祥的现象。天王寺前,虾蟆趴在柳树顶上叫。老人们说:虾蟆在多高的地方叫,大水就会涨得多高。我们在家里的天井里躺在竹床上乘凉,忽然拨剌一声,从阴沟里蹦出一条大鱼! 运河堤上,龙王庙里香烛昼夜不熄。七公殿也是这样。大风雨的黑夜里,人们说是看见"耿庙神灯"了。耿七公是有这个人的,生前为人治病施药,风雨之夜,他就在家门前高旗杆上挂起一串红灯,在黑暗的湖里打转的船,奋力向红灯划去,就能平安到岸。他死后,红灯还常在浓云密雨中出现,在就是耿庙神灯——"秦邮八景"中的一景。耿七公是渔民和船民的保护神,渔民称之为七公老爷,渔民每年要做会,谓之七公会。神灯是美丽的,但同时也给人一种神秘的恐怖感。阴历七月,西风大作。店铺都预备了高挑灯笼——长竹柄,一头用火烤弯如钩状,上悬一个灯笼,轮流值夜巡堤。告警锣声不绝。本来平静的水变得暴怒了。一个浪头翻上来,会把东堤石工的丈把长的青石掀起来。看来堤是保不住了。终于,我记得是七月十三(可能记错),倒了口子。我们那里把决堤叫做倒口子。西堤4处,东堤6处。湖水涌入运河,运河水直灌堤东。顷刻之间,高邮成为泽国。

我们家住进了竺家巷一个茶馆的楼上(同时搬到茶馆楼上的还有几家),巷口外的东大街成了一条河,"河"里翻滚着箱箱柜柜,死猪死牛。"河"里行了船,会水的船家各处去救人(很多人家爬在屋顶上、树上)。

约一星期后,水退了。

水退了,很多人家的墙壁上留下了水印,高及屋檐。很奇怪,水印怎么擦洗也擦洗不掉。全县粮食几乎颗粒无收。我们这样的人家还不致挨饿,但是没有菜吃。老是吃茨菇汤,很难吃。比茨菇汤还要难吃的是芋头梗子做的汤。日本人爱喝芋梗汤,我觉得真不可理解。大水之后,百物皆一时生长不出,唯有茨菇芋头却是丰收! 我在小学的教务处地上发现几个特大的蚂蟥,缩成一团,有拳头大,踩也踩不破!

我小时候,从早到晚,一天没有看见河水的日子,几乎没有。我上小学,倘不走东大街而走后街,是沿河走的。上初中,如果不从城里走,走东门外,则是沿着护城河。出我家所在的巷子南头,是越塘。出巷北,往东不远,就是大淖。我在小说《异秉》中所写的老朱,每天要到大淖去挑水,我就跟着他一起去玩。老朱真是个忠心耿耿的人,我很敬重他。他下水把水桶弄满(他两腿都是筋疙瘩——静脉曲张),我就拣选平薄的瓦片打水飘。我到一沟、二沟、三垛,都是坐船。到我的小说《受戒》所写的庵赵庄去,也是坐船。我第一次离家乡去外地读高中,也是坐船——轮船。

水乡极富水产。鱼之类,乡人所重者为鳊、白、鲑(鲑花鱼即鳜鱼)。虾有青白两种。青虾宜炒虾仁,呛虾(活虾酒醉生吃)则用白虾。小鱼小虾,比青菜便宜,是小户人家佐餐的恩物。小鱼有名"罗汉狗子"、"猫杀子"者,很好吃。高邮湖蟹甚佳,以作醉蟹,尤美。高邮的大麻鸭是名种。我们那里八月中秋兴吃鸭,馈送节礼必有公母鸭成对。大麻鸭很能生蛋。腌制后即为著名的高邮咸蛋。高邮鸭蛋双黄者甚多。江浙一带人见面问起我的籍贯,答云高邮,多肃然起敬。曰:"你们那里出咸鸭蛋。"好像我们那里就只出咸鸭蛋似的!

　　我的家乡不只出咸鸭蛋。我们还出过秦少游,出过散曲作家王磐,出过经学大师王念孙、王引之父子。

　　县里的名胜古迹最出名的是文游台。这是秦少游、苏东坡、孙莘老、王定国文酒游会之所。台基在东山(一座土山)上,登台四望,眼界空阔,我小时常凭栏看西面运河的船帆露着半截,在密密的杨柳梢头后面,缓缓移过,觉得非常美。有一座镇国寺塔,是个唐塔,方形。这座塔原在陆上,运河拓宽后,为了保存这座塔,留下塔的周围的土地,成了运河当中的一个小岛。镇国寺我小时还去玩过,是个不大的寺。寺门外有一堵紫色的石制的照壁,这堵照壁向前倾斜,却不倒。照壁上刻着海水,故名海水照壁。寺内还有一尊肉身菩萨的坐像,是一个和尚坐化后漆成的。寺不知毁于何时。另外还有一座净土寺塔,明代修建。我们小时侯记不住什么镇国寺、净土寺,因其一在西门,名之为西门宝塔;一在东门,便叫它东门宝塔。老百姓都是这么叫的。

　　全国以邮字为地名的,似只高邮一县。为什么叫高邮?因为秦始皇曾在高处建邮亭。高邮是秦王子婴的封地,到今还有一条河叫子婴河,旧有子婴庙,今不存。高邮为秦代始建,故又名秦邮。外地人或以为这跟秦少游有什么关系,没有。

故乡水
汪曾祺

　　这是三年前的事了。

　　我坐了长途汽车回我的久别的家乡去。真是久别了啊,我离乡已经四十年了。车上的人我都不认识。他们也都不认识我。他们都很年轻。他们用我所熟悉而又十分生疏了的乡音说着话。我听着乡音,不时看看窗外。窗外的景色依然有着鲜明的苏北特点,但于我又都是陌生的。宽阔的运河、水闸、河堤上平整的公路、新盖的民房……

　　快到车逻了。过了车逻,再有十五里,就是我的家乡的县城了,我有点兴奋。

　　在车逻,我遇见一件不愉快的事。

　　车逻是终点前一站,下车、上车的不少,车得停一会儿。一个脏乎乎的人夹在上车的旅客中间挤上来了。他一上车,就伸开手向人要钱:

　　"修福修寿!修儿子!修孙子!"

　　"修福修寿!修儿子!修孙子!"

　　他用了我所熟悉的乡音向人乞讨。这是我十分熟悉的乡音。四十年前,我的家乡的乞丐就是用这样的言词要钱的。真想不到,今天还有这样的乞丐,并且还用了这种言词乞讨。我讨厌这个人,讨厌他的声音和他乞讨时的神情。他并不悲苦,只是死皮赖脸,而且有点玩世不恭。这人差不多有六十岁了,但是身体并不衰惫。他长着一张油黑色的脸,下巴翘出,像一个瓢把子。他浑身冒出泔水的气味。他的裤裆特别肥大,并且拦裆补了很大的补丁。他有小肠气,——这在我的家乡叫做"大卵泡"。

　　他把肮脏的右手伸向一个小青年:

　　"修福修寿!修儿子!修孙子!"

　　邻座另一个小青年说:

　　"人家还没有结婚!"

　　"修个好老婆!"

　　几个青年同时哄笑起来。我不知道为什么这样一句话会使得他们这样的高兴。

　　车上有人给他一角钱、五分钱……

　　上车的客人都坐定,车要开了,他赶快下车。不料司机一关车门,车子立刻开动,并且开得很快。

　　"哎!哎!我下车!我下车!"

　　司机扁着嘴笑着,不理他。

车开出三四里，司机才减了速，开了车门，让他下去。司机存心捉弄他，要他自己走一段路。

他下了车，用手对汽车比划着，张着嘴，大概是在咒骂。他回头向车逻方向走去，一拐一拐的，样子很难看，走的却并不慢。

车上几个小青年看着他的蹒跚的背影，又一起快活地哄笑起来。

这个人留给我的印象是：丑恶；而且，无耻！

我这次回乡，除了探望亲友，给家乡的文学青年讲讲课，主要目的是了解家乡水利治理的情况。

我的家乡苦水旱之灾久矣。我的家乡的地势是四边高，当中洼，如一个水盂。城西面的运河河底高于城中的街道，站在运河堤上可以俯瞰堤下人家的屋顶。运河经常决口。五年一小决，十年一大决。民国二十年的大水灾我是亲历的。死了几万人。离家不远的泰山庙就捞起了一万具尸体。旱起来又旱得要命。离我家不远有一条澄子河，河里能通小轮船，可到一沟、二沟、三垛直达邻县兴化。我在《大淖记事》里写到的就是这条河。有一年大旱，澄子河里拉了洋车！我的童年的记忆里，抹不掉水灾、旱灾的怕人景象。在外多年，见到家乡人，首先问起的也是这方面的情况。有一个在江苏省水利厅工作的我的初中同学有一次到北京开会，来看我。他告诉我我们家乡的水治好了。因为修了江都水利枢纽，筑了洪泽湖大坝，运河的水完全由人力控制起来，随时可以调节。水大了，可以及时排出；水不足，可以把长江水调进来。——家乡人现在可以吃到江水，水灾、旱灾一去不复返了！县境内河也都重新规划调整了；还修了好多渠道，已经全面实现自流灌溉。我听了，很为惊喜。因此，县里发函邀请我回去看看，我立即欣然同意。

运河的改变我在路上已经看到了。我住的招待所离运河不远，几分钟就走上河堤了。我每天起来，沿着河堤从南门走到北门，再折回来。运河拓宽了很多。我们小时候从运河东堤坐船到西堤去玩，两篙子就到了。现在坐轮渡，得一会子。河面宽处像一条江了。原来的土堤全部改为石工。堤面也很宽。堤边密密地种了两层树。在堤上走走，真是令人身心舒畅。

我翻阅了一些资料，访问了几位前后主持水利工作的同志，还参观了两个公社。

农村的变化比城里要大得多。这两个公社的村子我小时候都去过，现在简直一点都认不出来了。田都改成了"方田"，到处渠道纵横，照当地的说法是"田成方，渠成网"。渠道都是正南正北，左东右西。渠里悠悠地流着清水，渠旁种了高大的芦竹或是杞柳。杞柳我们那里都叫做"笆斗柳"，是编笆斗用的，大都是野生的，现在广泛种植。我和陪同参观的同志在渠边走着，他们告诉我这条渠"一步一块钱"，是说每隔一步，渠边每年可收价值一块钱的柳条。柳条编制的柳器是出口的。我走了几个大队，没有发现一挂过去农村随出可见的龙骨水车，问：

"现在还能找到一挂水车吗？"

"没有了！这东西已经成了古董。现在是，要水一扳闸，看水穿花鞋。——穿了花鞋浇水，也不会沾一点泥。"

"应该保留一挂，放在博物馆里，让后人看看。"

"这家伙太大了！——可以搞一个模型。"

我问起县里的自流灌溉是怎么搞起来的。

陪同的同志告诉我，要了解这个，最好找一个人谈谈。全县自流灌溉首先搞起来，是车逻。车逻的自流灌溉是这个人搞起来的。这人姓杨。他现在调到地区工作了，不过家还没有搬，他有时回县里看看。我于是请人代约，想和他见见。

不料过了两天，一大早，这位老杨就到招待所来找我了。

下面就是老杨同志和我谈话的纪要：

"我是新四军小鬼出身，没搞过水利。

那时我还年轻，在车逻当区长。"

"车逻的粮食亩产一向在全县是最高的，——当然不能和现在比。现在这个县早过了'千斤县'，一般的亩产都在一千五百斤以上,有不少地方过了'吨粮'——亩产二千斤。那会,最好的田,亩产五百斤,一般的一二百斤。车逻那时的亩产就可达五百斤。但是农民并不富裕,还是很穷。为什么? 因为农本高了,高在哪里? 车水。车逻的田都是高田。那时候,别处的田淹了,车逻是好年成。平常,每年都要车水。车逻的水车特别长! 别处的二十四轧,算是大水车了。车逻的:三十二轧,三十四轧,三十六轧! 有的田得用两挂三十六轧大车连接起来,才能把水车上来,车水是最重的农活。到了车秧水的日子,各处的人都来。本地的、兴化、泰州、甚至盐城的,都来。工钱大,吃食也好。一天吃六顿,顿顿有酒有肉。农本高,高就高在这上头。一到车水,是'外头不住地敲'——车水都要敲锣鼓;'家里不住地烧'——烧吃的,'心里不住地焦'——不知道今天能不能把田里的水上满。一到太阳落山,田里有一角上不到水,这家子就哭咧, ——这一年都没有指望了。"

我有点不明白,为什么栽秧水必须一天之内车好,第二天接着车不行吗? 但是我没有来得及问。

"'外头不住地敲,家里不住地烧,心里不住地焦'"真是一点都不错呀!

"大工钱不是好拿的,好茶饭不是好吃的。到车水的日子,你到车逻来看看,那真叫'紧张热烈'。到处是水车,一挂一挂的长龙。锣鼓敲得震天响。看,是很好看的:车水的都脱光了衣服,除了一个裤头子,浑身一丝不挂,腿上都绑了大红布裹腿。黑亮的皮肉,大红裹腿,对比强烈,真有点'原始'的味道。都是年青的小伙, ——上岁数的干不了这个活,身体都很棒,一个赛似一个! 赛着踩。几挂大车约好,看哪一班子最后下车杠。坚持不住,早下的,认输。敲着锣鼓,唱着号子。车水有车水的号子,一套一套的:'四季花'、'古人名'……看看这些小伙,好像很快活,其实是在拼命。有的当场就吐了血。吐了血,抬了就走,话不说,绝不找主家的麻烦。这是规矩。还有的,踩着踩着,不好了:把个大卵子芯下来了! "

我的家乡把忽然漏下来叫 Te,有音无字,恐怕连《康熙字典》里都查不到,我只好借用了这个"芯"字,在音义上还比较相近,我找不到别的字来代替它,用别的字都不能表达那种感觉。

我问他,我在车逻车站遇见的那个伸手要钱的人,是不是就是这样得下的病。

"就是的! 这个人原来是车水的一把好手。他丧失了劳动力,什么也干,最后混成了这个样子! ——我下决心搞自流灌溉和这病有直接关系。

"那年征兵我跟医生一同检查应征新兵的体格, ——那时的区长什么事都要管。检查结果,百分之八十不合格! ——都有轻重不等的小肠气。我这个区的青年有这样多的得小肠气的,我这个区长睡不着觉了!

"我想:车逻紧挨着运河,为什么不能用上运河水,眼瞧着让运河好水白白地流掉? 车逻田是高田,但是田面比运河水面低,为什么不能把运河水引过来,浇到田里? 为什么要从下面的河里费那样大的劲把水车上来? 把运河堤挖通,安上水泥管子,不就行了吗?

"要什么没有什么。没有经费。——我这项工程计划没有报请上级批准,我不想报。报了也不会批。我这是自作主张,私下里上的。没有经费怎么办? 我开了个牛市。"

"牛市?"

"买卖耕牛。区长做买卖,谁也没有听说过。没听说过没听说过吧。我这牛市很赚钱,把牛贩子都顶了!

"有了钱,我就干起来了! 我选了一个地方,筑了一圈护堤, ——这一点我还知道。不筑护堤,在运河堤上挖开口子,那还得了! 让河水从护堤外面走。我给运河东堤开了膛,安下管子,下了闸门,再把河堤填合,我以为这就万事大吉。一开闸,水流过来了! 水是引过来了,可是乱流一气! 咳,我连要修渠都不知道! 现在人家把我叫成'水利专家',真是天晓得,我最初是什么也不懂的。

"怎么办? 我就买了书来看。只要是跟水利有关的,我都看,我那阵看的书真不少! 我又请教了好几位老河工,决定修渠!

"一修渠,问题就来了。为了省工、省料,用水方便,渠道要走直线,不能曲曲弯弯的。这就要占用一些私田。——那阵还没有合作化,田还是各家各户的。渠道定了,立个标杆,画了灰线,就从这里开,管他是谁家的田! 农民对我那个骂呀! 我前脚走,后脚就有人跳着脚骂我祖宗八代。骂吧,我只当没有听见。我随身带着枪,——那阵区长都有枪,他们也不敢把我怎么样。

"有一家姓罗的,五口人。渠正好从他家的田中间穿过。罗老头子有一天带了一根麻绳来找我,——他要跟我捆在一起跳河。他这是找我拼命来了。这里有这么一种风俗,冤仇难解,就可以找仇人捆在一起跳河,——同归于尽。他跟我来这一套! 我才不理他。我夺过他手里的麻绳,叫民兵把他捆起来,关在区政府厢屋里。直到渠修成了,才放了他。

"修渠要木料,要板子。——这一点你这个作家大概不懂。不管它,这纯粹是技术问题。我上哪里找木料去? 我想了想:有了! 挖坟! 我把挖出来的棺材板,能用的,都集中起来,就够用了。我可缺了大德了,挖人家的祖坟,这是最缺德的事。我这是没有办法的办法。为了子孙,得罪祖宗,只好请多多包涵了! 经我手挖的坟真不少!

"这就更不得了了! 我可捅了个大马蜂窝,犯了众怒。当地人联名控告了我,说我'挖掘私坟'。县里、地区、省里,都递了状子。地委和县委组织了调查组,认为所告属实,我这是严重违法乱纪。地委发了通报。撤了我的职。党内留党察看,——我差一点把党籍搞丢了。

"'违法乱纪',我确实是违法乱纪了。我承认。对于我的处分,我没有意见。

"不过,车逻的自流灌溉搞成了。

"就说这些吧。本来想请你上我家喝一盅酒,算了吧,——人言可畏。我今天下午走,回来见!"

对于这个人的功过我不能估量,对他的强迫命令的作风和挖掘私坟的做法也无法论其是非。不过我想,他的所为,要是在过去,会有人为之立碑以记其事的。现在不兴立碑,——"树碑立传"已经成为与本义相反的用语了,不过我相信,在修县志时,在"水利"项中,他做的事会记下一笔的。县里正计划修纂新的县志。

这位老杨中等身体,面白皙,说话举止温文尔雅,像一个书生,完全不像一个办起事那样大刀阔斧、雷厉风行的人。

我忽然好像闻到一股修车轴用的新砍的桑木的气味和涂水车龙骨用的生桐油气味。这是过去初春的时候在农村处处可以闻到的气味。

再见,水车!

第四节　传闻轶事

柳树姓"杨"的传说　人们都知道杨柳就是树,但柳树为什么又叫杨柳呢? 据传和隋炀帝开运河有关。运河开通后,隋炀帝乘龙舟去江都游幸,他挑选一千名美女作为"殿脚",命她们给龙舟拉纤。当时正值四月,天气渐热,这些殿脚女都是些十六七岁的娇柔女子,走不了几里路便汗流浃背,气喘吁吁了。这样就大扫了隋炀帝赏景的兴致,他很是不悦。有位名叫虞世基的翰林学士献计说:"请用垂柳栽于汴渠两岸堤上,一则树根四散,鞠护河堤;二则牵船之人可乘其荫凉;三则牵舟之羊可食其叶。"隋炀帝听后很是高兴,便命两岸百姓在河堤上遍植柳树,并传旨每栽一株赏缣一匹,于是百姓争相栽种,由于柳树很容易成活,不几年,自洛阳至江都千里河堤便成绿带。每当寒尽春来,夹岸万缕垂丝,临风摇曳,如雾如烟,隋炀帝看到此景满心欢喜,便仿效秦始皇封禅泰山的做法,给柳树赐了个御姓"杨",并亲书"杨柳"两个大字,叫人挂在柳树上,于是,柳树便开始姓杨而被称为"杨柳"了。唐代大诗人白居易《隋柳》诗云:"大业年中炀天子,种柳成行傍流水。西至黄河东接淮,绿影一千五百里。"

麻叔谋与"麻虎子"　高邮、江都一带的人家常以"麻虎子"来吓唬小孩子,谁家的小孩子哭闹了,大人便说:"快不要哭,不然麻虎子就来了。"孩子们给几次一吓唬,也就谈"虎"色变,以后只要一提到

"麻虎子"就不敢再哭闹了。这是怎么一回事呢？

原来，隋炀帝开运河时，运河总监工名叫麻叔谋，此人凶狠异常，对那些开河的民工，不是打便是骂，稍不遂意便要杀人，开河的老百姓屈死在他手里的，不知其数。麻叔谋还有一个骇人听闻、灭绝人性的嗜好，喜欢吃孕妇肚里的孩子。他经常派人在夜里闯到孕妇家，将孕妇杀死，剖腹取出胎儿，带回去上蒸笼蒸熟了吃，过不了几天，麻叔谋就要吃一个胎儿。高邮、江都一带的大人、小孩听到麻叔谋的名字就胆颤心惊，孕妇只好含泪逃离家园，人们恨不过，把他比成吃人不吐骨头的老虎，就叫他为"麻虎子"。

梁红玉高邮湖筑坝抗洪　南宋著名的抗金女英雄梁红玉，为今淮安新城人，她不仅在抗金斗争中威震敌胆，而且还曾为百姓筑坝抗洪，深受百姓爱戴。绍兴五年（1135年）梁红玉进驻楚州，创立军府，以淮河为界，筑新城抗金。

这一年，金兀术又率兵南下，企图再度侵犯京口。梁红玉得知这一消息后，立即率军从淮安南进到高邮湖地区，把营盘扎在郭集，以迎战金兵。当时高邮湖地区还没有形成大湖，只有许多小湖，小水时，各自为湖，大水时，连成一片。这年初秋，大雨滂沱，湖水猛涨，湖浪呼啸着冲向岸边的堤防，大片土地随时都有破堤倒坍的危险。梁红玉心里十分着急。她想：军情紧急，抗击金兵要紧，但是为老百姓抢救快要到手的粮食也很要紧。于是便下令全体将士立即帮助老百姓护堤抗洪。在郭集与菱塘之间有一片低地，湖水如脱缰的野马一次又一次地猛冲过来，情势十分危急。梁红玉带头脱下战袍，卷起裤管，不畏风大浪急，亲自下水参加运土。在她的带领下，只几顿饭功夫，就筑起了一座高大的土坝，挡住了洪水，保护了堤内百姓生命财产的安全。

汛情过后，梁红玉又立即带领队伍投入了迎战金兵的准备。因湖滨没有平坦的旷地，她就率领将士在新筑成的大坝上进行操练。人们为了纪念梁红玉，便把这座大坝称为"操兵坝"，把他们驻军的村庄称为"大营"。

朱元璋助民筑湖堤　朱元璋是明朝的创立者，他认为，要恢复与发展农业生产，离不开兴修水利。因此，他在攻占集庆（今南京市）后，命诸将屯田，便开始注重水利的建设，元至正十八年（1358年），朱元璋派水军元帅康茂才为都水营田使，专管农田水利，并下令地方官吏："所在有司，民以水利条上者，即陈奏。"

明代初年，高宝湖尚未形成大湖，在里运河以西计有新开、津、氾光、白马等24座小湖。湖东南北为堤，舟行其下，负责管理运河的官员曾经在这里障以桩木、固以砖石，但是决而复修的已经不知道有过多少次。其西北与七里、张良、罻社、珠、石臼、平阿诸湖通，潆洄数百里。

当时宝应县有一位饱经风霜的老人柏丛桂，他居住在宝应湖畔，常年在湖上行船，见湖内风大浪高，行船困难，沿湖堤岸屡建屡塌，人民深受其害，就向明朝廷建议，修筑高宝湖堤。洪武九年（1376年），明太祖朱元璋采纳了柏丛桂的建议，征发淮扬丁夫56000人，并由柏丛桂亲自负责这一工程，重筑高邮宝应湖堤60余里，两侧砖石护岸，以防御风浪，高邮界首到宝应槐楼之间因土质不好另开直渠40里，工程一个月完成，使高宝湖湖堤得到了巩固。以后历经万历四年（1576年）漕臣吴桂芳紧靠湖堤挑筑康济越河40里，万历二十八年（1600年）总河刘东星挑筑界首越河1889丈，使湖堤成为里运河西堤，而一直沿用至今。

作为明朝开国皇帝的朱元璋能虚心聆听基层老百姓的建议，帮助老百姓修建如此大型的水利工程，这在历史上是不多见的。

耿庙神灯　高邮城运河西堤上有二根很高的石柱，原来用于耿庙前挂灯笼。宋代山东梁山伯，有个人叫耿遇德，在家排行第七，人称"七公"，做到通判，后弃官隐居在高邮西湖边，为人治病，接济穷人。但又似一个神仙。说是他常坐在一个蒲团上，在高邮湖上漂。某年运河决口，修筑河堤，水急，合不了龙，七公把蒲团往河里一丢，水一时断流，龙遂合。耿七公还在他家门前立一个很高的旗杆，每天晚上挂一串红灯，为夜行的舟船指路。

耿七公死了，红灯长在。每到大风大雨之夜，湖里的船不知东南西北，在风浪里乱转，这时在浓云密雨中就会出现红灯,有时三盏,有时五盏,有时七盏,飘飘忽忽,上上下下。迷路的船夫对着红灯划去,即可平安到岸。

七公是船户和渔民的保护神。他过世后,老百姓为他立了一座庙,叫"七公殿"。渔民每年要做"七公会",大香大烛,诚心礼拜,很隆重。宋孝宗皇帝为七公殿赐匾额为"康济侯",意思是说七公给人民带来了安康和恩泽。1956年大运河拓宽时耿庙拆除了,而悬挂灯笼的石柱却保留了下来,石柱屹立在古运河边,因为运河在那里有个弯,纤夫们每次经过,纤绳总要在它的身上磨擦几下,天长日久,石柱上留下了若干道深深浅浅的印痕。印痕深深,高低错落,它像一柱无字丰碑,记载了运河水位变化和纤夫的血泪艰辛。

瓢庵的传说　高邮西边的高邮湖,烟波浩渺,无边无际。据说原来并没有高邮湖,而是后来形成的。

传说,在今天高邮县城体育场的西边,曾经有过一座名叫"标庵"的寺庙。标庵虽小,但庵里的老和尚却是一位得道高僧。有一年,洪泽湖水妖水母娘娘挑着一副水桶,水桶里装有五湖四海外加三江的水,打算将里下河地区全部淹掉。途经高邮时,遇到庵里的老和尚,水母娘娘虽然变化成一位普通的民间老太婆,但老和尚还是一眼就认出了她。看她挑着一副水桶,知她来意不善。便故意问她桶里的水是做什么用的,水母娘娘假说卖的。老和尚便不动声色,把身上的袈裟脱下来朝地上一放,叫她把水倒在袈裟上。水母娘娘暗暗高兴,心想真是天助我也,就将水桶里的水全部倒在了袈裟上。但袈裟上的水一点也不往外漏,也不外溢。这使水母娘娘吃惊不小,知道遇到了高人,自己不是对手,就赶紧逃掉了。老和尚也不不追赶,就将袈裟里的水倒进一个瓢里,把它放在了佛座之下。水母娘娘败走以后,很不甘心,心想不能这么算了,就把两只空桶翻转过来,终于滴出了一滴水,这滴水一下子泛滥开来,淹没了高邮以西的一大片地方,便成了今天的高邮湖,但终因水量有限,没能再淹掉里下河。人们为了感激标庵里的这位高僧,就将"标庵"改称为"瓢庵"。

豆腐郎巧堵中坝　清咸丰二年(1852年)六月,洪泽湖三河坝决口百余丈,高宝湖水骤涨五六尺,朝廷遂启放高邮车逻坝、中坝。水势平稳后,朝廷为保持运河水位以利漕船通航,又命治河官员进行堵复。不久,其他各坝先后告竣,就是中坝怎么也堵不起来。据说当时因这件事被杀的人不少。后来朝廷又新派来一位治河官员,这位官员来到中坝以后,立即调来大批民工、物料进行堵复,可是,不是泥土一抛下水就被河水卷得无影无踪,就是堤刚筑好又被河水冲走,堵来堵去还是堵不起来,治河官员急得如同热锅上的蚂蚁。

这时有一位姓方的豆腐郎,他因常到工地上卖豆腐,见中坝堵不起来,就说:这有何难。治河官员此时正束手无策,但见他是个卖豆腐的,有点将信将疑,就问他有何办法?豆腐郎说:你们不能老在原来的地方筑坝。因为原来的地方愈冲愈深,新土不实,不能吻合,负担不了新筑坝身的重压,所以坝就不能筑起来,而应该在别处重新筑坝。这番话把治河官员给提醒了,就请他出来帮助堵复中坝。豆腐郎详细查看了中坝附近的地形,决定在大运河内中坝的南北两端拦河各打了一道坝头,并在运河西堤这两道坝头的南北两侧各开了一个口子,这样在中坝外面的大运河里就形成了一道弧形的越堤,堵断了由大运河和高宝湖来的水流,从而轻易地把坝筑好。后来又在高宝湖内重筑了西堤,首尾皆与大运河的旧西堤相连,这样又形成了大运河新的航道,运河恢复了通航,运粮的漕船又畅通无阻了。运河里的这道越堤,以后被保存下来就成为后来的中坝越堤。这位姓方的豆腐郎,因为这件事被咸丰皇帝授给了一个红顶子(治河官职)。

开半坝的故事　1931年,淮河流域发生了一场特大的洪水,7月25日,高邮御码头水位达到一丈六尺一寸,仍猛涨不已。东堤低洼处水深达一尺多,情况异常危急,高邮人民请求开放归海坝,兴化县及地方代表来邮面求保坝,接着下河其他各县代表亦陆续来邮,反对开坝,经江苏省府委员兼建设厅长孙鸿哲提议,7月28日,省府第420次会议作出决议:"水位至一丈七尺三寸时车逻坝启土,分两次开放,先开一半,如水仍涨,再开一半。"此事传为一时的笑谈。车逻坝是个旧式的埽工分洪坝,要么就全开,要么就不开,怎么好开半坝呢?这些"贵人"、"老爷"还没有弄清楚埽工分洪坝是怎么回事呢！当时国民党监察院的调查报告中也写道："详考《淮系年表》从无开半坝之说，且坝一经启口，无论口之广狭，不久必全部放水，开半坝，实为事实所不许。"会议之后，问题没有得到解决，上下河人民对归海坝之启闭，争执更趋严重，高邮县长王龙要求开归海之车逻等坝以泄水，而兴化县长华振及各团体代表等则亲率妇孺食卧于该坝之上，双方对峙，形势紧张，致使归海坝不能开启，洪水得不到渲泄，高宝湖水位日渐壅高，一直延至 8 月 2 日，高邮御码头水位达到一丈八尺八寸，始开车逻等坝泄水，从而贻误了时机，酿成了一场千古奇灾。

林隐居士毁家捐赠的感人善举　1931 年淮河大洪水后高邮运堤修复得到上海华洋义赈会的帮助，而华洋义赈会的资金又主要来自一个不愿留名的林隐居士的捐赠。这位居士一下子就捐赠 20 万元，在当时可谓数额巨大。他是高邮的"救命恩人"。这位居士可能是上海人，不知是什么原因，去深山修炼，家人怕他寂寞，定期寄送报纸给他，但这位先生一概不看，也不拆封。淮河大水期间，他心绪不宁，以为是心性不纯，则加紧修炼，但不见效果，随手拆开报纸看看，以解烦闷。当他打开报纸一看，才知道全国在发大水，而且灾情严重，他认为这几天为什么心绪不宁，实际上是佛祖在暗示他救人。于是决然下山，回家与家人商量，并得到全家的同意，将其家产全部变卖，卖得大洋二十二万九千八百多元。除了提取二万九千八百元作为妻子的养老费和儿子的费用外，将二十万元托人全部汇给华洋义赈会（当时的二十万银元相当于现在 200 万美元）。同时他见江北灾情严重，建议将此款用于江北，用以工代赈形式赈灾。林隐居士 1931 年 9 月 29 日给华洋义赈会的信函如下：

"敬启者，鄙人遁迹深山，与世隔别，有年矣。而尚有一线之牵，未能尽绝者，乃儿女辈每将沪上日报，汇寄山间，儿辈孝思不匮，恐我深山寂寞，藉报纸以解烦闷，鄙人亦不忍拒却，惟寄来报纸，日积月累，从未拆阅，悉皆束之高阁。日来鄙人静坐不宁，心潮起伏，颇觉不安，自念心性不纯，渣滓不尽，擅作面壁妄想，引以自责，一面仍诚念镇静，多方自贬，依然不能自止。随手检取报纸一束，展开阅看，藉解繁念，讵料各报详载南省各地水灾，水深火热，灾情汹涌。并有胡文虎大善士捐助虎标万金油、头痛粉、八卦丹、清快水等各种药品及巨额捐款，并由海外侨胞，国内善士，踊跃认捐，拯救浩劫。鄙人隐居幽谷，观此惨状，不禁触目惊心。窃以连日之心潮起伏，坐立不宁，实为我佛慈悲，默示救人救己之真谛。虽我辈以色空两字自守，然终不能见死不救，故毅然扶杖下山，与妻儿辈商毁家纾难之策。幸妻孥等乐而不拒，一致赞成，并促鄙人救灾如救火，速于进行。业将所有薄产全数变卖，得洋二十二万九千八百余元，除提出洋二万九千八百余元，为山荆终老之资，及儿辈分润外，今交将余剩二十万元恩托友人汇呈贵会，以充灾赈之需。素仰贵会历来办赈认真，款不虚糜，实惠灾黎，活人无算，全国有口皆碑，毫无宗教歧视，及政府作用。惟是自惭绵薄，明知杯水无补于车薪，尚望华洋善士，鉴我愚诚，闻风兴起。要知此次灾情，为千古罕有之浩劫，凡我国人，自应共同奋起，尽力维护，庶灾后余生，稍得保存元气。尚望贵会诸大善长，抱己饥己溺之怀，登高呼救，则聚沙不难成塔，集腋乃可成裘，俾数千万嗷嗷待毙之灾民，更生得庆。而鄙人在山，当为诸大善长朝夕磬香祷祝于无涯矣。鄙人俗事终了，即日重入道山，从此心地清凉，不与世事，不复再履层寰半步矣。此致——华洋义赈会诸大善长先生慈鉴，林隐居士合十。

再启者，鄙人续见连日报载江北水灾异常严重，积水不退，惨象难详。可否将鄙人助款，移赈江北，现在亟宜宣泄积水，以工代赈，两受其益，使灾民有更生之望，则来岁春耕，不致颗粒无收。尚乞诸善长注意及之，倘鄙意与事实有不能进行之处，则请贵会择要支配可也，又及。"

有善心、有善举是可贵的，毁自家而救万家更为难得。高邮及里下河地区人民应该世代纪念这位不计名利的善举之人。

附　录

第一节　水利文件

《关于做好1984年农业水费收缴工作的意见》 1984年6月8日,高邮县人民政府发出《关于做好1984年农业水费收缴工作的意见》(邮政发〔1984〕98号)。文称:

"各区公所、各乡(镇)人民政府、各有关场、所:

为了推动计划用水、科学用水、节约用水,加强水利工程的维修配套,促进农业高产稳产,根据上级有关规定,结合我县的具体情况,对1984年农业水费的收缴工作提出如下意见:

一、凡需从水利工程设施和有工程控制的河道补给水源的农田,都应缴纳水费。收费标准:自灌地区稻田每亩年收费二元,试行计量收费的灌区,每立方米水收费二厘;里下河圩区,每亩收费八角,湖西地区,每亩收费五角。旱作物田按稻田标准减半收费。完全依靠自然水源,如湖西山塘灌溉的农田,不予以收费;有些工程受益范围不明确的,可以暂缓收费。乡村企业用水,也暂不收费。以上规定必须严格执行,任何地方都不得擅自扩大收费范围或提高收费标准。里下河圩区和湖西地区既要看到收缴水费的必要,又要量力而行。如果经济条件不具备,经乡政府研究决定,水费可以减收或缓收。

二、收缴的水费必须用于管理部门的管理费和水利工程的维修、养护、配套等支出,自灌地区收缴的水费,县与乡按原比例分成。在保证灌区管理费自给后,其余用于灌区内工程配套和维修养护水利设施。里下河圩区及湖西地区收缴的水费暂不上缴,全部留乡使用,主要用于工程管理和全乡范围内的农田水利工程配套,水费作为特种资金,可以跨年度结转使用,在使用前应编制工程设计和预算,报县水利局批准,水费一律不准用于非水利事业开支,由财政部门负责监督。

三、农业水费应作当年生产费用提留,在夏季预缴,秋收后缴齐,各地应及早做好宣传解释工作,教育农田承包户自觉缴纳水费,具体收缴办法,由水利部门与各乡按照有关规定商定。"

《高邮县水利工程城镇、工业水费收缴使用和管理实施办法(试行)》 1984年7月17日,高邮县人民政府发出《转发〈高邮县水利工程城镇、工业水费收缴使用和管理实施办法(试行)〉的通知》(邮政发〔1984〕126号)。文称:

"高邮镇人民政府、各有关工厂:

关于水利工程城镇工业用水收缴水源水费问题,国务院、省政府、市政府早有文件规定,我县曾以〔1982〕275号文件通知办理。为了进一步做好这项工作,县水利局、县财政局合议制定《高邮县水利工程城镇、工业等水费收缴使用和管理实施办法(试行)》,经县政府研究同意,现转发给你们,希望认真贯彻执行。"

附:《高邮县水利工程城镇、工业水费收缴使用和管理实施办法(试行)》

为了维护水利工程效能,促使用水单位合理用水,节约用水,挖掘水利资源的潜力,充分发挥现有工程效益,根据国务院〔1965〕国水电字350号、省政府苏政发〔1982〕57号、市政府扬政发〔1983〕109号和高邮县政府邮政发〔1982〕275号四个文件精神,结合我县的具体情况,特拟定《水利工程城镇、工业水费收缴使用和管理办法(试行)》。

一、收缴水费范围

1.凡在本县范围内有水利工程控制的干、支、河、湖泊中用水的县以上城镇、工业各用水单位,包括设在乡、村的县以上企业,均应按规定缴纳水源水费。

2.收缴城镇、工业水源水费的用水,包括城镇生活用水,工业用水,以及冲污用的水源水。

3.乡、村企业用水,暂缓收缴水费。

二、收缴水费标准:

1.工业用水、城镇生活用水。

工业用水使用循环水的每供水1立方米收取水费1.3厘;使用消耗水的每供水1立方米收取水费7厘;城镇自来水不论使用循环水或消耗水每供水1立方米均收取水费2厘,由自来水厂负担,不得提高城镇居民自来水价格。

2.冲污用水、工厂废水,未经净化处理或虽经处理但仍超过国家规定排放标准的,严禁排入河湖,目前县内有一些工厂将超标准的污水排放入河,致使水质变坏,个别单位尤为严重,必须迅速采取改造措施,停止排放。经省批准需暂时采取冲污处理的,凡向大运河、北澄子河等流域性河道排污的,每排放污水1立方米,收取水费2分,其他河道每排放污水1立方米收取水费1分4厘;排污水费由排污单位缴纳,排污单位向环保部门缴纳排污费的,由环保部门负责缴纳。

三、收缴水费办法:

1.工业用水、城镇生活用水和冲污用水。

县以上用水单位的水费,由县水利部门直接收取。

工厂用水量大的按方收费,用水量每天小于100立方米的单位,可每年核定一次,全年包干收费。

2.收缴水费时间,经县研究,一律从1984年1月份起征收,工矿企事业、城镇自来水厂每季收缴一次,包干收费的单位,按核定数量,全年水费在上半年一次收缴。

3.用水单位若无故拒缴水费,多次催缴无效,水利管理单位可根据国务院〔1980〕国发153号文件规定,有权停止供水。

四、水费管理和使用

水费收入作为预算外的特种资金,专项储存管理,可以跨年度结转使用。主要用于本级水利工程的管理、维修、设备更新和发展综合经营所必须的周转资金等,不得将水费收入挪作非水利事业开支,水利部门对水费收缴和使用要加强管理,专人负责,年前,编制年度水费财务收支计划,报县水利部门和县财政部门批准后执行。并抄送农行以加强对水费使用拨款的监督,防止浪费和挪用。

本办法自公布之日起实行,各项收费标准,不得随便更动,如有未尽事宜或上级另有新规定,待后再修改补充。

高邮县水利局

高邮县财政局

一九八四年六月二十七日

《高邮县水利工程管理办法》 1987年11月18日,高邮县人民政府发出《关于印发〈高邮县水利工程管理办法〉的通知》(邮政发〔1987〕188号),称"各区公所,各乡、镇人民政府,各场、所,县各委、办、局:现将《高邮县水利工程管理办法》印发给你们,请遵照执行"。

附:《高邮县水利工程管理办法》

第一章　总　则

第一条　根据《江苏省水利工程管理条例》,结合我县实际情况,特制定《高邮县水利工程管理办法》。

第二条　保护水利工程设施的完好和安全,是每个公民应尽的义务,全县境内一切单位和个人都应自觉遵守本办法,各区公所、各乡、镇人民政府和村民委员会,负责本办法的组织实施和监督执行。

第三条　县水利局是全县水利工程的主管部门,根据管理需要,全县按照水系和区域设置若干管理所,分别管理重点水利工程设施,并在业务上指导乡、镇以下(含乡镇)农田水利工程的管理。

第四条　乡、镇水利站是水利局的派出机构,在县水利局和各乡、镇人民政府的领导下,负责本乡、镇农田水利工程设施的建设、管理;村级水利工程由村民委员会负责管理,并配备相应的管理人员。

第五条　为了确保工程安全和防汛抢险需要,河、湖、库、塘堤防,渠道迎水坡的青坎、滩地、河槽和背水坡脚以外及涵闸站周围一定距离以内为水利工程的管理范围,具体规定如下:

一、流域性的主要河、堤防的管理范围

1. 大运河:东堤背水坡、临城临镇段至堤脚外 5~10 米,其他堤段(含险工越堤)30~50 米,西堤临湖段有防浪林台的至林台坡脚外 50 米,无防浪林台的至堤外湖面 100~200 米。

2. 入江水道:郭集、菱塘大圩背水坡至堤脚外 30~50 米,局部高地面段堤脚外不少于 10 米,迎湖面至堤脚外 100 米,其他中小圩背水坡、迎水坡至堤脚外 20~30 米,湖滨庄台背水坡、迎水坡至堤脚外各 50 米。

3. 三阳河:三垛镇南段,东堤背水坡脚下至公路西排水沟东口为界,西岸暂离现有河口线 20~30 米,三垛镇北段,东西岸按新堤规划线外 10~15 米。

二、县属骨干河道堤防的管理范围

子婴河(包括临川河)、二里沟、老六安河、横泾河、东平河、北澄子河、南澄子河(包括南关大沟)、车逻河、关河、澄潼河、人字河、第三沟、第二沟、第一沟、大启河、海陵溪、张叶沟、小泾沟、向阳河等均为县级骨干河道,背水坡有环圩河的以环圩河(含水面)为界,无环圩河的堤脚外 3~5 米。

三、自灌区渠堤管理范围

自流灌区所有干渠、分干渠、堤脚外有导渗沟的以导渗沟外口为界,无导渗沟的离堤脚外 3~5 米,支渠和灌溉 500 亩农田以上的斗渠背水坡有导渗沟的以导渗沟的外口为界,无导渗沟的背水坡脚以外 1~3 米。

四、一般河道圩堤的管理范围

1. 乡级分圩河:有环圩河的以环圩河外口为界,无环圩河的堤脚外 2~3 米(未"达标"的圩堤要预留。)

2. 圩内生产河堤脚外 1~2 米。

五、水库、塘坝、冲涧、撇洪沟的管理范围

1. 水库主坝背水坡脚以外 50~100 米,副坝背水坡有环库沟的以环库沟的外口为界,无环库沟的坡脚以外 3~5 米。

2. 冲涧和主要撇洪沟背水坡脚外 3~5 米。

3. 塘坝以环塘沟为界。

六、流域性工程涵闸管理范围

1. 大运河闸洞,上游河道 50~100 米,下游渠道 200 米,两侧堤防各 50 米。

2. 入江水道漫水闸,上下游各 500 米,两侧向外各 50 米,控制线两侧向外各 50 米。

3. 入江水道沿湖闸洞,上下游各 50 米,两侧向外各 30~50 米。

七、中小型工程涵闸、补水站、机电站的管理范围

1. 自灌区干渠节制闸、地下洞、桥梁、退水闸洞等上下游各 30 米,两侧向外各 20 米;支渠渠首闸、节制闸、地下洞、退水洞、桥梁等上下游各 15 米,两侧向外各 10 米。

2. 补水站以原划定的界限为基础,但不得少于下列规定范围,站房上下游各 50~100 米,两侧各 10~100 米。

3. 机电站。三台机组以上的上下游各 20~40 米,两侧向外 10~15 米;两台机组以下的上下游各

15~20 米,两侧向外 5~10 米。

4.圩口闸洞、泄水洞、滚水坝等上下游各 20~30 米,两侧向外各 10~15 米。

第二章　工程保护

第六条　县水利主管部门以及各乡、镇人民政府对水利工程设施应定期组织检查,老化损坏的要及时进行维修,养护或更新,属流域性工程的,由县水利部门编制计划,报上级主管部门安排经费,中小型工程按受益范围分级负担,涉及交通等其他方面受益的,其经费由有关部门协商解决。

第七条　水利工程实行统一管理与分级保护相结合,专业管理与群众管理相结合,点、线、面管理相结合的办法,其管理职责分工如下:

1.大运河堤防管理所负责管理大运河堤防及西堤迎湖面防浪林台和块石护坡、涵闸。

2.入江水道管理所负责管理入江水道新民滩行洪道,高邮湖控制线、沿湖大堤及漫水闸。

3.灌排管理所负责管理所辖范围内大运河引水闸洞,干渠和两个以上乡受益的支渠,补水站,县级骨干排引河道。

4.乡、镇水利站统一管理本乡、镇境内的分圩外河道及堤防、圩口闸涵、排涝站、桥梁,自灌区支渠及其建筑物,山丘区小型水库、冲洞及滚水坝等。

第八条　在规定的水利工程管理范围内,属于国家所有的土地由水利工程管理单位管理和使用,经县政府批准,由有关村组开挖渔池及从事其他经营的,在不影响工程安全的前提下可继续使用,今后如国家建设和工程管理需要,使用者应无条件让出。属于集体所有的土地其所有权和使用权不变,但从事生产经营的单位和个人,必须遵守本办法,并服从水利工程管理单位的安全监督。

第九条　确因生产需要,必须在水利工程管理范围内新建工程设施的,首先由拟建单位提出书面申请,属流域性工程的由县水利主管部门报请省、市水利部门审批,属区域性工程范围内,由县水利主管部门审批,未经批准,不得实施。

建的各类违章建筑,由水利管理单位提出处理意见,限期拆除;行洪、排涝、送水的各级河道中阻挡行水的各种障碍物,应按照"谁设障,谁请除"的原则,限期清除,逾期不完成的,由水利主管单位组织强行拆除,违章建筑和设障的单位,个人应负担有关的费用。

第十条　边界水利工程的管理范围有争议的,由双方协商处理,不能解决的,由上一级水利部门协商裁决。

第十一条　为了保证水利完好和安全,充分发挥工程效益,所有单位和个人必须遵守以下规定:

1.严禁在堤坝、渠道管理范围内挖塘取土、砌房、建窑、圈围墙、平毁做场、埋葬坟墓、铲除草皮、放牧牲畜、破坏快石护坡、任意砍伐防护树木或进行其他危害工程完好安全的活动。

2.严禁在堤身、渠身和外青坎上耕翻种植,擅自开挖排水口、机器口、泥坞口、削坡平路,必须要用的口门由乡、镇水利站统一规划,逐步配建涵闸。

3.严禁在行洪、排涝、送水河道、湖泊和渠道内设置影响行水的障碍或倾倒废渣、杂物、种植高杆植物等。

4.严禁破坏涵闸、机电站、桥梁等各类建筑物及机电、水文、通讯、供电、观测等设施。

5.严禁在补水站管理范围内和各类水工建筑物附近建房、设摊、堆放器材或进行其他有损工程安全的活动。

6.不得擅自在荡滩、湖滩内圈圩、打坝、筑路。

7.严禁在引、送水闸口停泊船只。

第三章　经营管理

第十二条　水利工程管理单位在严格执行本规定的前提下,应充分利用管理范围内水土资源、设备和技术条件,因地制宜地开展综合经营,增加收入,逐步提高自给能力。

第十三条　防洪排涝工程保护范围内的所有受益单位和农户,应按省有关规定适当缴纳工程维护管理费或承担一定水利义务。

经水利管理部门批准在主要堤防管理范围内临时堆放物资器材的,按每吨 0.10 元或占地每平方米每天 0.05 元的标准收取管理费。

在大运河非航道水域,非汛期临时存放物资的,按占水面积每平方米 0.10 元的标准收取管理费,并不得超过准许的期限,否则按违章行为处罚。

第十四条　工业、农业、船闸和其他一切由水利工程提供水源(含地下水)的用水单位和个人都要根据供水规程,服从管理单位的调度和安排,实行计划用水,节约用水,同时按国家规定向水利管理单位交付水费。

水费可以由财政金融部门代征,征收后应及时全额解交所属管理所专户储存。代征手续费不得超过实收水费 1%,征收的水费限用于水利工程管理和维修配套,使用前应事先报批项目及编报用款计划,不得用于非水利工程以外的开支。

第四章　奖惩制度

第十五条　水利部门和工程管理单位的工作人员要坚守工作岗位,对护堤、护闸、护林及综合经营成绩显著的,由管理单位给予奖励。凡不负责任,玩忽职守或徇私包庇造成损失的,应分别情节轻重给予批评教育、行政处分或赔偿一定经济损失,触犯刑法构成犯罪者,依法追究刑事责任。

第十六条　对有损水利工程设施安全的行为,要进行批评教育,严加制止、责令修复,并按情节轻重,处以罚款,罚款额度规定如下:

1. 铲毁草皮每平方米 0.2 元~0.5 元。

2. 建房占地每平方米 4 元。

3. 放牧牲口每头 1 元~3 元(1~3 限大运河及其他主要堤防)。

4. 毁堤垦种每平方米 0.5 元~1.0 元。

5. 葬坟窑每座 30 元。

6. 建砖窑每座 300 元。

7. 损坏林木按其价值的 5 倍~10 倍罚款。

8. 挖堤取土每方 10 元~15 元。

9. 偷盗护坡块石每吨 40 元~50 元。

10. 乱挖高邮湖保水控制线每米 500 元~1000 元。

11. 损坏各类水利建筑物和偷盗设备、器材的,按其价值的 3 倍~5 倍罚款。

12. 在闸口停泊船只 10 元~20 元。

第十七条　依照本办法所没收的罚款,属于经济补偿性质的,由水利部门用于工程的修复维护;属于经济处罚性质的,上缴县财政部门,处理决定由县水利主管部门作出并负责执行;被处理单位和个人,对处理决定不服的,可在接到处理决定通知书的次日起十五日内,向当地人民法院起诉,逾期不起诉又不执行的,由水利部门申请人民法院依法强制执行。

第十八条　蓄意制造水利纠纷、阻挠、殴打依法执行公务的水利工程管理人员,对情节严重的,公安部门应依照《治安管理处罚条例》或《刑法》的有关规定予以追究。

本办法自颁布之日起实施,未列入本办法的其他规定,按《江苏省水利工程管理条例》的有关章节执行。

第二节　边界水利工程会议纪要

《五庄大圩分圩让路问题的会议纪要》1966 年 1 月 17 日,江苏省扬州专员公署印发《关于转发

〈五庄大圩分圩让路问题的会议纪要〉的通知》(专水字第 660007 号)。文称:

"兴化、高邮、宝应县人委:兹将《五庄大圩分圩让路问题的会议纪要》发给你们,希对有关社队的干部群众进行教育。一定要上下游兼顾,团结治水,一定要坚持工程质量,如期完成。完工以后,专县及有关社队共同验收。"

附:《关于五庄大圩分圩让路问题的会议纪要》

根据地委、专署批转殷炳山、薛涵川两同志"关于解决兴、高、宝三县边境水利矛盾初步意见的报告"的指示精神,专署水利局派出了查勘组,邀请兴、高、宝三县及有关区社的代表,对北子婴河、五庄大圩、杜庄河、宝应大河及汪洋湖等进行了查勘,搜集了水文等有关资料,对殷炳山、薛涵川两同志报告中所提的两个方案,也进行了比较,并向专署作了回报。11 月 10 日下午由专署秘书长周光仪同志召集兴、高、宝三县分管水利的县长,及高邮水利局局长开会,专署水利局查勘组同志将查勘分析的资料及方案比较情况作了回报,然后大家进行讨论研究。现将会议纪要整理如下:

五庄大圩耕地面积 2.7 万亩,自联圩以后,堵闭了杜庄河、宝应大河,切断了汪洋、沙沟两湖之间的水系。两河河槽宽阔而顺直,且上下游都有深泓,从沟通两湖排水和适当分大圩为小圩来说,都应该考虑分圩让路。随着里下河入海港道的整治,加大入海泄量以后,两湖之间排水矛盾也将逐步明显。便从目前入海泄量来看,从今年的水文资料来看,从劳力经费器材来看,对今年是否进行分圩让路的效益问题,又进行了比较分析。

汪洋湖湖面 60 平方公里,除北面洼荡 8 平方公里外,大部分滩面高 1.4~1.6 米。水位 2 米以下时,全靠深泓排水,故与沙沟湖之间的水位差比较明显,但时间不长,至水位上升到 2 米以上漫滩行水以后,两湖之间的水位差逐渐减小,由小顺差到平水,由平水到逆差倒灌。由于沙沟湖来水面积大,涨水快,退水慢,故向汪洋湖倒灌的机会也较多。汛期中,汪洋湖水位低于 2 米以下的时间较短,对该湖面以西大部分地区自流排水影响的时间较短,而高于 2 米以上的时间较长,圩区围水时间也较长。看来这个地区的自流排水固属存在问题。但是农业生产的丰歉,不决定于几天的自流排水,而是决定于保圩提排的长期斗争,要保证圩堤不倒不漏,把现有机器用足用好,发扬三车六桶的革命精神。

到会同志同意上述分析的情况,认为效益问题,还有待进一步考察论证。另一方面鉴于工程量较大,开桂庄河方案土方 68 万方,拆迁房屋 120 间,挖压土地 150 亩,建 100 米长桥一座,闸 2 座,拆迁安置,劳力安排,民工生活等方面的问题较多,施工准备工作很差,如草率动工,可能带来遗留问题,对生产反而不利。最后一致意见,今年暂不施工。对几处排水矛盾采取临时办法解决。

一、在桂庄河、宝应大河未让开前,对高邮成官大队、宝应东风大队境内 4000 亩田的排水问题进行了协商,大家一致同意仍按 1963 年县有关社队在临泽会议上协议的意见处理,即南至匡家庄河,西至双驹河,北至汪洋湖一线,培修现有圩堤,将 4000 亩划入五庄大圩内,兴化同意让出小官河,给高邮成官大队,宝应东风大队境内 4000 亩自流排水入郭正湖,并拆除王大毛等沿河一线的坝头,培修两岸圩堤,堤顶高不低于 3 米,堤顶宽不少于 1 米。郭正湖水位低能够自排时,自排入郭正湖。如郭正湖水位高于地面,大家不能自排时,则各自向汪洋湖、子婴河提排。高邮、宝应各自培修境内的匡家庄河堤,双驹河堤和汪洋堤,堤顶要不低于 4 米,堤顶宽不小于 2 米,内坡 1:1.5,外坡 1:1。但兴化同志表示,如上游圩堤倒口或运东大堤倒口,兴化要进行打坝,防止倒灌。上述工程完成后,三县再会同验收。

二、高邮县今年拓浚周临河,北子婴河要求清除海陵溪潜水暗坝,伴古庵裁湾取直、拆建李大庄、东仲寨两阻水的人行便桥,让出子婴河排水。高邮同志表示子婴河北岸不开门向北排水,对此兴化表示同意,专区安排经费,由兴化县编报排设计预算负责施工。

《关于开挖牧马湖引水河道协议书》 1966 年 10 月 22 日,由高邮县水电局、菱塘公社、天山公社代表和天长县水电局、新民公社、界牌公社、秦栏公社代表,于天长共同签订《关于开挖牧马湖引水河道协议书》。全文内容如下:

关于开挖牧马湖引水河道协议书

　　为了积极开辟灌溉水源,提高抗旱能力,减少翻水费用,促进农业稳产高产,经高邮县菱塘、天山两公社负责同志和天长县新民、秦栏、界牌三公社负责同志共同研究,将原弯曲老公河取直开挖一道新引水河。在协议时对于开挖河道一些具体问题,进行协议,经过充分讨论,意见取得一致,兹将讨论中有关问题订出如下协议:

　　1. 开挖新引水河路线与标准。新引水河是从天山公社义新圩与新民公社钱家圩之间老河口,由老河口向东至第三与第四坝址中间为起点,向北直至沙湖与牧马湖交界的桥口中心,向西30米凭桥墩为止,取直线开挖新河一道,其标准河底宽9米,底高2.7米,坡比1:2。

　　2. 引河灌溉面积。开挖新河引水流量断面是根据灌溉面积约8万亩计算。其中菱塘、天山两公社6万亩,新民、秦栏公社2万亩,如水位降低,流量不足,需设站翻水时,则所需翻水费用,双方按当时实际受益田亩负担。

　　3. 引水新河开挖后,滩地处理。双方界址仍以原界址为准,新河不作界限,至于新河开挖后,双方沿新河开河筑堤,均不得阻拦,但要凭新河中心为限,两边各留65米河床作为排洪之用,对于双方挖河筑堤所占土地各不计算,剩余圈进圩为滩地,仍由原属生产队耕种。

　　4. 对开挖新河或筑堤倒土一般均要取直线(如遇淤土施工发生困难,河床可少留10~20米)以适应大农业需要。

　　以上协议除有关菱塘、天山、新民、界牌、秦栏等公社各执一份,并抄送高邮县、天长县人民委员会和高邮县、天长县水电局、秦仁区委、菱塘中心工作组各一份。

高邮县水电局代表(签字)王承炜

菱塘公社代表(签字)瞿德良

天山公社代表(签字)陆达生

天长县水电局代表(签字)殷明亮

新民公社代表(签字)崇斯银

界牌公社代表(签字)张培棣

秦栏公社代表(签字)李　康

一九六六年十月二十二日于天长

编 后 记

高邮位于江苏省中部、里下河西缘,河网密布,交通便利,土地肥沃,物产丰富,是典型的鱼米之乡。新中国成立后,在中国共产党的领导下,经过艰苦努力,高邮的水利建设事业取得巨大成绩,同时也积累了许多宝贵经验。根据江苏省水利厅、扬州市水利局,江苏省、扬州市水利史志编纂委员会,中共高邮市委和高邮市政府的要求,在高邮市地方志办公室的指导下,我们组织专门班子编纂完成《高邮市水利志》。

该志编纂工作启动于20世纪80年代。1984年8月,成立编纂委员会,开始搜集资料。1985年3月,始订篇目,着手编写,至年底完成《高邮县水利志》8章19节13万字的第一稿。1986年5月,重新拟定《高邮县水利志》大纲,继续搜集资料进行编纂。全书共9篇25章102节,约30万字。1987年5月,撰成高邮县水利工作大事记(初稿)。1990年,又根据扬州市水利史志编纂委员会的要求,重新拟定《高邮县水利志》(送审稿)目录,共11章41节,约30万字。由于1991年撤县建市,《高邮县水利志》遂改名为《高邮市水利志》,至1997年12月修改成送审稿。1998年11月4~5日,江苏省水利厅、扬州市水利局、高邮市地方志办公室和有关院校的专家学者,对《高邮市水利志》(送审稿)进行评审,提出进一步修改意见,后因诸多因素延缓了出版。2006年4月,在高邮市水务局(2001年党政机构改革时,增挂"高邮市水务局"牌子)领导的关心和支持下,成立水志办,又重新组织人员对《高邮市水利志》(送审稿)参照评审意见,再次修改补充,并于2006年10月完成《高邮市水利志》(修改稿),并送市水务局有关职能科室、局有关领导审阅,进一步征求修改意见。11月下旬,局水志办将《高邮市水利志》(修改稿)分别送有关专家审读。

2007年2月13日,扬州市水利局、扬州市地方志办公室和高邮市地方志办公室在高邮市水务局召开《高邮市水利志》(修改稿)评审会议。专家组认为,《高邮市水利志》(修改稿)是一部基础较好的水利志稿,其内容观点正确、项目齐全、归属适当、资料丰富、文字通顺,且地方特色鲜明,能实事求是地反映出高邮水利事业的兴衰起伏、成败得失和新中国成立以来所取得的巨大成就,同时从进一步精益求精、修成一部良志的要求出发,提出修改意见。主要是微调篇目,增补资料,考订史料,核实数字,规范行文,尽快修改定稿,早出良志、名志。按照专家组提出的修改意见和建议,局水志办对有关章节进行调整,增补史料,修改文稿,同时对该志的设计、照片、出版和印刷批准手续等事务逐一抓紧落实。2008年3月,经扬州市地方志办公室和高邮市地方志办公室验收批准后,于2008年7月,打印成书稿清样,由高邮市地方志办公室审核和扬州广陵书社审定后,付印出版。全志共16章66节,约30万字。

该志力图按照国务院《地方志工作条例》和《高邮市地方志行文通则(试行)》的要求,用辩证唯物主义和历史唯物主义的观点,回顾高邮水利事业的发展史,按照"详今略古"的原则,客观地记述水利建设服务于高邮经济社会发展所发挥的作用。但是,修编水利志是一项系统工程,是在摸索和探讨中进行的,加之编者水平有限,该志中疏漏、错误难免,敬请专家、同行、读者批评指正。

《高邮市水利志》是高邮有史以来第一部水利专志。在该志的编纂过程中,得到江苏省水利厅、扬州市水利局、扬州市地方志办公室、高邮市地方志办公室的关心和支持。水利局领导、各科室和直属单位有关人员、历届编纂人员为搜集资料、提供素材、鉴别和编纂做了大量工作,扬州市水利局编纂办公室主编徐炳顺、戴树义多次指导,谨借成书之际表示衷心感谢!

高邮市水务局

2009年6月